野外地质工作实用手册

中国地质调查局　组编
周瑞华　刘传正　编著

中南大学出版社
www.csupress.com.cn

内 容 简 介

  此书比较详细、系统地介绍了各种野外地质工作方法，从岩石的分类、命名、描述到不同岩类区的工作方法、各类构造的野外观察研究、剖面测制及大比例地质测量、各种探矿工程编录、各类样品的采集以及遥感解译、野外地质素描等方法，并附有22种常用参考资料。全书插图102幅、附表120余张。

  本手册是在有关规范原则指导之下，集作者数十年野外地质工作经验，并搜集了大量文献编写而成，着重突出了实用性和可行性，属于规范的延伸——细则性的实用手册，可供野外地质人员、地质院校师生在工作和教学中使用和参考。

前　言

地质工作是国民经济建设的基础。普查勘探工作方法的选择和运用，直接关系到地质成果和经济效益的优劣。为了确保地质工作质量，给国家提供丰富的矿产资源和优质地质成果，并使地质工作规范化、标准化，为此中国地质调查局组织编写了此细则性的《野外地质工作实用手册》（以下简称《手册》）。此《手册》可基本满足广大地质人员从事野外地质工作的需要。

《手册》是在有关规范、指南的基本原则指导下，集各兄弟局队广大地质工作者和科研、教学的地学专家之大成，结合我们数十年野外地质工作的经验编写而成。

本书共分六章31节，并附常用有关地质资料22种。第一章，地层划分、岩石分类及工作方法；第二章，构造，扼要介绍了构造层次，较详细地介绍了褶皱构造、脆性断裂构造及韧性剪切带的野外观察和研究方法；第三章，剖面测制及1:2000、1:10000地质测量；第四章，探矿工程地质编录，较详细地说明了各类探矿工程（槽、井、硐、钻等）的布设和编录方法；第五章，采样工作，介绍了化学分析样、岩矿鉴定样、重砂样、同位素样、技术及技术加工采样，麦饭石及饲料矿产等24种样品的采集方法；第六章，遥感解释及地质素描方法，扼要介绍了遥感解译和野外地质素描的基本方法；为了方便野外地质工作者，最后附有常用矿物名称符号、图例及代号、地质年代表等22种地质资料，可供参考使用。

参加编写的有周瑞华、刘传正、吴梅、李金荣，由刘传正高级工程师负责整个编写工作。在编写过程中，参阅了大量地质文献，广泛征集了具有长期野外工作实践经验的地质人员的意见，并得到了本行业的著名专家的指导，认为该《手册》资料新，实用性强，具有可操作性。

愿以此书奉献给常年奋战在崇山峻岭、生产一线的各位地质同仁。限于编者水平，缺点、错误之处在所难免，恳请指正。

编　者

2013 年 1 月

目　录

第一章　地层划分、岩石分类及工作方法

第一节　地层划分

一、岩石地层单位划分方法

（一）划分原则

岩石地层单位是依据宏观岩性特征和相对地层位置划分的岩石地层体。它可以是一种或几种岩石类型的组合。整体岩性一致（岩性均一，或规律的、复杂多变的岩类与岩性的组合），野外易于识别划分。它是客观地质实体，而不能用成因或形成年代来划分。

（二）岩石地层单位的种类

正式岩石地层单位：是按地层层序，统一的规则划分、定义并正式命名的群、组、段、层等。

非正式地层单位：未按统一规则划分和正式命名的段、层、礁体、透镜体等。

群（group）：一般由纵向上相邻两个或两个以上具有共同岩性特征的组联合而成，是比组高一级的岩石地层单位。群的上、下界限往往为明显的沉积间断面（假整合和角度不整合）。群内不能有明显的沉积间断或不整合存在。群的命名由具有代表性的地名命名。群的符号是在界、系、统的符号后边加两个汉语拼音的字母，群名拼音用第一个字母和最接近的声母。表示方法见附录十五。

组（formation）：是岩石地层的基本单位，是划分适度的地区性或区域性岩石地层单位。组在总体岩性上一致并具可填图性（1∶5万图）。组的岩石组合可由一种岩石构成，或者以一种主要岩石为主，夹有重复出现的夹层，或者由两三种岩石交替出现所构成，还能以很复杂的岩石组分为一个组的特征，而与其他比较单纯的组相区别（全国地层委员会，1981）。组的界线应为清楚、稳定的特殊岩性变化面或特殊结构构造标志层。组内不应存在长期地层间断。组名一律用地名加“组”命名，但如果一个组岩性单一，也可以用地名加岩石名命名。组的符号，采用在系或统的后边加汉语拼音头一个字母，用小写斜体字表示（见附录十五）。

段（member）：是低于组、高于层的岩石地层单位，正式命名的段需具有与组内相邻岩层明显不同的岩性特征，并分布范围广，代表组内具有明显岩性特征的一段地层。段可用地名加“段”来命名，也可用岩石名称加“段”命名，如白山段、砂岩段等。

层（bed）：是最小的岩石地层单位，指岩性、成分、生物组合等具有明显特征，显著区别于相邻岩层的单层或复层。层的厚度可为数厘米至十余米，在侧向上多横穿不同组或段，而名称不变。具有区域性地层划分对比标志的层才正式命名，常作为非正式岩石地层单位使用。

非正式地层单位，主要是为了突出其特殊性，用以补充说明正式单位的特征，如特殊成分层、特殊颜色层、特殊形态层、特殊成因层、特殊异常层等。当给予非正式岩石地层单位

地理专名时，不能与"组"、"段"、"层"等术语连用，以区别正式地层单位。

二、生物地层划分方法

生物地层单位是根据化石类型、分布、化石特征划分，并区别于相邻地层的客观地质实体。生物(地层)带是常用的生物地层单位，它是根据不同的生物内容和生物特征分带，常用的有组合带、延限带、顶峰带(全国地层委员会，1981)。

(一)组合带(群集带)

组合带是以所有化石类型(群类联合)中某一种或几种类型构成的一个自然共生或埋葬带为依据划分的，与相邻地层有明显区别的具有生物地层特征的地层体。带的界线可划在标志该单位特征存在的生物面上。带的名称由2~3个最具特征的分类单位名称联合单位术语组成，如 C. Petrovi – V. fuheensts 组合带。

(二)顶峰带

顶峰带是根据某些生物分类单位的发育顶峰或极大发育，但不是根据它们总延续时限划分的地层体。发育顶峰可以是一种化石非常丰富，或一个属的种十分繁多的带。该带以最发育分类单位命名，以明显富集部位的顶底作为顶峰带的界线。

(三)延限带

延限带是依据地层中所含化石中一个或数个选定的分类单位的垂向和侧向分布范围划分的地层单位。其带的界线是选定的生物分类单位中已知的首现和末现生物面。

三、区域年代地层单位的划分方法

年代地层划分的目的是解释地层序列的年代关系，将地层精确地确定到区域性阶，按界、系、统、阶等级划分地层。年代地层法，主要用生物地层进行对比；同位素测年(常用于哑地层，火山岩中沉积岩夹层及变质岩区地层)；磁性地层极性单位和地球化学异常层的研究；对组的穿时性特征进行研究。

四、磁性地层划分方法

(一)磁性地层单位

根据地层磁性特征的变化，划分成磁性地层单位。在地层的原始序列中，以磁极性的一致而统一在一起，以区别相邻岩层的单位，称极性带。

(二)极性带的划分

极性带的划分是以地磁场的极性改变所引起的岩层天然剩余磁性方向变化为基础。磁极性渐变转换的地层间隔称为"极性转换带"；标志磁极性改变的面或薄层称"极性倒转面"。极性带依据带中极性变化形式而分为：

(1)由整体具同一磁化方向的地层组成；

(2)由正、反极性复杂变化的单位组成；

(3)由一种磁化方向为主、间有次级反向极性单位岩层组成。

极性带分级：极性超带　极性带　极性亚带

对应地质年代：极性超时　极性时　极性亚时

地磁年代表见表1-1、图1-1。

表1-1　Cox极性年表

极性带(时)	极性亚带(亚时)	年龄值(10⁴ a)
布吕纳正向极性时	拉尚逆向极性亚带	2~3
		—— 69 ——
	扎拉米洛正向极性亚带	89~95
松山逆向极性时	吉尔萨正向极性亚带	161~163
	奥尔杜威正向极性亚带	164~179
	留尼汪昂正向极性亚带	195~213
		—— 213 ——
高斯正向极性时	凯恩纳逆向极性亚带	280~290
	马默思逆向极性亚带	294~306
		—— 332 ——
吉尔伯特正向极性时	科奇蒂正向极性亚带	370~392

(据A.Cox., 1969)

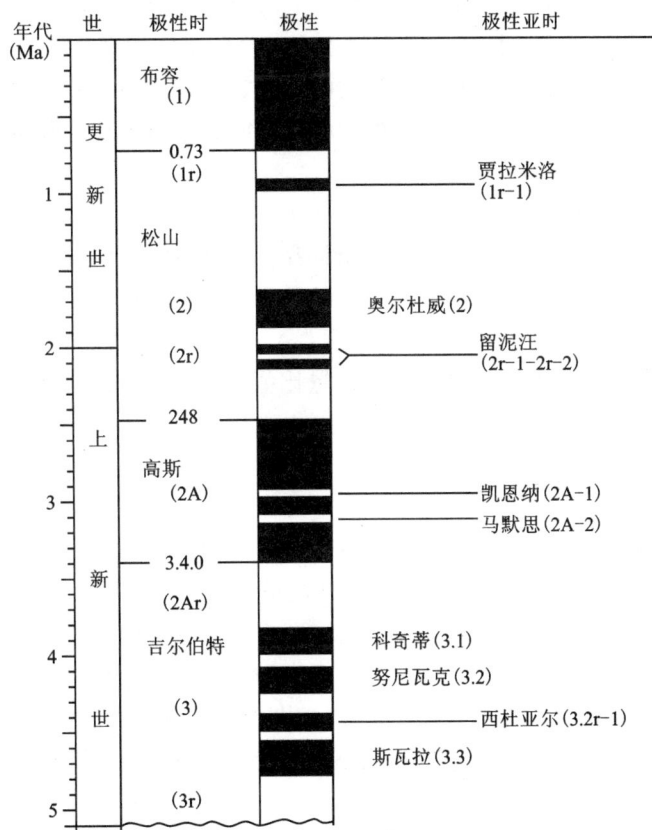

图1-1　最近5 Ma以来的磁性地层极性年代表

(据 W. B. Harland 等, 1982)

(三)磁性地层资料的野外搜集及应用

磁性地层资料的野外搜集及应用,应在完整的地层层序和年代地层单位的界线层型剖面上进行。

(1)采集定向标本:按一定间距采集,标本大小一般为 15 cm×7 cm×7 cm 或 10 cm×

$10\ cm \times 4\ cm$。

极性过渡带，间距为几十厘米至几米，按每 $10^3 \sim 10^6$ 年的地层沉积厚度采样，采样间距可依据沉积速率大小适当放稀或加密。

了解古磁极迁移轨迹时，应按 $10^6 \sim 10^7$ 年沉积厚度间隔取样。

（2）测定不同构造部位岩石稳定剩磁方向，探讨构造运动的方式、方向，进而确定运动发生的大致时代。

（3）利用古地磁研究古纬度、古地理、古板块、古气候、古生物的分布。

（4）利用古地磁研究矿床成因、预测沉积矿产的分布规律。

五、化学地层划分方法

（1）按岩层的地球化学特征，将岩层划分为不同化学地层单元或层。

按主要氧化物和各种元素（微量元素、稀土元素、稳定同位素等）的含量、组合、丰度变化和分布形式、相关元素比值及变化来确定化学地层层面及地化异常层。

（2）化学地层按化学成分、特征元素变化多少、大小而分为高、中、低类次等不同级别。高类次变化面常接近"组"级界面，中、低类次的与"段"或旋回性沉积相当。

（3）地球化学异常层，是岩层内出现多种元素同步地急剧增高或降低的层位，它可用作地层对比。

（4）化学地层的资料搜集工作。

①在层型剖面上系统采集光谱定量全分析样品，密度随岩层复杂程度而定。

②岩石地层单位的地球化学背景，应充分考虑不同构造单元和沉积单元的区域地球化学相的研究。必要时可以进行氧硫碳同位素研究。

③利用光谱分析数据中元素含量变化和含量比值变化特征、结合其他地质资料，对古地球环境进行研究。

六、矿物地层单位划分方法

（1）依据地层中所有稳定副矿物（能鉴定和度量的重矿物）的矿物学特征，并按某些特征组合和变化将岩层分成重矿物组合带，即矿物地层单位。

（2）重矿物特征指稳定副矿物种属、标型特征、ZTR 指数（锆石、金红石、电气石等的总重组分比值，指示矿物成熟度）及其变化、重矿物粒度大小，重组分在岩石中百分含量、重组分中各矿物的相对百分含量和变化等。重矿物在岩层中纵、横向上的变化，均可作为重矿物组合带的划分依据。划分重矿物组合带必须是带的特征清楚，界线明显且易于划分，区域上有一定的延展性和可对比性。

（3）矿物地层的资料搜集：矿物地层主要用于年代地层不易划分或化石稀少的碎屑岩区，并与岩石地层法及沉积相研究相配合。

在剖面上系统采集人工重砂样，样品间距依岩层的自然变化而定，一个地层间隔按不同岩性分别组样（如砂岩、粉砂岩、黏土等）。用拣块法取样，样重 $5 \sim 7\ kg$。

变质岩区的构造地（岩）层法，火山岩区的双重制图法（岩相地层学填图方法）及花岗岩区的岩石谱系单位划分方法（超单元组合—超单元—单元划分方法），在各类岩石中分别介绍。

第二节　沉积岩

一、沉积岩的分类命名及工作方法

（一）沉积岩类的分类及命名

沉积岩根据成因分碎屑岩、化学岩、生物化学岩和黏土（泥质）岩四大类。

大类岩石定名是根据岩石的结构特征，物质组成定名。某种物质（岩屑、矿物）体积含量在50%以上者称××岩。如：以碎屑为主（含量>50%）胶结物为辅的岩石，称碎屑岩，黏土质为主的称黏土岩，碳酸盐为主的称碳酸盐岩，由此类推。有些岩石中的有用成分（元素、化合物）含量达一定量时，则作专一定名，如 P_2O_5 含量为8%~18%称磷质岩，若 P_2O_5 含量>18%则称磷块岩。富含铝矿物（铝的氢氧化物）的沉积岩称铝质岩，若其中 Al_2O_3 的含量>40%，且 $Al_2O_3 : SiO_2 \geq 2 : 1$ 时称铝土矿。

（二）沉积岩粒级划分

（1）正常沉积碎屑岩颗粒粒级划分，见表1-2（据 CB958—89·1990）。

1980年刘宝珺 φ 值粒级划分见表1-3。

表1-2　正常沉积碎屑岩颗粒粒级划分表（据GB958—89）

颗粒类别	漂砾	卵		砾			砂				粉砂		黏土
		粗	细	粗	中	细	粗	中	细	微	粗	细	
颗粒d（直径）/mm	256	126	64	16	8	2	1	0.5	0.25	0.125	0.063	0.032　0.0039	

表1-3　φ 值粒级划分

	d（颗粒大小）/mm	φ 值		d（颗粒大小）/mm	φ 值
砾	$32(2^5)$	5	砂	$0.125(2^{-3})$	+3
	$16(2^4)$	-4		$0.063(2^{-4})$	+4
	$8(2^3)$	-3	粉砂	$0.0315(2^{-5})$	+5
	$4(2^2)$	-2		$0.0157(2^{-6})$	+6
	$2(2^1)$	-1		$0.0078(2^{-7})$	+7
砂	$1(2^0)$	0		$0.0039(2^{-8})$	+8
	$0.5(2^{-1})$	+1	泥	$0.0020(2^{-9})$	+9
	$0.25(2^{-2})$			$0.0010(2^{-10})$	+10

（据刘宝珺，1980）

（2）碳酸盐岩矿物粒级划分，见表1－4。野外目估粒度大小，可与粒度鉴定图类比，进行颗粒大小估计，见图1－2。

表1－4　碳酸盐岩矿物粒级划分表（据 GB958—89）

碳酸盐岩	晶粒类别	砾晶	极粗晶	粗晶	中晶	细晶	粉晶	微晶	泥晶
	晶粒/mm	>2	2～1	1～0.5	0.5～0.25	0.25～0.05	0.05～0.03	0.03～0.005	<0.005

（三）岩层、纹层（细层）的划分

层：是在基本稳定的自然条件下沉积的一个层状单元，物质基本相同。由于相邻层在成分结构上的变化，形成了清晰的层面。

纹层（细层）：它是层内最小的层状单元，也是肉眼可以见到的最小层状构造。纹层与层面可以平行，也可以呈角度相交（如交错层理）。纹层的结构与成分更均匀，纹层内一般没有肉眼可见的层状构造，其厚度划分见表1－5。

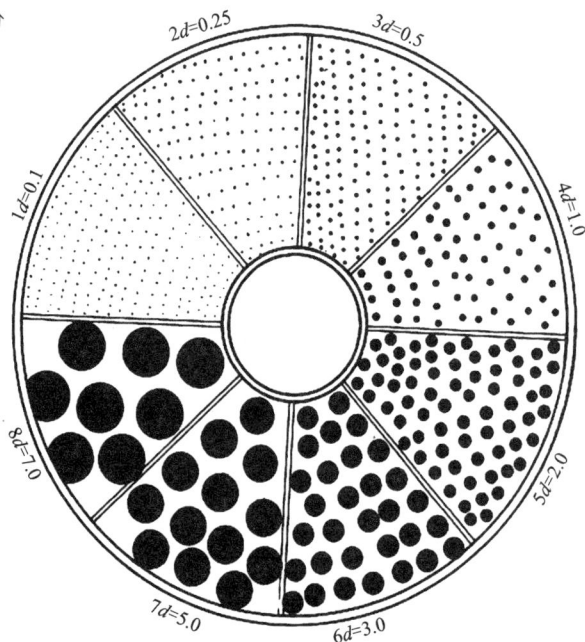

图1－2　粒度鉴定图

表1－5　层、纹层、交错层厚度划分

层 h（厚度）/cm		纹层 h（厚度）/cm		交错层理厚度划分	
				交错层理级别	h（厚度）/cm
极厚层	100	极厚纹层	30	特大型	>30
				大型	30～10
厚层		厚纹层		中型	10～3
中厚层	30	中厚纹层	10	小型	3～1
薄层	10	薄纹层	3	厚纹层	1～0.3
极薄层	1	极薄纹层	1	薄纹层	<0.3

（四）碎屑岩的分类和命名

碎屑岩根据粒级大小的不同，分为砾岩及角砾岩、砂岩、粉砂岩和泥质岩四大类。

砾岩和砂岩的划分：砾石和砂常伴生在一起，这就需要按砾、砂含量多少进行分类命名。目前，各家划法不一，建议采用原成都地质学院的分法：

砾石含量 >50%　　　　　砾岩

砾石 50% ~30%　　　　　砂砾岩

砾石 30% ~10%　　　　　含砾砂岩

砾石 <10%　　　　　　　砂岩

1. 碎屑岩的一般命名方法

（1）粒级分类命名。

按岩石成分、粒度、含量进行命名。

矿物（岩屑）体积含量 <5% 者不参加命名，只在岩石描述中给予描述。

主矿物（岩屑）含量 >90%，其他矿物（岩屑）含量均不足 5% 者，称 ××岩。如：粗砂含量 >90%、细砂含量 3% ~4%、中砂含量为 4% ~5%，岩石为灰白色，则称灰白色粗砂岩。

主碎屑在 50% 以上，而其另一种粒级碎屑在 30% ~50% 之间者，则在主碎屑名前加上后者岩屑名，二者之间加一"质"字。如：粗砂含量大于 50%，粉砂含量 35%，其他岩屑含量均小于 5%，岩石呈淡肉红色，则称为淡肉红色粉砂质粗砂岩。若岩石中还有第三种矿物（岩屑）含量在 10% ~30% 时，在前者岩石名前（岩石颜色之后）加上该矿物（岩屑）名，并在此矿物（岩屑）名前冠一含字，如：上面岩石中又含砾石 15%，则该岩石名称为：淡肉红色含砾粉砂质粗砂岩。

若岩石由几种岩屑组成，且没有一种矿物（岩屑）超过 50% 的含量，则采用联合命名方式，将含量相对多的矿物名在后，次多的依次在前，两者之间用"—"联结。如：某岩石中含细砂 30%，粗砂 40%、粉砂 20%、砾石小于 5%，岩石呈灰白色，则该岩石名称为：灰白色含粉砂的细砂—粗砂岩。

（2）砂岩成分分类命名。

按物质组分特征（石英碎屑、长石碎屑、岩屑）三种组分为端元组分分类命名。Folk 等人的砂岩分类命名法如图 1 - 3。

成都地质学院的砂岩成分 - 成因分类，见图 1 - 4，如岩石中含有某种特殊矿物时可用附加命名办法，如海绿石石英砂岩，锆石砂岩等。

（3）粉砂岩分类。

按刘宝珺 φ 值粒级划分，国标粗粉砂岩（0.125 ~0.063 mm），细粉砂岩（0.063 ~0.032 mm）的划分参见表 1 - 2，表 1 - 3。

（4）泥质岩类分类。

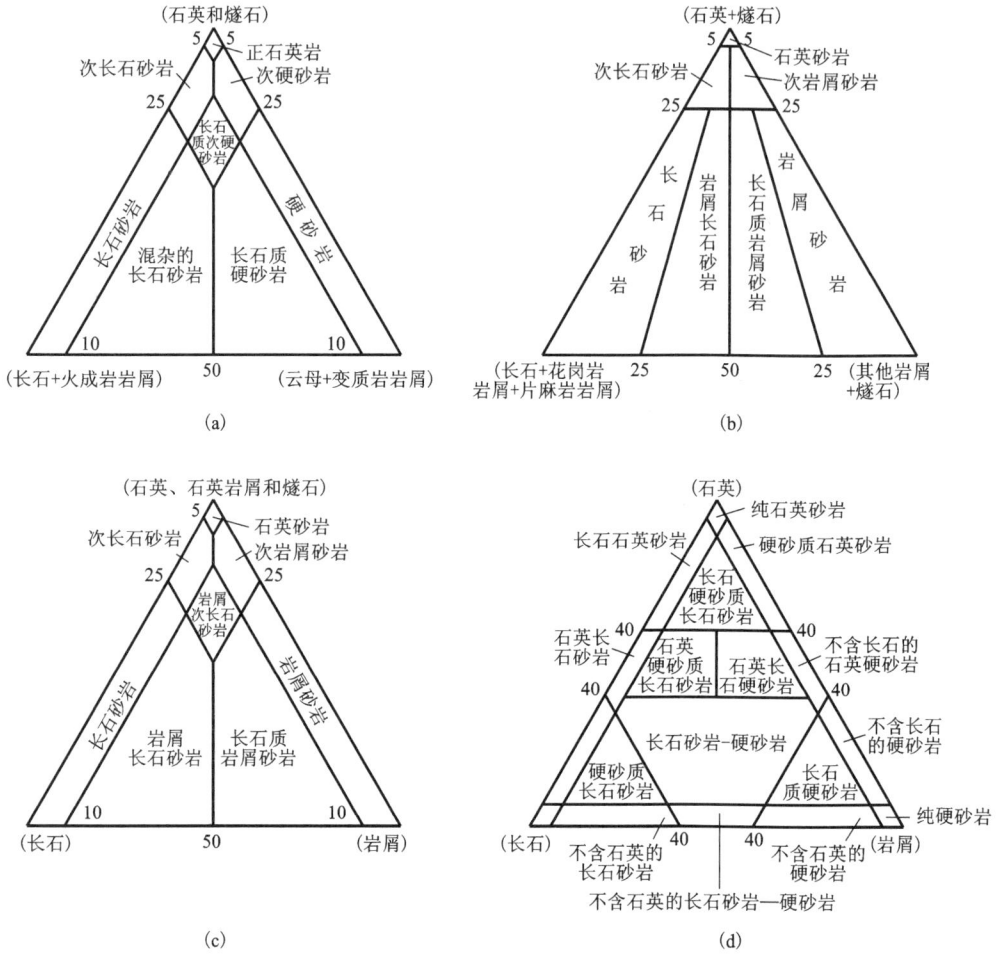

图 1 - 3　砂岩的分类

(a) Folk, 1954；(b) Mcbride, 1963；(c) Folk, 1968；(d) РухИН, 1956

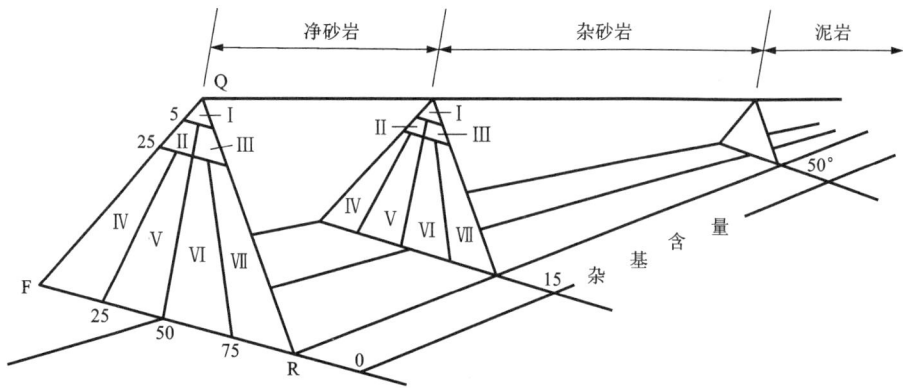

图 1 - 4　砂岩分类

Ⅰ—石英砂岩(杂砂岩)；Ⅱ—长石石英砂岩(杂砂岩)；Ⅲ—岩屑石英砂岩(杂砂岩)；Ⅳ—长石砂岩(杂砂岩)；

Ⅴ—岩屑长石砂岩(杂砂岩)；Ⅵ—长石岩屑砂岩(杂砂岩)；Ⅶ—岩屑砂岩(杂砂岩)

泥质岩和细粉砂岩二者常共生，目前尚无合理分类，多采用刘宝珺分类，见表1-6。

表1-6　泥质岩的分类

固结程度		结构（粉砂含量，体积百分数）			黏土矿物成分	混入物成分
		<5%	5%~25%	25%~50%		
未固结弱固结		泥（黏土）	含粉砂泥（黏土）	粉砂质泥（黏土）	高岭石黏土、蒙脱石黏土、伊利石黏土	
固结	无纹理无页理	泥岩	含粉砂泥岩	粉砂质泥岩	高岭石黏土岩伊利石黏土岩蒙脱石黏土岩高岭石—伊利石黏土岩等	钙质泥岩铁质泥岩硅质泥岩
	有纹理有页理	页岩	含粉砂页岩	粉砂质页岩		钙质页岩、炭质页岩铁质页岩、黑色页岩硅质页岩、油页岩
强固结		泥板岩				

（据刘宝珺，1980）

黏土矿物主要有：高岭石族、蒙脱石族、水云母族、绿泥石族、海泡石族及水铝英石等。

黏土岩野外鉴定标志是：手摸时无颗粒感而有滑感，具有贝壳状断口，可黏舌，遇水膨胀。

黏土岩一般按固结程度并结合矿物成分可分为黏土和泥岩（页岩）。

黏土：松散、质软，手指能碾碎，击打可出现凹坑，潮湿，具可塑性，浸入水中即可崩解，野外鉴定见表1-7。

表1-7　野外松散土特征快速鉴定表

项目\土类	黏土类	亚黏土类	亚砂土类	砂土（砂）
眼看	无砂、质细、致密，同种土，断面平整，无空隙	能见砂粒，土质均一，不是同种土，断面不平整，可见空隙	有砂，土质粗糙、松散，断面粗糙、空隙发育	砂状、松散、空隙发育，断面极粗糙
手拿	土块完整性好，感觉较重，搓之有滑感，致密孔隙很少	土块完整性较好，手搓之有少量砂感，见有少量孔隙	土块完整性差，感觉较轻，手搓之结构松、易碎，孔隙较多	能搓成细条或球体
干土	土块坚硬，裂隙发育，手压不碎，小刀切面光滑平整，铁锤打击能见粉末，不见砂	裂隙少，手压不易碎，小刀切面不光滑，见有砂粒	无裂隙，较松，手压即碎，小刀切面不光滑、不平整，含有砂粒	疏松
湿土	手指紧按能见清楚指纹，能搓成直径1 mm左右的细条，容易搓成球体	手指紧按指纹不清楚，能搓成球体和较粗的（3 mm）细条	手指紧按不见指纹，不能搓成细条，搓成的球体上见裂纹	湿度不大时具有不大的表观黏聚力，过湿时成流动状态
物性	黏性和塑性好，不透水	黏性和塑性较差，透水性能弱	无黏性和塑性，透水性能较好	透水性好

泥岩和页岩，二者根据页理发育程度区分。泥岩不显页理，页岩具有明显页理。此二岩均较紧密，不易分开，不能泡软。

黏土按其组成矿物成分命名：当一种矿物含量大于50%时，则以此矿物名加黏土构成。如：高岭石黏土，水云母黏土。

当一种矿物含量没有达到或超过50%，其中若是两种矿物为主量时，则以多量矿物在后，次多量矿物在前，二者之间加"—"，进行联合命名，如：高岭石—水云母黏土。

泥岩和页岩命名也是在岩石名称前加以混入物成分名如：钙质页岩(泥岩)，碳质页岩，油页岩。

（5）砾岩和角砾岩的分类

按成都地质学院的分类方案（曾允孚、夏文杰，1986），见表1-8。其中正砾岩的砾石含量占全部碎屑的30%以上（颗粒支撑）；副砾岩杂基含量大于15%（杂基支撑）。

表1-8　砾岩和角砾岩分类

残积的		残积角砾岩、倒石堆	
沉积的	正砾岩（杂基含量<15%）	稳定组分含量>90%	石英质砾岩
		稳定组分含量<90%	岩块砾岩（如灰岩砾岩、花岗岩砾岩等）
	副砾岩（杂基含量>15%）	纹层的基质	纹层状的砾质泥岩
		非纹层的基质	冰碛砾岩、泥石流砾岩
同生的		同生砾岩和角砾岩（如砾屑灰岩、泥砾岩）	
		滑塌角砾岩	
成岩后生的		岩溶角砾岩（或洞穴角砾岩）、盐溶角砾岩	

＊指粗碎屑中的稳定组分（据曾允孚、夏文杰，1986）

（五）化学岩的分类和命名

1. 碳酸盐岩分类和命名

碳酸盐类岩石按矿物成分含量分为石灰岩、白云岩两个大类。再按方解石、白云石与黏土或陆源碎屑（砂、砾）的含量划分过渡类型。

野外岩石定名时，用岩石颜色、单层厚度、沉积构造及岩石类别等特征进行定名。再经室内鉴定精确定名，若两者不符，系统改正。如微细生物屑泥灰岩，内碎屑含鲕粒灰岩等。

（1）碳酸盐岩的结构分类，见表1-9。

表1-9　碳酸盐岩的结构分类

沉积结构能辨认					沉积结构不能辨认结晶碳酸盐岩（还可根据物理结构和成岩特征作进一步划分）
在沉积作用过程中原始组分未被黏结				在沉积作用过程中，原始组分被黏结在一起，其标志有连生的骨骼物质，反重力纹理，以生物或可疑生物为顶、沉积物为底的大孔洞等黏结岩	
含泥（黏土和细粉砂级的质点）			无泥，颗粒支撑的颗粒灰岩		
泥支撑的		颗粒支撑的泥粒灰岩			
颗粒含量小于10%	颗粒含量大于10%				
灰泥岩	泥灰岩				

（据R.J.Dunham，1962）

（2）石灰岩的分类和命名：石灰岩是以方解石为主要组成的岩石，其分类和命名见表 1 - 10。

（3）白云岩的分类和命名：白云岩首先考虑是原生，还是次生交代白云岩。原生白云岩又按成因分为沉积白云岩、碎屑白云岩和生物白云岩，见表 1 - 11。

（4）碳酸盐岩中含有碎屑、黏土时则构成一系列的过渡类型，见表 1 - 12。

（5）石灰岩与白云岩之间，按方解石和白云石相对含量不同又存在一系列过渡类型，见图 1 - 5。

表 1 - 10　石灰岩分类、定名表

颗粒百分比	主要填隙物	经过波浪和流水搬运而沉积的灰岩					原地生物灰岩	
		磨蚀颗粒	加积凝聚颗粒			三种以上颗粒的混合物	生物骨架灰岩	化学及生物化学灰岩
		内碎屑	生物碎屑	鲕粒	团粒			
>50%	淀晶	淀晶砾屑灰岩 淀晶砂屑灰岩	淀晶生物碎屑灰岩	淀晶鲕粒灰岩	淀晶团粒灰岩	淀晶粒屑灰岩	淀晶珊瑚灰岩 淀晶藻灰岩	石灰华钟乳石钙质层泥晶灰岩
	泥晶	泥晶砂屑灰岩 泥晶粉屑灰岩	泥晶生物碎屑灰岩	泥晶鲕粒灰岩	泥晶团粒灰岩	泥晶粒屑灰岩	泥晶层孔虫灰岩 泥晶苔藓虫灰岩	
50% ~ 25%	泥晶	砂屑泥晶灰岩	生物碎屑泥晶灰岩	鲕粒泥晶灰岩	粒屑泥晶灰岩	粒屑泥晶灰岩	珊瑚泥晶灰岩 藻类泥晶灰岩	
25% ~ 10%	泥晶	含砂屑泥晶灰岩	含生物碎屑泥晶灰岩	含鲕粒泥晶灰岩	含粒屑泥晶灰岩	含粒屑泥晶灰岩	含珊瑚泥晶灰岩	
<10%		泥晶灰岩、重结晶灰岩按晶粒大小分：粗晶灰岩、中晶灰岩、细晶灰岩、粉晶灰岩、不等粒灰岩						

（据原成都地质学院）

表 1 - 11　白云岩的分类、定名表

原生结构类型 白云石化强度		交代白云岩的原生结构					
		碎屑	骨屑	鲕粒	团粒	原地生物	泥晶、结晶等
交代白云岩	白云石含量 <50%	白云质碎屑灰岩	白云质骨屑灰岩	白云质鲕粒灰岩	白云质团粒灰岩	白云质礁灰岩	白云质泥晶灰岩 白云质结晶灰岩
	白云石含量 50% ~75%	残余碎屑灰质白云岩	残余骨屑灰质白云岩	残余鲕粒灰质白云岩	残余团粒灰质白云岩	残余礁块白云岩	残余泥晶(结晶)灰质白云岩
	白云石含量 75% ~90%	结核状白云岩，团粒状白云岩，孔洞状白云岩，斑块状白云岩，角砾状白云岩，不等粒糖粒状白云岩（各种原生负残余结构可作附加定名）					
	白云石含量 >90%	各种结晶白云岩：砾晶白云岩、极粗晶白云岩、粗晶白云岩、中晶白云岩、细晶白云岩、极细晶白云岩、粉晶白云岩、不等粒结晶白云岩					
原生白云岩	同生白云岩	隐晶白云岩，微晶或细晶白云岩（重结晶后可形成各种结晶白云岩，它们与交代白云岩的区别是：后者多少有石灰岩交代残余结构）					
	碎屑白云岩	砾屑白云岩、砂屑白云岩、粉屑白云岩、泥屑白云岩					
	原地生物白云岩	藻白云岩					

表 1 – 12　碳酸盐岩与黏土岩(粉砂、砂)的过渡类型

岩石名称	方解石或白云石含量/%	黏土(粉砂、砂)含量/%
石灰岩(白云岩)	90 ~ 100	10 ~ 0
含泥质(粉砂质、砂质)灰岩(白云岩)	75 ~ 90	25 ~ 10
泥灰岩(泥质白云岩)	50 ~ 75	50 ~ 25
粉砂质(砂质)灰岩(白云岩)	50 ~ 75	50 ~ 25
灰质(白云质)黏土(粉砂、砂)岩	25 ~ 50	75 ~ 50
含灰质(白云质)黏土(粉砂、砂)岩	10 ~ 25	95 ~ 75
黏土(粉砂、砂)岩	0 ~ 10	100 ~ 90

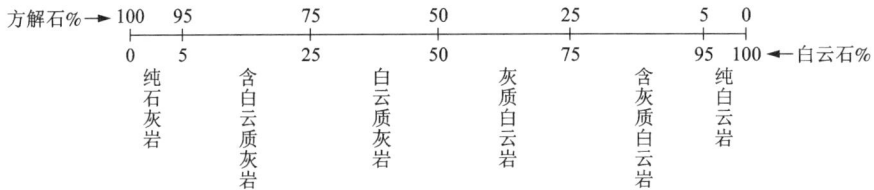

图 1 – 5　石灰岩与白云岩的过渡类型

二、沉积岩的野外工作方法

(一)碎屑岩的野外观察内容

1. 碎屑岩成分的观察

砾岩:对复成分砾岩可选择 1 ~ 2 m² 的良好露头,统计 100 ~ 200 个粒经 3 ~ 4 cm 的砾石成分,计算其百分含量,以确定砾岩成分。并观察其砾石大小在垂向上的变化及砂岩夹层,用以指示沉积旋回和层理特征。

砂岩:观察砂岩主要物质组分和岩石类型。

2. 碎屑岩结构的观察

颗粒形态的观察:主要对圆度、球度和形态进行观察。砾石颗粒形态判别方法是测定一定量砾石的长轴(A)、中轴(B)、短轴(C),求砾石的等轴性指数($A + C$)/2B。砾石的扁平系数($A + B$)/2C。砾石的形状用 A、B、C 三者的比例关系确定,见图 1 – 6。

分选性及胶结类型的观察与填隙物的相对含量和相互关系。

碎屑岩组构观察:选择露头良好点,测量数十个砾石长轴方位、扁平面倾向、倾角及砾岩层面产状。砂岩可采定向标本测定砂粒的长轴方位,以研究其组构特征。

图 1 – 6　根据长轴(A)、中轴(B)和短轴(C)划分的四种颗粒或碎屑形态

(引自 M·E·图克尔, 1981)

3. 碎屑岩构造观察

具有交错层理的砂岩层主要测定层系组厚度、细层厚度、交错层细层的最大倾角及倾向，层系组的产状，以确定古流向，确定是交错层还是交错纹层(按层系厚度确定)。

交错纹理主要观察研究：前积层的形态(板状或槽状)；爬升交错纹理，要查明逆流一侧是侵蚀面还是未侵蚀面；区分水流沙波还是浪成沙波交错纹理；观察有无构成脉状层理的泥质覆盖物，波状层理的泥质覆盖层。

交错层理主要观察：交错层系的形态(槽状、板状或楔状)；前积层与层系底界面的交切关系(角度接触或切线过渡)；在底积层内查找交错纹层(顺流或逆流)；在鱼骨状交错层中查找水流改向证据；在交错层中找内部侵蚀面，分析是否为再作用面，找低角度层面，分析是否为侧向加积作用面；分析交错层是风成(交错层系厚度大、细层倾角陡)，还是海滩前滨处形成的(削顶层系中的低角度交错层)，或小三角洲的推进所形成。

4. 古流向的观测

主要测定：交错层理的古流向；不对称波痕较陡一侧指示沉积时水流方向；槽模呈辐射状散开一端指示水流方向；冲蚀槽可指示水流方向；长形砾石(延长率 A/B 至少为 $3:1$)和化石，常平行或垂直主流方向排列，其叠瓦状分布也可指示水流方向。

(二)碳酸盐岩的野外观察内容

野外对碳酸盐岩主要观察岩石颜色、单层厚度、碳酸盐岩中颗粒与泥灰岩的相对含量、颗粒类型(成因类型)及含量，沉积构造和层序特征等。注意观察以下内容：

(1)观察风化面和新鲜面的颜色，加 HCl 的反应情况，岩石结构。尽快区分出是石灰岩还是白云岩(白云岩风化面呈灰黄黑色，并有刀砍纹)。

(2)岩层构造、层理类型(薄层还是厚层、层理明显程度)。

(3)区分喀斯特角砾和原生角砾岩。

(4)观察地质形态特征，是层状还是不规则状，后者多为礁块灰岩(白云岩)。

(5)确定成因标志：据岩性特征、构造特征和生物化石等确定。

碳酸盐岩野外调查中，要分别对含非生物屑颗粒的碳酸盐岩及含生物屑颗粒和生物化石的碳酸盐岩、礁灰岩、结晶碳酸盐岩进行不同方法和内容的观测(详见《沉积岩区 1:5 万区域地质填图方法指南》，1999.1)。

(三)第四纪沉积物的野外工作方法

1. 第四纪沉积物分类命名(见表 1-13)

按成因类型可分为残积、坡积、崩积、滑坡堆积、泥石流堆积、洪积、冲积、沼泽堆积、湖积、海积、冰川堆积、灰华堆积、人工堆积等。

2. 第四纪沉积物(地层)的划分

地层划分须采用各种综合方法进行，用岩石地层、生物地层、磁性地层、同位素地层、古土壤单位、气候地层、考古地层和年代地层进行划分、对比研究，以岩石地层为主。

岩石地层单位划分根据沉积物特征，并结合成因类型、地貌单元形态特征进行。地层对比在小范围内常用直接追索标志层的方法进行，如标志化石层、泥炭层、古土壤层、陆相中的海相夹层等。

表 1-13　第四纪松散沉积物分类命名表

粒径 d/mm　含量 w/%		<0.005 mm <6%	<0.005 mm 6%~25%	<0.005 mm 25%~50%		
d>200 mm　w>50%	磨圆状棱角状	漂石块石	含黏土漂石含黏土块石	黏土质漂石黏土质块石		
d>20 mm（200~20 mm 为主）w>50%	磨圆状棱角状	卵石碎石	含黏土卵石含黏土碎石	黏土质卵石黏土质碎石		
d>10 mm(20~10 mm 为主) w>50%　d>5 mm(10~5 mm 为主) w>50%		粗砾中砾	含黏土粗砾含黏土中砾	黏土质粗砾黏土质中砾		
d>2 mm(5~2 mm 为主) w>50%		细砾	含黏土细砾	黏土质细砾		
d>2 mm，w25%~50%　d>2 mm，w15%~25%　d>2 mm，w10%~15%		砾质砂土含砾砂土微含砾砂土	砾质亚砂土含砾亚砂土微含砾亚砂土	砾质亚黏土含砾质亚黏土微含砾亚黏土	砾质轻黏土含砾轻黏土微含砾轻黏土	砾质重黏土含砾重黏土微含砾重黏土
d>2 mm　w<10%　d>0.05 mm　w>50%		砂土*	亚砂土	亚黏土	轻黏土	
0.05<d<0.005 mm　w>50%		粉砂土	粉质亚砂土	粉质亚黏土	粉质轻黏土	
d>0.005 mm　w40%~50%					轻黏土	
d>0.005mm　w<40%						重黏土
粒径及含量		<0.005 mm <6%	<0.005 mm 6%~10%	<0.005 mm 10%~30%	<0.005 mm 30%~60%	<0.005 mm >60%

（据地质矿产部，1984，《土工试验规程》修改）

*砂土还可根据粒度细分为粗砂土（2~0.5 mm 粗砂为主）、中砂土（0.5~0.25 mm 中砂为主）、细砂土（0.25~0.1 mm 细砂为主）和极细砂土（0.1~0.05 mm 极细砂为主）。

3. 第四纪填图工作

（1）第四纪剖面的测制：先踏勘，选择剖面露头的地貌位置，研究岩性、结构、构造、标志层，对其中的层理构造、接触关系、砾石和漂砾特征及古生物等要详细观察。在此基础上选择能反映主要地貌要素、沉积类型，以及各地层单元之间接触关系的地段，确定出剖面通过位置。

在露头清楚时可用总导线法测制。当地层厚度变化大、剖面结构复杂或露头不连续时，可采用平行断面法测制。其步骤为：沿露头走向布置一系列小剖面，以控制地层变化；再将小剖面柱状图按一定距离、高度放在剖面上方，在野外连接各小柱状图对应地层再成图。剖面按需要系统取样。如粒度分析、化学分析、重砂、古地磁、热管光、年龄样、古生物、石英颗粒电流扫描、黏土矿物样等。

（2）第四纪填图：以穿越法为主、追索法为辅。路线间距为基岩区的两倍。观测路线或路线剖面应垂直河谷、分水岭。图上应标注特殊地质现象，如水文点、古生物点、出土文物等。

第四纪观察记录要点是：岩性、第四纪沉积类型、含矿性、生物化石、新构造运动、地貌特征、采样情况。

(3)第四纪沉积物区，采用地质地貌双重填图法

野外将岩石地层单位和地貌单元界线都如实表示在图上，室内整理时分别绘制第四纪地质图和地貌图，也可成图在一张上。

地貌的野外重点记述内容为：地貌类型和地貌单元特征，地貌单元的产状、规模大小、分布范围，地貌形态特征及堆积物岩性、结构构造变化规律及形成年代等。

(4)第四纪地质图及地貌图的制图要求

第四纪地质图：沉积物成因类型和年代分别以代号和颜色表示；阶地必须分级、分类，分别用代号和阿拉伯数字表示；剥蚀、夷平分级和海拔高度分别以代号和阿拉伯数字表示；不同地层的岩性特征用花纹表示；用不同形象图例表示微地貌特征；溶洞、温泉、震中用规定符号表示。第四纪地质剖面必要时可用立体图形式表示。

地貌图：地形底图上等高距，可依地形区不同(高山、低山、丘陵、平原)，等高距适当按倍数放稀。以清晰反映出山脊线、分水线、坡折线、山头、山脚线等为准。地貌剖面要选在能反映区域地貌发展史的地段。剖面图一般要划到谷缘地或河谷基岩坡上方的转折部位，在阶地夷平面发育的高原山区、剖面应通到河谷分水岭或高原(高山)分水岭。

(四)沉积岩区区域地质调查的基本方法

区域填图运用地层学与沉积相学相结合的方法，其基本方法是沉积地层的基本层序调查，区域地层格架调查和区域地层模型研究方法。

沉积岩中的"相"：常指沉积岩形成的环境，如海相、潮湿相等；或指成因，如浊积岩相，风成相；或指构造，如地槽相、磨拉石相等。在地层学中，"相"常指岩石地层单位横向变化或穿时，某一有限部分的岩性与古生物的综合特征，如砂质相、泥质相、钙质相等。以上含意，在应用"相"这一词时，只要定义清楚，明确即可。

"相模式"是根据对古代岩石、现代沉积、现代沉积环境及作用的观测与实验资料，对特定沉积环境、沉积作用或其产物普遍特征的概括和简化的表达形式。相模式基本上反映了环境和作用的本质或沉积系统内动力自动再分配过程的产物。将区内基本层序与相模式比较，可帮助解释该层序的沉积环境和形成作用机制。

1. 地层的基本层序调查

基本层序：是沉积地层垂向序列中按某种规律叠覆的一般能在露头范围内观察到的，代表一定地层间隔发育特点的单层组合。其顶、底常由明显的侵蚀或突变界面限定。一定的地层间隔往往由1~2种基本层序反复重现组成。基本层序中的单层一般有某种成因联系，它们可是一个沉积过程不同阶段的产物，也可是同一沉积环境中出现的各种沉积成岩作用产物的规律组合。

基本层序应根据可以看到的单层叠覆规律和界面特征划分。基本层序可分旋回性和非旋回性两种类型。

基本层序的野外调查主要内容：

(1)单层成分：包括岩石类型、特殊矿物成分、古生物等。

(2)地层序列中的特殊成分或成因的夹层：化石层、含矿层、地球化学异常层、古风化

壳、火山灰夹层等。

（3）单层的结构、构造：单层形态、厚度，岩石沉积结构与构造，成岩结构与构造等。

（4）各单层与基本层序间的叠覆特征和接触关系。

（5）基本层序的纵横向变化特征。

（6）与理想的相模式对比。

基本层序的调查，主要在实测剖面和主干路线上进行。

2．地层格架调查

地层格架：是区域岩石地层序列的时空有序排列形式。地层的空间格架也称岩石地层格架或地层的沉积格架。它是根据岩石地层序列的结构和空间排列特征，几何形态的描述性格架。年代（时间）地层格架是解释性格架。

地层格架调查的主要内容：

区域地层格架调查的主要内容是了解地层序列内基本不整合界限单位的发育特征（包括其划分、时空分布、垂向叠覆及其内部岩石地层的结构、形态、相互关系、侧向堆积规律等）。

野外地质填图主要调查以下八条内容：

（1）区域性不整合面的识别及规模调查，不但要注意角度不整合，而且要研究假整合，似整合。

（2）饥饿段的识别与调查：饥饿段指相对较薄、沉积速率极低的一段地层。野外调查饥饿段岩性特征标志和物理标志，以判别其分布环境。

（3）特殊形态岩石单位的填制，如灰岩岩楔岩舌，厚层砂岩岩楔，礁，滩等。

（4）遥感图像解译。

（5）基本层序垂向变化的研究，主要是将海浸体系域与高水位体系域分开，来建立地层格架。

（6）年代地层格架的研究：利用各种地层学资料，详细研究岩石地层的几何关系（格架），并与全国性、国际性综合标准对比，以发现区域性特点。

（7）研究地层序列中各不整合界限单位地质特征，搞清变化规律，将地层沉积特征与概念格架对比（对比内容为各体系域形态、结构、岩相分布规律等）。

（8）地层格架中矿产分布规律的调查。

3．地层模型研究

地层模型是地层实体的形态、组成、结构、时空存在状况的简化表达和综合解释。它是进行盆地地层分析的基本方法。地层模型分剖面地层模型、岩石地层模型、生物地层模型和年代地层模型。

地层模型研究方法及地层分析：

（1）剖面地层模型方法，是用一定地层间隔的代表性基本层序、各单层所占比例、该地层间隔的厚度与其中基本层序的个数来表示。其方法有经验法和统计法两种。

经验法建立地层剖面：

①研究剖面中的单层组合规律，划分基本层序；

②计算各单层的累积厚度与其在剖面总厚度中所占的百分比；

③根据基本层序平均厚度，单层叠覆顺序及各类单层所占的厚度百分比建立剖面模型（见图1－7、图1－8）。

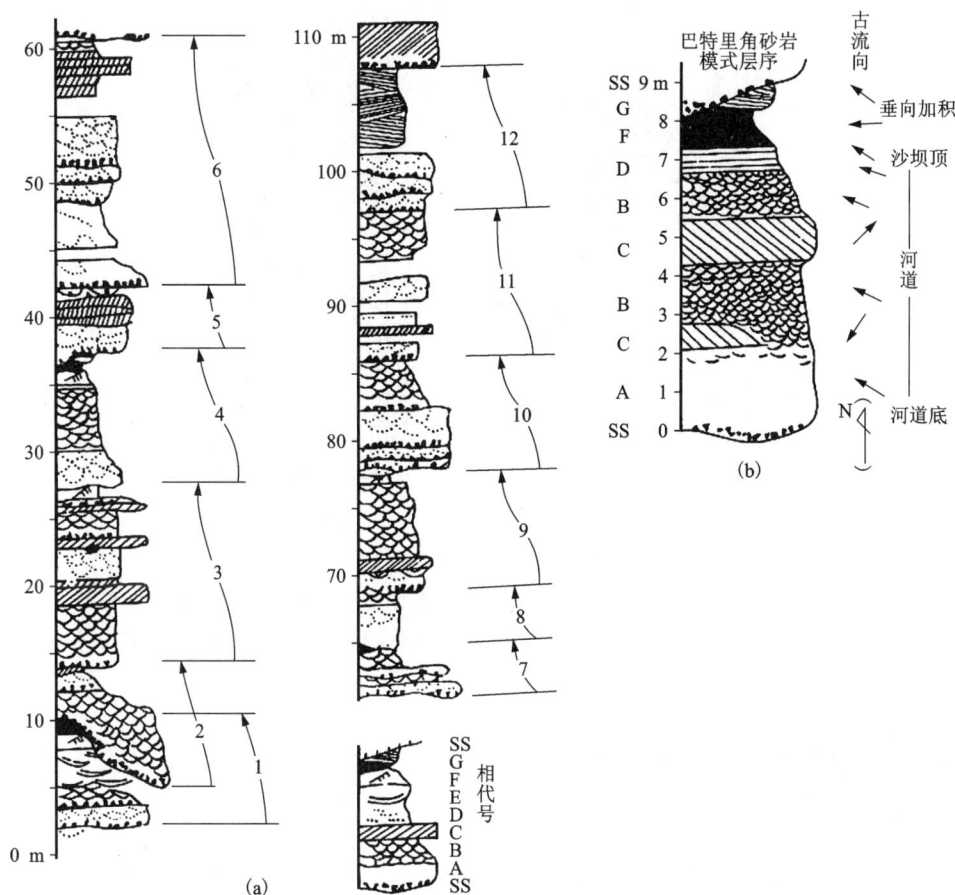

图 1-7　加拿大魁北克早泥盆世巴特里角砂岩剖面图(a)及其模式层序(b)

(据 D. J. Cant and R. G. Walker, 1976)

(a)图表示了 12 个旋回性基本层序, 其中第 3, 6, 7, 10, 12 为兼并了的基本层序;

(b)图为原作者概括的模式层序, (a)图剖面的模型。相代号的含义为: SS—被粗粒含泥砾砂岩覆盖的冲刷面;

A—具不清晰槽状交错层的粗粒砂岩; B—具清晰槽状交错层的粗粒砂岩; C—厚层板状交错层砂岩;

D—薄层板状交错层砂岩; E—冲刷槽充填物(砂岩), 具有与冲刷槽外形一致的交错层;

F—具沙纹层理的细粒砂岩与泥岩互层; G—低角度交错层砂岩

(2)区域岩石地层模型方法, 是表现地层序列中各岩石地层单位的形态、相互关系、时空分布规律和组成与结构变化的综合性描述模型。一般一张模型图上重点表示 1～2 个地层单位。

(3)区域生物地层模型方法, 是在岩石地层或年代地层格架上, 加各生物带的分布范围、地层标志和不同地点代表性生物化石分类单位名称及相对丰度即成生物地层模型。

(4)区域年代地层模型方法, 是在区域年代格架上, 加年代地层单位阶、亚阶的界线及其地层标志、生物带界线、岩石地层单位界线、磁性地层极性单位界线和年龄数据。

地层模型法可用做区域地层对比, 对沉积环境进行研究, 了解沉积速率, 并对矿产的分布规律和预测工作有一定作用。

(五)沉积岩层中示顶构造的判别

沉积岩层中示顶构造的判别见表 1-32、表 1-33。

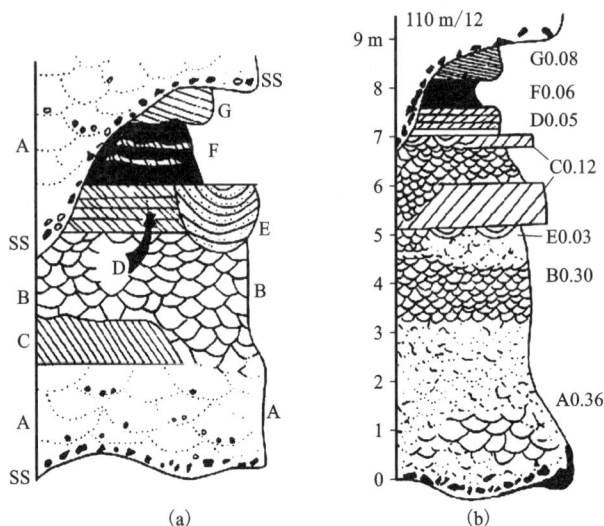

图 1－8　岩石地层单位剖面模型建立方法示意图

以巴特里角砂岩为例，(a) 为统计法建立的剖面模型（据 R. C. Lindholrn, 1987），对统计运算方法的论述可见沃克(1979)；(b) 为经验法建立的剖面模型，小数表示各种相在巴特里角砂岩中所占比例，分数的分子分母表示砂岩的总厚度和层数

三、沉积岩岩石野外描述举例

（一）砾岩

浅灰色，其中砾石占 70%，胶结物占 30%，砾石大小很不均匀，粒径在 2～20 mm 者居多，一般在 5～10 mm（占 40%），分选性不好，砾石圆度属次圆或圆级，多呈长椭圆形。

砾石成分以白云岩和石灰岩为主，此外还有硅质岩及较少量喷出岩。白云岩砾石多呈白色，有的具有硅质条带，砾石表面具有明显的气化圈。硅质砾石主要为燧石，亦有少量石英和棕红色碧玉，燧石呈灰黑色，致密坚硬，喷出岩一般较少，呈灰色和浅红色，可能为安山岩。

胶结物为浅灰色，局部带浅绿色，胶结物含钙质较多，并有许多岩屑和矿物碎屑构成了填隙物，属基底式胶结类型。

整体描述：砾岩呈灰色，钙质胶结的硅质岩、白云岩、石灰岩质粗砾石砾岩，岩石属圆砾状结构，胶结致密，块状构造，局部地方可见不明显的定向排列。

（二）石英砂岩

灰白色，中粒砂状结构，石英砂约占 90%，粒径 0.5～0.8 mm，粒度基本均匀，有些地方见有少量长石和黄铁矿，胶结物为硅质，胶结致密、坚硬，块状构造。

四、几种常见相似岩石的区别法

（一）石灰岩与白云岩

(1) 石灰岩颜色多呈深灰、蓝灰、黑色、灰色（因为石灰岩中常含有碎屑和黏土质混入物，铁的化合物及有机质之故）。白云岩颜色往往较浅，呈浅灰色、灰白色、浅黄色。

(2) 两种岩石加稀盐酸（HCl 浓度≤5%）的反应程度不同，纯石灰岩加酸迅速起泡，反应剧烈，而且气泡很快消失。纯白云岩，起泡缓慢或不起泡，而且量少，但起泡延续时间较长，若为粉末加酸起泡迅速。

（3）白云岩在风化露头上具刀砍状构造。

（二）菱铁矿与其他碳酸盐岩

（1）颜色（岩石颜色）：较纯的未被氧化的新鲜菱铁矿（岩），颜色往往是浅黄色（棕色）或近于无色，而标本停放一段时间后，或多或少地发生氧化现象，在边部或裂隙处出现褐色、红褐色，颜色分布不匀，且随时间增长逐渐加深。

（2）菱铁矿相对密度或旧称比重（3.9）较其他碳酸盐岩石大。

（3）在菱铁矿标本上加一滴1%被盐酸酸化的赤血盐溶液时，则出现深蓝色斑点。

（4）菱铁矿碎块，用炭火焙烧，颜色从褐色转变为黑色，并显磁性。

（三）磷块岩的野外识别

（1）滴钼酸铵后呈黄色。

（2）颜色有黑灰、白、褐、黄、紫等色，但风化面往往呈蓝灰色、灰蓝色薄膜或白色土状物为其特征。

（3）磷块岩在地表风化较强者，其结构构造常呈"朽木状"。

（4）磷块岩硬度、密度均小于硅质砂岩、硅质岩。

（5）磷块岩具菱形节理，击打成小屑亦显菱形或带尖棱角状。

（6）用锤敲击露头，似有韧性感，并出现凹坑，其粉末洒在烟头上（遮挡光亮）显磷光。在洞中敲打岩石也显磷光（含 P_2O_5 在10%以上方显示，含量越高越强）。

（四）铝土矿和黏土岩的区别

常见铝土矿多为一水型铝土矿，其硬度大（有的可划动玻璃），比重大，断口粗糙。而黏土岩断口为土质状，硬质黏土虽为贝壳状断口，但硬度小。

第三节　变质岩

一、变质岩的分类命名

（一）区域变质岩的分类命名

1. 分类

常见的区域变质岩分以下岩类：

（1）板岩类；

（2）千枚岩类；

（3）片岩类；

（4）片麻岩类；

（5）各种粒状变质岩（基性到酸性，角闪岩相到麻粒岩相）；

（6）各种特殊岩性的变质岩（大理岩、铁质岩）。

2. 命名

区域变质岩的命名遵循矿物成分和结构构造相结合的两种基本原则。在对某一具体岩石详细命名时，应遵循以下几点：

（1）主要矿物用在基本名称之前，有几种矿物同时参加命名时，按含量少先多后的比例排列。

（2）特征变质矿物在岩石名称中要予以反映。出现两种以上特征矿物时，为方便定名，可略去次要者。一般情况下，岩石中特征矿物以不出现三种为宜。

（3）特殊的颜色、结构、构造参加命名。

（4）次要矿物含量在 5% ~ 10% 时，可加"含"字，含量大于 10% 时，直接参加命名。

（5）岩石名称中的矿物应予简化。

（6）变质轻微的岩石，留用原岩名称，在之前冠以"变质"二字。

（7）在叠加变质岩命名时，应把以那种变质作用为主所成的岩石作为基本名词。次要的作为附加名字。区域变质岩分类命名，见表 1 – 14 ~ 表 1 – 22。

表 1 – 14　常见千枚岩分类命名表

粒状矿物及含量　　　　片状矿物种类		绢云母	绿泥石	绢云母 + 绿泥石	
				绢云母 > 绿泥石	绢云母 < 绿泥石
石英 + (钠长石) < 50%		绢云千枚岩	绿泥千枚岩	绿泥绢云千枚岩	绢云绿泥千枚岩
石英 + (钠长石) > 50%	石英 > (钠长石)	绢云石英千枚岩	绿泥石英千枚岩	绿泥绢云石英千枚岩	绢云绿泥石英千枚岩
	石英 < (钠长石)	绢云钠长千枚岩	绿泥钠长千枚岩	绿泥绢云钠长千枚岩	绢云绿泥钠长千枚岩

注：1. 特征矿物出现参加命名，如石榴绢云千枚岩，硬绿泥石千枚岩等。

　　2. 当其中含较多碳酸盐矿物时，属钙质千枚岩，如方解绢云绿泥千枚岩。

表 1 – 15　绿片岩和角闪片岩分类命名表

斜长石含量　　　　柱状(片状)矿物含量	角闪石 > 40%	阳起石 > 40%	绿泥石 > 40%
< 10%	角闪片岩	阳起片岩	绿泥片岩
10% ~ 25%	斜长角闪片岩	斜长阳起片岩	斜长绿泥片岩
25% ~ 50%	角闪斜长片岩	阳起斜长片岩	绿泥斜长片岩

注：1. 该类岩石中的斜长石多为钠长石或钠更长石。

　　2. 岩石中常含一些绿帘石。可根据一般命名原则参加命名，如绿帘斜长角闪片岩、斜长绿帘角闪片岩等。

表 1 – 16　云母片岩和长英质片岩类分类命名表

石英 + 长石含量	长石含量　　　　片状矿物含量	黑云母 > 30%	白云母 > 30%	二云母 > 30%	特征矿物(石榴石、十字石、蓝晶石、矽线石)
长石 + 石英 > 50%	< 10%	黑云石英片岩	白云母石英片岩	二云石英片岩	石榴黑云石英片岩
	10% ~ 25%	长石黑云石英片岩	长石白云母石英片岩	长石二云石英片岩	蓝晶奥长黑云石英片岩
长石 + 石英 > 50%	< 10%	黑云片岩	白云母片岩	二云片岩	十字二云片岩
	10% ~ 25%	长石黑云片岩	长石白云母片岩	长石二云片岩	矽线奥长黑云片岩

表1－17　云母片麻岩分类命名表

云母等矿物 ＼ 云母含量 ＼ 长石种类及含量		斜长石（＞25%）	钾长石（＞25%）	斜长石、钾长石含量近等（＞25%）
黑云母	5%～10%	含黑云母斜长片麻岩	含黑云母钾长片麻岩	含黑云母二长片麻岩
	10%～30%	黑云斜长片麻岩	黑云钾长片麻岩	黑云二长片麻岩
白云母	5%～10%	含白云母斜长片麻岩	含白云母钾长片麻岩	含白云母二长片麻岩
	10%～30%	白云母斜长片麻岩	白云母钾长片麻岩	白云母二长片麻岩
二云母	5%～10%	含二云母斜长片麻岩	含二云母钾长片麻岩	含二云母二长片麻岩
	10%～30%	二云母斜长片麻岩	二云母钾长片麻岩	二云母二长片麻岩
紫苏辉石	＜10%	紫苏黑云斜长片麻岩	紫苏黑云钾长片麻岩	紫苏黑云二长片麻岩
透辉石	＜10%	透辉黑云斜长片麻岩	透辉黑云钾长片麻岩	透辉黑云二长片麻岩
二辉石	＜10%	二辉黑云斜长片麻岩	二辉黑云钾长片麻岩	二辉黑云二长片麻岩
特征矿物（矽线石、蓝晶石、石榴石、十字石等）	5%	含矽线黑云斜长片麻岩	含蓝晶黑云钾长片麻岩	含石榴黑云二长片麻岩
	5%～30%	矽线黑云斜长片麻岩	蓝晶黑云钾长片麻岩	石榴黑云二长片麻岩
	＞30%	矽线片麻岩	蓝晶片麻岩	石榴片麻岩

注：该岩石类型中的二云母含量大体相等，相差一般小于1/3。

表1－18　角闪质岩石分类命名表

斜长石含量 ＼ 暗色矿物含量＞40%	角闪石	角闪石＋透辉石		透辉石
		角闪石＞透辉石	透辉石＞角闪石	
10%～60%	斜长角闪岩	透辉斜长角闪岩	角闪斜长透辉石岩	斜长透辉石岩
＜10%	角闪岩	透辉角闪岩	角闪透辉石岩	透辉石岩
特征矿物：石榴石、紫苏辉石等	石榴透辉斜长角闪岩、二辉斜长角闪岩			

注：1. 紫苏辉石在岩中较少。2. 该类岩石还常见少量（5%～10%）石英、绿帘石、黑云母等次要矿物，可参加岩石命名，如绿帘斜长角闪岩、黑云斜长角闪岩等。

表1－19　角闪辉石斜长片麻岩分类命名表

长石含量（＞25%） ＼ 暗色矿物含量	角闪石（＋透辉石＋黑云母）15%～40%					透辉石（＋角闪石＋黑云母）15%～40%					特征矿物：石榴石、紫苏辉石（不受含量限制）
	角闪石	透辉石		黑云石		透辉石	角闪石		黑云母		
		5%～10%	10%～20%	5%～10%	10%～20%		5%～10%	10%～20%	5%～10%	10%～20%	
斜长石	角闪斜长片麻岩	含透辉角闪斜长片麻岩	透辉角闪斜长片麻岩	含黑云角闪斜长片麻岩	黑云角闪斜长片麻岩	透辉斜长片麻岩	含角闪透辉斜长片麻岩	角闪透辉斜长片麻岩	含黑云透辉斜长片麻岩	黑云透辉斜长片麻岩	紫苏黑云角闪斜长片麻岩、二辉角闪斜长片麻岩、石榴透辉角闪斜长片麻岩
二长石	角闪二长片麻岩	含透辉角闪二长片麻岩	透辉角闪二长片麻岩			透辉二长片麻岩					

注：该类岩石中紫苏辉石如出现，其含量一般小于15%。

表 1 – 20　钙硅酸盐类分类命名表

类　型		钙硅酸盐矿物岩		钙硅酸盐变粒岩
	暗色矿物含量	40% ~90%	>90%	10% ~40%
矿物名称	长石 + 石英	<60%	<10%	60% ~90%
透辉石		斜长透辉石岩	透辉石岩	透辉变粒岩
方柱石 + 透辉石		方柱石透辉石岩	透辉石岩	方柱透辉变粒岩
石榴石 + 透辉石		石榴透辉石岩	透辉石岩	石榴透辉变粒岩
透闪石 + 透辉石		透闪透辉石岩	透辉石岩	透闪透辉变粒岩
方解石 + 绿帘石 + 透辉石		方解绿帘透辉石岩	透辉石岩	方解绿帘透辉变粒岩
透闪岩		钾长透闪石岩	透闪石岩	透闪变粒岩
透辉石 + 透闪石		透辉透闪石岩	透闪石岩	透辉透闪变粒岩
金云母 + 透闪石		金云透闪石岩	透闪石岩	金云透闪变粒岩
方解石 + 透闪石		方解透闪石岩	透闪石岩	方解透闪变粒岩
石墨 + 透辉石 + 透闪石		石墨透辉透闪石岩	透闪石岩	石墨透辉透闪变粒岩

注：此表引自辽宁"岩石分类命名与鉴定"。

表 1 – 21　变粒岩分类命名表

长石 + 石英含量 60% ~90%		长石 > 石英			
暗色矿物含量 10% ~40%	长石种类	长石名称未定	斜长石	斜长石 + 钾长石	钾长石
云母类 10% ~40%	黑云母	黑云变粒岩	黑云斜长变粒岩	黑云二长变粒岩	黑云钾长变粒岩
	二云母	二云变粒岩	二云斜长变粒岩	二云二长变粒岩	二云钾长变粒岩
片状柱状矿物 10% ~40%	黑云母 > 角闪石	角闪黑云变粒岩	角闪黑云斜长变粒岩	角闪黑云二长变粒岩	角闪黑云钾长变粒岩
	角闪石 > 黑云母	黑云角闪变粒岩	黑云角闪斜长变粒岩	黑云角闪二长变粒岩	黑云角闪钾长变粒岩
柱状矿物 10% ~40%	角闪石	角闪变粒岩	角闪斜长变粒岩	角闪二长变粒岩	角闪钾长变粒岩
柱状粒陡矿物 10% ~40%	角闪石 > 透辉石	透辉角闪变粒岩	透辉角闪斜长变粒岩	透辉角闪二长变粒岩	透辉角闪钾长变粒岩
	透辉石 > 角闪石	角闪透辉变粒岩	角闪透辉斜长变粒岩	角闪透辉二长变粒岩	角闪透辉钾长变粒岩
粒状矿物 10% ~40%	透辉石	透辉变粒岩	透辉斜长变粒岩	透辉二长变粒岩	透辉钾长变粒岩
特征变质矿物：石榴石、矽线石、石墨等		矽线黑云变粒岩、石黑透辉斜长变粒岩、石榴角闪二长变粒岩、堇青黑云钾长变粒岩			

表1-22　石英岩长石石英浅粒岩分类命名表

岩石名称	石英岩		长石石英岩	浅粒岩
长石含量 暗色矿物含量	<10%		10%~25%	>25%
<5%	纯石英岩 （石英>95%）	石英岩 （石英90%~95%）	长石石英岩	浅粒岩
5%~10%	含××石英岩	含××长石石英岩	含××浅粒岩	
10%~30%	××石英岩	××长石石英岩	（变粒岩）	

注：1. ××代表暗色矿物名称（包括白云母）。
　　2. 长石石英岩可根据所含长石种类、具体命名，如斜长石英岩。
　　3. 浅粒岩中也可根据所含长石种类具体命名，如钾长浅粒岩。

（二）动力变质岩的分类命名

1. 分类

动力变质岩的分类主要考虑应力的性质、强度和原岩的特点，分类见表1-23。

表1-23　动力变质岩分类

		断层岩系列	构造	基质性质	基质含量/%	碎块粒径/mm	岩石名称
半固结的			无定向	碎裂作用	可见碎块>30% 可见碎块<30%		断层角砾 断层泥
固结的	一般不具流动构造	碎裂岩系列	条痕状 条纹状	玻璃质或部分脱玻化			假熔岩(玻化岩、假玄武玻璃)
			无定向	碎裂作用为主	<10	>2	断层角砾岩 断层磨砾岩
					0~10	>2	碎裂岩化××岩
					10~50	2~0.5	初碎裂岩(碎斑岩)
					50~90	0.5~0.02	碎裂岩(碎粒岩)
					90~100	<0.02	超碎裂岩(碎粒岩)
	具流动构造	糜棱岩系列	眼球状 片麻状	糜棱作用为主	0~10		糜棱岩化××岩
					10~50		初糜棱岩
					50~90		糜棱岩
					90~100		超糜棱岩
	具结晶叶理		平行纹理 千枚状 片状 片麻状 条带状	重结晶及新生矿物显著增长	重结晶程度	<50%	千糜岩
						>50%	糜棱片岩 片状大理岩
							糜棱片麻岩
					岩石全部重结晶		变晶糜棱岩

2. 命名

动力变质岩的命名一般依据以下原则：

(1)按其成因特征及其所形成岩石的主要结构构造特征，划分确定基本类型名称。

(2)若原岩特征残留较多，可根据残留结构构造和矿物成分确定原岩性质时，则可按碎裂结构(构造)加原岩名称的方式命名。

（3）当原岩特征残留很少，难以依据残留的矿物组成和组构确定原岩时，可按碎裂结构（构造）或岩石的主要构造特征确定的基本名称进行命名。

（4）动力变质岩若遭受再次变质改造时，则可按复变质岩的命名原则进行。

（三）混合岩的分类命名

1. 成因

自 J·J·塞德霍姆(1907)首创混合岩一词以来，到目前为止，共有四种成因说：①注入说；②变质交代说；③变质分异说；④深熔作用或部分熔融说。

国际上流行的一致意见认为：混合岩是就地部分熔融并就地成岩的结果，若重熔部分经过迁移，重新就位成岩后，则属岩浆作用范畴。

国内以温克勤为代表，认为区域混合岩是高级变质区及部分中级变质区超变质作用的产物，随着温度和负荷压力的增大，导致变质岩中相当于花岗质且富含水的低熔组分的部分熔融，且残留富铁镁的难熔部分，两者构成宏观上构造不均匀的复合岩石，称之为混合岩。

2. 分类标志

混合岩分类主要根据其脉体(长英质)和基体(铁镁质)物质的数量比及原岩的构造特征和改造程度来进行。

3. 命名

（1）注入混合岩类的命名：

脉体 + 基体 + 构造混合岩。如：长英质斜长角闪角砾混合岩。

本类岩石的特征，基本上以基体岩石为主，新生的长英质脉体仅占次要地位(15% ~ 50%)，基体、脉体界线一般清楚，以注入作用为主，兼有局部的交代作用。常见的构造形态特征为：肠状、角砾状、眼球状、条带状构造。

（2）混合片麻岩类的命名：

构造 + 暗色矿物 + 混合片麻岩。如：眼球状黑云母混合片麻岩。

此类岩石混合岩化作用相当强烈，残留的变质基体只占次要地位(<50%)，由于交代作用强烈，残留的变质基体和新生的花岗质基体之间，已无明显的差别和界限。最典型的构造为片麻状构造，亦可为条带—条痕状构造或眼球状构造。

（3）混合花岗岩类的命名：

构造 + 暗色矿物 + 混合花岗岩。如：阴影状黑云母混合花岗岩。

本类岩石混合岩化作用最强烈，其岩性和岩浆凝结物的花岗岩有相似之处，岩石总的矿物成分相当于花岗岩或花岗闪长岩，但其中仍可保留一定数量的暗色矿物较集中的斑点、条痕或团块，成不均匀分布，大体代表交代反应后残留的基体，含量较多时，就构成阴影状或雾迷状构造。

对混合岩的观察应注意以下几点：

①区分混合岩不同的类型及其矿物组成特点，进行初步的分类和命名。

②对每一个形态类型的具体特征进行观察描述。如：矿物成分(包括组分)，结构构造，原有矿物和新生矿物及基体、脉体的含量、大小、宽窄、排列情况及相互关系。

③观察不同类型混合岩的特殊性，并注意观察各类型之间的共性。

④对"基体"、"脉体"进行观察，基体一般呈暗色，多为原岩组分，脉体多为淡色，代表新生组分。但要注意区分变质岩原有的淡色条带与新生条带的不同。

二、变质岩的结构构造

变质岩的结构构造,是变质岩的重要特征,它与岩浆岩有相似之处,但形成原因不同。变质岩的结构类型多,按成因类型分为四大类:变余结构、变晶结构、交代结构、变形结构。变质岩的构造主要分为块状构造和定向构造两大类。结构构造特征详见表1-24。

表1-24 变质岩的结构与构造

变质岩结构与构造	种 类			特 征
变质岩的结构	与沉积岩有关的变余结构	变余砾状或角砾状结构		砾岩或角砾岩,经变质后其中砾石之轮廓未曾消失
		变余砂状或粉砂状结构		砂岩或粉砂岩,经变质虽然胶结物已发生重结晶,但碎屑颗粒仍保持原有轮廓
		变余泥状结构		只出现在浅变质岩中,原黏土岩易受变质作用而发生重结晶
	与岩浆岩有关的变余结构	变余花岗结构		岩石中局部保存有岩浆岩的半自形粒状结构(花岗结构)
		变余辉绿结构		原岩具有辉绿结构,经变质后仍能看出变化了的斜长石柱状或板状体,空隙间充填有假象辉石
		变斜斑状结构		斑晶在受变质的岩石中保存下来,或保持有斑晶轮廓,甚至可见斜长石的环带结构
	变晶结构	根据变晶颗粒绝对大小分	粗粒变晶结构 中粒变晶结构 细粒变晶结构 显微变晶结构	变质岩中岩石重结晶颗粒一般在3 mm以上 变质岩中岩石重结晶颗粒一般在1~3 mm 变质岩中岩石重结晶颗粒一般<1 mm 矿物颗粒在放大镜下不易分辨
		根据变晶颗粒相对大小分	等粒变晶结构 斑状变晶结构	亦称花岗变晶结构,岩石由大小相等的颗粒紧密镶嵌而成。 由大小相差甚异的斑状变晶和基质组成,变斑晶和基质同时或甚至稍晚于基质而结晶的斑晶,所以常有大量的包裹物,变斑晶常为自形的,但也有它形的,基质的结构可以是各种各样的,如花岗变晶、鳞片变晶结构
		花岗变晶结构		岩石主要由等轴粒状的矿物组成,颗粒大小不定相等,可分为等粒花岗变晶结构和不等粒花岗变晶结构
		角岩结构		实质上是种显微花岗变晶结构,肉眼观察则为隐晶质的,分不清颗粒,是接触变质的角岩所具有的特征结构
		鳞片变晶结构		岩石主要由鳞片状或片状的矿物所组成
		纤状变晶结构		岩石主要由纤维状、长柱状的矿物所组成。按矿物排列情况分:平行纤维变晶结构、放射纤维变晶结构等
	交代结构			交代作用使岩石组分发生变化,结构也相应变化,形成交代结构,当交代作用进行得彻底时,交代结构和变晶结构很难区别,所以常按变晶结构命名方法描述。交代作用多沿岩石裂隙、矿物解理、迹象交代,如:钾长石交代斜长石形成蚕蚀结构,斜长石交代钾长石形成蠕虫结构,蛇纹石交代橄榄石形成网格结构等
	变形结构			动力作用形成的结构,在定向压力下岩石变形,矿物发生弯曲、裂开、破碎,形成碎裂、碎斑、糜棱结构

变质岩结构与构造	种　类	特　征
变质构造	斑点构造	接触变质的斑点板岩所特有,由碳质、铁质、董青石、红柱石等矿物雏形聚集成斑点
	板状构造	为板岩所特有,由一种互相平行的破裂面(板理)构成,面上具有微弱的丝绢光泽
	千枚构造	岩石呈薄片状,千枚理面上具丝绢光泽,为千枚岩特有构造
	片状构造	为结晶片岩所特有,岩石主要由片状、柱状矿物(云母、角闪石、绿泥石等)连续平行排列
	片麻状构造	片麻岩所特有,岩石主要由粒状和少量片状、柱状矿物呈断续的平行排列
	条带构造	岩石中组分或结构不同的部分呈条带排列,如:浅色矿物条带和暗色片状矿物条带相间排列
	块状构造	岩石中矿物和结构的分布都较均匀,矿物排列无方向性

三、变质相、变质级与变质相系

(一)变质相的划分

所谓变质相指的是这样一组岩石,它们在特定的条件下形成一套以一定的矿物为特征的某一变质相岩石中,矿物成分的数量和性质随着岩石化学成分的变化而相应地变化。变质相的划分应遵循两个原则:①既能足以包罗广泛的变质环境,又能清楚地表示出变质程度上的差异;②变质相之间的界线应易于鉴别。

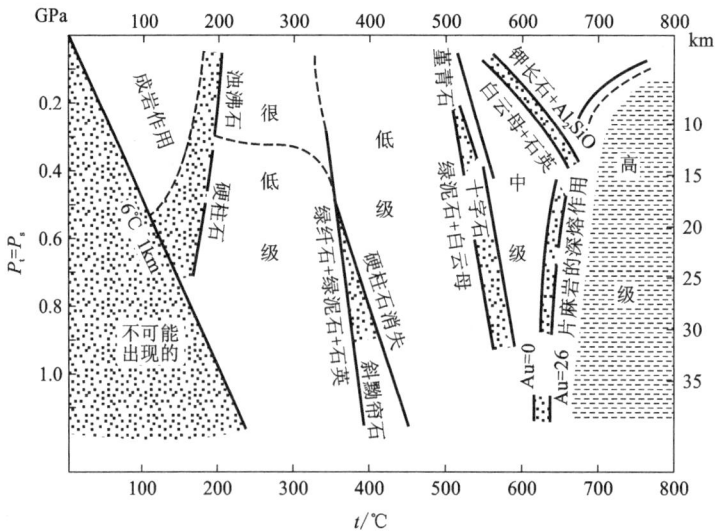

图 1－9　四个变质级(很低级、低级、中级和高级)区分图解表示的
$P－T$ 资料的压力条件是 $P_s \approx P_{H_2O}$(据温克勒,1976)

(二)变质级的划分

变质级,是以常见岩石中矿物组合的重要变化为标志,即以特定的反应为标志,按整个变质温度压力条件的区域划分为四个大的变质单位,很低级、低级、中级、高级,见图1-9。变质相与变质级的划分方案,见表1-25。

表1-25　变质相与变质级划分方案对比表(据贺高品)

本文(即贺高品)方案	艾斯科拉都城秋穗		特　　纳	温克勤	
浊沸石相	沸石相	沸石相		很低级	浊沸石—绿泥石带 斜钙沸石—绿泥石带
葡萄石相—绿纤石相	葡萄石—绿纤石相	葡萄石—绿纤石相			葡萄石—绿纤石—绿泥石带 绿纤石—阳起石—绿泥石带
低绿片岩相	绿片岩相	绿片岩相	石英—钠长石—白云母—绿帘石亚相 石英—钠长石—绿帘石—黑云母亚相	低级	钠长石—阳起石—绿泥石带
高绿片岩相	绿帘石—角闪岩相		石英—钠长石—绿帘石—铁铝榴石亚相		钠长石—普通角闪石—绿泥石铁铝榴石—绿泥石—白云母带
低角闪岩相	角闪岩相	角闪岩相	十字石—铁铝榴石亚相 蓝晶石—铁铝榴石—白云母亚相 矽线石—铁铝榴石—白云母亚相	中级	十字石—堇青石带
高角闪岩相			矽线石—铁铝榴石—正长石亚相	高级	正长石—矽线石带—区域紫苏辉石带
麻粒岩相	麻粒岩相	麻粒岩相	角闪麻粒岩亚相 辉石麻粒岩亚相		

主要区域变质相之间的临界反应,见表1-26。

表1-26　主要区域变质相之间的临界反应

变质相	主要的临界变质反应
成岩作用	
	方柱石 + 石英 $\Longleftrightarrow$ 钠长石 + H_2O(0.2 Pa 200℃) 片沸石 $\Longleftrightarrow$ 浊沸石 + 3 石英 + $2H_2O$(稍低于200℃)
浊沸石相	0.2～0.3 GPa　200～300℃
	浊沸石 + 绿泥石 + 葡萄石 $\Longleftrightarrow$ 绿纤石 + 石英 + H_2O(360～370℃) 浊沸石 + 绿泥石 + 方解石 $\Longleftrightarrow$ 葡萄石 + 石英 + H_2O + CO_2 2 斜钙沸石 + nH_2O $\Longleftrightarrow$ 葡萄石 + 蒙脱石 + 3 石英(基性岩)
葡萄石—绿纤石相	0.2～0.6 GPa　300～350℃
	绿纤石 + 绿泥石 + 石英 $\Longleftrightarrow$ 斜黝帘石 + 阳起石 + H_2O (0.25～0.7 GPa,325～370℃)基性岩 5 葡萄石 $\Longleftrightarrow$ 2 黝帘石 + 2 钙铝榴石 + 3 石英 + $4H_2O$(0.3～0.5 GPa,388～408℃) 蛇纹石 + 2 石英 $\Longleftrightarrow$ 滑石(超基性岩)

变质相	主要的临界变质反应
低绿片岩相	0.2 ~ 1.0 GPa　350 ~ 500℃
	阳起石 + 斜黝帘石 + 绿泥石 + 石英 ⟷ 普通角闪石(500℃)(基性岩) 硬绿泥石 + 绿泥石 + 石英 ⟷ 铁铝榴石 + H_2O(泥质岩) 绿泥石 + 白云母 + 石英 ⟷ 铁铝榴石 + 黑云母 + H_2O (0.4 GPa, 500℃ 或 0.5 GPa 600℃)泥质岩
高绿片岩相	0.2 ~ 0.6 GPa　500 ~ 755℃
	绿泥石 + 白云母 ⟷ 十字石 + 黑云母 + 石英 + H_2O (0.4 ~ 0.7 GPa, 525 ~ 580℃) 绿泥石 + 白云母 + 铁铝榴石 ⟷ 十字石 + 黑云母 + 石英 + H_2O 硬绿泥石 + 白云母 + 石英 ⟷ 十字石 + 黑云母 + H_2O 绿泥石 + 白云母 + 石英 ⟷ 堇青石 + 黑云母 + Al_2SiO_5 + H_2O(0.05 ~ 0.4 GPa) 蛇纹石 ⟷ 镁橄榄石 + 滑石 + $2H_2O$(超基性岩)(495 ~ 565℃)
低角闪岩相	0.3 ~ 0.8 GPa　575 ~ 640℃
	白云母 + 石英 ⟷ 钾长石 + 矽线石 + H_2O(0.2 ~ 0.4 GPa, 640 ~ 680℃) 2 白云母 + 2 黑云母 + 石英 ⟷ 钾长石 + 铁铝榴石 + 矽线石 + H_2O 6 白云母 + 2 黑云母 + 15 石英 ⟷ 钾长石 + 3 堇青石 + 矽线石 + $8H_2O$
高角闪岩相	0.2 ~ 1.0 GPa　640 ~ 700℃
	普通角闪石 + 石英 ⟷ 紫苏辉石 + 单斜辉石 + 斜长石 + H_2O(基性岩) 普通角闪石 + 黑云母 + 石英 ⟷ 紫苏辉石 + 斜长石 + 钾长石 + H_2O(基性岩) 普通角闪石 + 铁铝榴石 + 石英 ⟷ 紫苏辉石 + 基性斜长石 + H_2O(基性岩) 黑云母 + 石英 ⟷ 紫苏辉石 + 铁铝榴石 + 钾长石 + H_2O(泥质岩) 黑云母 + 矽线石 + 石英 ⟷ 铁铝榴石 + 钾长石 + H_2O(泥质岩)
麻粒岩相	0.2 ~ 1.0 GPa　> 700℃

(据贺高品，略加修改)

（三）研究一个地区变质相的工作程序

（1）首先确定工作区的变质带，根据变质带特点，归并为若干变质相。

（2）选择代表地点，收集每个变质相的基本岩石类型，并进行矿物鉴定和岩石化学分析。

（3）根据野外及室内资料，作出每一变质相的矿物共生组合图解，如 ACF、A'KF、AFM 图解。

（4）通过剖面和变质相图的研究，了解从一个变质相变为另一个变质相时，某些重要的变质反应的变化。

（5）参照实验室模拟实验和变质反应数据，大致推断区内变质作用的物理化学条件的变化情况。

（四）变质相系的划分

每个地区的 $P - T$ 条件都有着各自的特点，是受一定地壳发展阶段中该地区物质环境所制约的，它们和地壳演化有关。变质相系明显地表示了变质作用的物理条件和这一地区的地质条件的从属关系。

变质相系的划分，主要是依据矿物共生组合来确定温压范围（表 1 – 27），还可以根据变质反应及矿物的地质温度计和地质压力计来确定温度压力范围，进而计算出变质作用的地热梯度（温度和压力比值，一般用℃/km 表示）。

变质相组是指不同变质相系的同一变质相组合，其温压条件见图 1 – 10，若压力范围难于确定时，便可用变质相组来做单位填制变质地质图。

变质相组和相系的矿物及矿物组合见表 1 – 27。

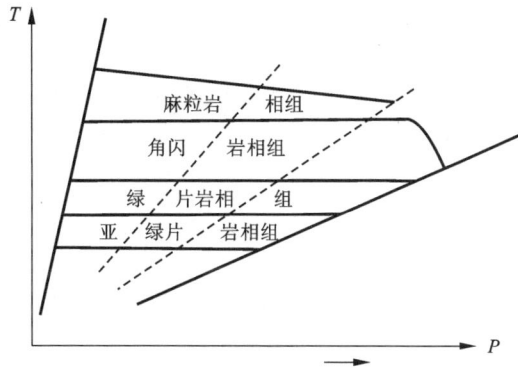

图 1 – 10　变质相组温压条件示意图

（据兹瓦特等，1967，稍修改）

表 1 – 27　变质相组和相系的矿物及矿物组合

相组及相系		特征矿物及矿物组合	不出现的矿物及矿物组合	常见的矿物及矿物组合	备注
亚绿片岩相组	浊沸石相和葡萄石—绿纤石相	浊沸石 + 石英葡萄石 + 绿纤石	方沸石 + 石英、片沸石	绿泥石、白云母、钠长石、钾长石、高岭石、蒙脱石	葡萄石 + 绿纤石相中有石英
	蓝闪石硬柱石片岩相	蓝闪石、青铝闪石、硬柱石、文石、硬玉 + 石英		黑硬绿泥石、多硅白云母、绿泥石、绿帘石、钠长石、绿纤石	
绿片岩相组	低绿片岩相 低压及中压相系	绢云母、绿泥石、绿帘石、黝帘石、钠长石、锰铝榴石	浊沸石 + 石英、绿纤石、葡萄石、蓝闪石、铁铝榴石、普通角闪石	黑云母、白云母、黑硬绿泥石、阳起石、蛇纹石	绢云母绿泥石级中有雏晶黑云母、无黑云母及锰铝榴石
	高绿片岩相 低压及中压相系	铁铝榴石、普通角闪石 + 绿帘石	锰铝榴石、绢云母、黑硬绿泥石、十字石、蓝晶石	白云母、黑云母、绿泥石、斜长石	有时可出现红柱石
	蓝闪绿片岩相 高压绿片岩相	青铝榴石（或镁钠闪石、蓝闪石）+ 黝帘石 + 白云母、青铝闪石 + 阳起石		绿泥石、红帘石、黑硬绿泥石、硬玉质辉石、石榴石	冻蓝闪石可能出现于较深部、有时有榴辉岩其中可含有硬梓石

续表 1－27

相组及相系			特征矿物及矿物组合	不出现的矿物及矿物组合	常见的矿物及矿物组合	备注
角闪岩相组	低角闪岩相	低压相系	红柱石白云母＋石英普通角闪石(黄绿色)	蓝晶石矽线石＋钾长石硅灰石	黑云母、白云母、堇青石、十字石、透闪石、透辉石	有与云母在一起的石英、混合岩化作用形成
		中压相系	蓝晶石、十字石、白云母＋石英、普通角闪石(蓝绿色)	红柱石、堇青石、矽线石＋钾长石硅灰石、蓝闪石	黑云母、白云母、铁铝榴石(少)、透闪石、透辉石	有与云母在一起的矽线石
	高角闪岩相	低压相系	矽线石＋钾长石＋硅灰石＋普通角闪石(棕黄色)	十字石、蓝晶石、白云母	黑云母、堇青石、斜方角闪石、透辉石、橄榄石、铁铝榴石	铁铝榴石出现较少
		中压相系	矽线石＋钾长石＋普通角闪石(棕黄色)	十字石、红柱石、白云母	黑云母、铁铝榴石、透辉石、橄榄石	
麻粒岩相			斜方辉石＋单斜辉石矽线石＋钾长石	十字石、白云母	石榴石黑云母、普通角闪石、蓝晶石、堇青石	黑云母、普通角闪石特征矿物共生

(董申保等,1986)

(五)区域变质相在不同相系中的特征矿物和矿物组合(见表1－28)

表1－28　主要区域变质相在不同相系中的特征矿物和矿物组合

相系	原岩	低绿片岩相	高绿片岩相	低角闪岩相	高角闪岩相	麻粒岩相
低压相系	泥质岩	红柱石、黑云母、锰铝榴石、绿泥石	红柱石、锰铁铝榴石	红柱石、锰铁铝榴石	矽线石、堇青石、锰铁铝榴石	矽线石、斜方辉石、堇青石、锰铁铝榴石
	基性岩	阳起石、黑云母、绿帘石、白云母、绿泥石	普通角闪石、黑云母	普通角闪石、透辉石、黑云母	普通角闪石、黑云母、镁铁闪石、透辉石	斜方辉石、矽线石、单斜辉石、镁橄榄石＋斜长石
中压相系	泥质岩	锰铝榴石、绿泥石、黑硬绿泥石、硬绿泥石	硬绿泥石、铁铝榴石	蓝晶石、十字石、铁铝榴石	矽线石、铁铝榴石	矽线石、斜方辉石、铁镁铝榴石
	基性岩	阳起石、多硅白云母、绿帘石、黑云母、黑硬绿泥石、绿泥石	普通角闪石、黑云母、绿帘石、铁铝榴石	普通角闪石、黑云母、绿帘石、铁铝榴石	普通角闪石、黑云母、绿帘石、铁铝榴石	斜方辉石＋斜长石、单斜辉石、铁镁铝榴石
高压相系	泥质岩	硬柱石、黑硬绿泥石、硬玉＋石英、多硅白云母、文石、红帘石、硬绿泥石	普通角闪石、绿帘石、铁铝榴石	蓝晶石、十字石、铁铝榴石	矽线石、铁铝榴石	矽线石、斜方辉石、蓝晶石、铁镁铝榴石
	基性岩	蓝晶石、绿纤石、青铝闪石、多硅白云母、硬柱石、阳起石、黑硬绿泥石、绿帘石	普通角闪石、铁铝榴石、冻蓝闪石、绿帘石、白云母、透辉石、黑云母	普通角闪石、白云母、单斜辉石、黑云母	单斜辉石、普通角闪石、黑云母	单斜辉石＋铁镁铝榴石、斜方辉石

四、变质岩原岩建造类型的恢复

变质岩的原岩，按其形成作用的特征，可划分为岩浆凝结的、火山碎屑的、过渡型的、正常沉积的四种成因类型。

对变质岩的原岩研究，主要任务是：查明变质岩石原岩的成因类型和原岩的岩石类型；根据原岩的自然共生组合，进行建造分析，通过原岩建造特征的分析以确定变质作用前原岩建造形成时的地质构造环境；在了解大的原岩建造特点的基础上，进一步确定含矿建造的性质和特点。

关于变质岩原岩类型的恢复方法较多，现着重介绍以下几种：

(一)产状形态

通过野外地质调查，确定地质体的产状形态和延伸状况，查明地质体之间相互接触关系，对确定原岩建造类型非常重要。若地质体呈层状或似层状产出，及其上下之间呈整合接触关系，或岩石类型呈连续过渡变化，大都是沉积或火山沉积岩类；若呈楔状体、透镜体、不规则块体产出，上下地质体间有侵入或冷凝烘烤现象，大多是火山熔岩类。在野外工作时，要特别注意构造成因的条带状、片麻状、片状岩层性质的鉴别，不能将其误认为层状岩系。

(二)岩层组合

研究岩层组合特征，特别是查明其中的一些沉积、火山沉积成因标志明显的特征性岩层(如磁铁石英岩、大理岩、富含碳质的碎屑岩类等)的分布及其上下呈连续产出的岩层，是恢复原岩建造类型的直接依据。

(三)结构构造

岩石中的残留原生结构构造特征，是恢复变质岩原岩建造类型的重要依据。

如岩浆凝结的原岩，由于其成因是岩浆经冷凝结晶的岩石，经变质后，可能残存有各种岩浆岩的结构构造。

火山碎屑的原岩，经变质后，可以残存有各种火山碎屑结构。

(四)副矿物

观察研究变质岩所含副矿物的种类、组合、标型特征、晶形、颜色、光泽、延长系数、颗粒大小及含量等，对判别变质岩原岩成因类型，具有十分重要的意义。

(1)副矿物的种类和组合：磁铁矿、榍石、磷灰石较多地出现于基性岩类；锆石、独居石、磷钇矿等，较多见于酸性岩内。

(2)副矿物的标型特征：如晶形、颜色、光泽、磨圆程度、延长系数等。一般说来，晶形完整，晶棱清晰，是岩浆凝结的原岩中的副矿物特征；有一定磨圆，分选不好的副矿物，多数为火山沉积成因的副矿物；而分选良好，磨圆度好，表面粗糙和凹凸不平、有时有断口、表面无光泽等特征的副矿物，多数为沉积成因的副矿物。

(3)副矿物的颗粒大小：一般说来，在原始沉积岩中，碎屑副矿物的颗粒大小，决定于原始沉积岩的岩性类型，并与沉积物的分选性有关，而在正变质岩中则无这种规律性。

(五)图解判别

图解判别主要是应用变质岩石及变质矿物中的常量元素、微量元素、稀土元素等并结合岩石的宏观和微观特征，研究分析资料，编制各种图解，并与已确定成因的一些图解进行对比判别，借以确定原岩性质方法。它主要包括：

（1）利用尼格里值和其他数值，以及利用造岩元素图解等方法区分原岩类型。

（2）利用常量元素、微量元素及稀土元素等来研究变质玄武岩类的构造环境，以及变质沉积岩的成岩时环境等。

（六）变质建造的划分原则

（1）变质岩石组合的物质成分（化学成分和矿物成分）类似，或物质成分虽然不同，但它们在元素组合和矿物组合方面，都存在着一定的规律性，依据这些规律性能说明原始岩石的组合在成因上具有相似性，并能划分为同一建造。

（2）变质岩石组合的产状、接触关系、结构及构造类似，或它们之间虽然不同，但存在着一定的规律性变化，这些规律性变化能说明原始岩石的组合属同一成因，并能划分为同一建造。

（3）变质岩石的组合在变质矿物的共生结合、岩石的结构构造方面表现了同一变质程度或类似的变质演化，或它们之间的变质程度虽然不同，但存在着一定渐变性的变化，根据这些变化能说明区域变质作用过程的连续性的变化规律。

（4）具有较明显的间断（沉积、构造、变质作用及混合岩化作用、岩浆作用间断等）的变质岩系应分属不同的变质建造。

符合上述条件的变质岩石的共生组合，可以划分为同一变质建造。

（七）变质岩中变质矿物与原岩化学成分的关系及矿物粒级划分

（1）变质矿物与原岩化学成分的关系见表1-29。

表1-29　变质矿物与原岩化学成分的关系

特征 种类	原岩性质	化学成分的主要特点	变质后的主要 常见矿物	变质后可能出现的 特征矿物
1	黏土质及粉砂质	Al_2O_3 较高，CaO 较低	绢云母、白云母、石英、钾长石、中性斜长石等	红柱石、矽线石、蓝晶石、十字石、堇青石、铁铝榴石、硬绿泥石、紫苏辉石
2	碳酸盐岩类	以 Ca、Mg 的碳酸盐为主，可含一定量的 SiO_2、Al_2O_3 杂质	方解石、白云石	硅灰石、方柱石、透闪石、钙铝榴石、符山石等
3	泥灰质及基性岩浆岩	MgO、FeO、CaO 较高，SiO_2、Na_2O、K_2O 较低	绿泥石、阳起石、普通闪石、黑云母	绿帘石、铁铝榴石、透辉石、蓝闪石
4	镁质碳酸盐类及超基性岩浆岩	MgO 很高，SiO_2、Al_2O_3、Na_2O、K_2O 较低	白云石、方解石、金云母、菱镁矿	滑石、蛇纹石、硅镁石、方镁石
5	硅质及长英质	SiO_2 为主，可有少量杂质	石英、磁铁矿	

（2）变质岩矿物粒级划分见表1-30。

表1-30　变质岩矿物粒级划分表

变质岩	颗粒类别	粗粒变晶	中粒变晶	细粒变晶	显微变晶
	颗粒大小/mm	>3	3~1	<1	

五、变质岩区的野外工作方法

（一）矿物成分的观察

除详细观察造岩矿物外，特别要注意特征变质矿物。因为特征矿物能反映出变质前原始岩石的化学成分，有助于对原岩的判断。此外，特征变质矿物可以反映变质作用的物理化学条件，进而推知变质作用的性质和变质程度的深浅。

（二）结构构造的观察

变质岩结构的观察是根据矿物颗粒的大小、形状以及重结晶程度等方面来进行。在观察时，首先要注意它是属于哪一类结构（变余、变晶、交代、变形），这对判断岩石的变质类型和变质作用的程度，起着重要作用。

变质岩构造的观察：主要根据矿物颗粒的排列方式（定向的、块状的）和矿物成分或结构的不同部分在岩石中的分布状况来进行。

在观察研究结构构造时要注意以下几点：

（1）注意对变质期次的分析。在对不同期次的结构构造进行逐次分析对比的前提下，建立不同期次结构构造的序次。

（2）研究结构构造必须与相应的矿物或矿物共生组合结合起来，注意在结构构造转变过程中的矿物相发生的变化特点。

（三）变质岩石的野外描述方法

（1）颜色：指岩石的整体颜色。

（2）结构、构造：若同时具有几种结构特征，则需指出其相互关系，并加以综合。要注意描述可见颗粒的绝对大小。

（3）矿物成分：描述肉眼及放大镜可见的矿物成分。若有变斑晶，则先描述变斑晶，再描述基质部分。若无变斑晶，则按矿物百分含量多少的顺序加以描述，要注意变质矿物。

（4）岩石的断口、光泽。

（5）其他特点，如细脉穿插、小型褶皱等。

（6）风化程度。

根据以上特征定出岩石名称。

（四）露头或标本上交代现象的观察

（1）晚形成的矿物或矿物集合体（岩石），呈规则的脉或不规则的脉，交代早形成的矿物或岩石。

（2）晶体中保留被交代岩石的原生构造。

（3）新矿物或矿物集合体，呈现出被交代矿物的假象。

（4）被交代矿物呈"筛状"或不规则的残留体，包裹在晚结晶的矿物里。

（5）一种矿物沿裂隙或不同岩性的接触带进行交代，新生成的矿物往往呈变斑晶分布在接触线上。

（6）在岩石中出现不协调的矿物。

（7）晶体大而完整，并切割有方向性的岩石组构痕迹。

（8）交代作用常呈"交代带"或"交代柱"出现，尤其在矽卡岩地区更为发育。

（五）主要变质岩的野外区别（见表1-31）

(六)示顶构造的识别

1. 常见的示顶构造

常见的示顶构造有以下几种：

(1)粒级序：在通常的浅海(滨海)区，一个沉积层中，碎屑沉积物总是由下向上从粗到细，泥质物由少到多，砂质和重矿物由多变少而递变。且必须为韵律的底或顶与另一韵律呈突变关系，而且韵律内部的组分精细变化呈渐变关系时，才具有示顶意义。细部分示顶，粗部位示底。若韵律层中不同组分都是粗—细—粗的渐变关系或都是截然的突变关系，则不具示顶意义。

(2)波痕：波痕尖指上层面，舒缓的波谷指向底层。

(3)干裂(泥裂、龟裂)：干裂纹呈楔形，尖头指底层，宽的开口指向上层面。

(4)雨痕、雹痕、虫迹：其坑洼指向层底。

(5)交错层：沿弧形层理有粒度粗细的分异，其上下判别同粒级序，交错层理的帚状纹层，其撒开端指示上层面，收敛端指示底层。交错层系被切割的是顶部。

(6)古风化面：常被剥蚀为凹凸不平的侵蚀面，有些有氧化的红顶。

(7)底砾岩：下部砾石粗大，上部逐渐变小变少，重矿物也是下多上少。

表 1-31　主要变质岩野外鉴定表

变质作用类型	变质岩	主要变质矿物	结构、构造	产状及其他	可能原岩
接触热变质	板岩、斑点板岩、石墨板岩、角岩、红柱石角岩、董青石角岩	绢云母、红柱石、董青石、黑云母、石墨	变余泥质结构，鳞片变晶结构、板理发育、斑点构造、角岩结构、块状构造	围绕岩浆岩侵入体产生围岩的热变质圈，愈靠近侵入体变质程度愈强，变质矿物出现比较多，晶体长得也比较大，原岩的结构、构造有较大的改造，多形成变晶结构，反之，远离侵入体，则原岩改造的程度比较弱，岩石的结构则以变余结构为主	泥质岩
	变质砂岩、砾岩、石英岩	绢云母、绿泥石、红柱石、赤铁矿、磁铁矿	变余砂状结构、变余砾状结构、块状构造、粒状变晶结构、块状构造		碎屑岩
	结晶灰岩、大理岩	方解石、(透闪石、阳起石、硅灰石、透辉石)	粒状变晶结构、纤维变晶结构、块状构造		碳酸盐类岩石
气化水热变质	矽卡岩接触交代岩	石榴子石、辉石、符山石、绿帘石	不等粒变晶结构、块状构造	似层状、透镜状	中酸性侵入体与碳酸盐类岩石接触带
	云英岩	石英、白云母、电气石、黄玉	鳞片粒状变晶结构、块状构造	沿气成热液石英脉的两侧发育	酸性侵入岩、沉积岩、变质岩
	蛇纹岩	蛇纹石、滑石、磁铁矿	隐晶质结构、块状构造	不规则透镜状及脉状	超基性岩
	次生石英岩	石英、绢云母、明矾石、高岭石、叶蜡石、黄铁矿、赤铁矿	隐晶—细粒结构、块状构造	似层状	中酸性喷出岩

变质作用类型	变质岩	主要变质矿物	结构、构造	产状及其他	可能原岩
动力变质	碎裂岩	绢云母、绿泥石	碎裂结构	沿断裂带发育	各类岩石
	糜棱岩	绢云母、绿泥石、层解石、叶蜡石、镜铁矿	糜棱结构、不明显的片麻状构造	沿断裂带发育	各类岩石
区域变质	板岩	绢云母、绿泥石	隐晶质结构、变余泥质结构、板状构造	板岩、千枚岩、片岩，一般为层状产出，片麻岩则除了呈层状外，有的还保留原岩浆侵入体的轮廓（片岩也是这样）。板岩、千枚岩、片岩、片麻岩，一般反映了变质程度愈来愈深	泥质岩粉砂岩
	千枚岩	绢云母、绿泥石	变余泥质结构、变余粉砂质结构、细粒鳞片变晶结构、千枚状构造		
	片岩	白云母、黑云母、绿泥石、角闪石、滑石为主（石英＋长石含量＜50%）	鳞片变晶结构、纤维变晶结构、片状构造		
	片麻岩	长石、石英为主，片状矿物有黑云母、白云母等，粒状矿物角闪石等（长石含量＞25%）	鳞片（纤维）粒状变晶结构，片麻状构造		长石砂岩中酸性岩浆岩
	大理岩	方解石、白云石为主（有时可见蛇纹石、透闪石、透辉石）	粒状变晶结构、块状构造	层状	碳酸盐类岩石
	石英岩	石英为主（少量长石、云母、石榴石等）	粒状变晶结构、块状构造		石英砂岩甚至硅质岩石
	绿色片岩	绿泥石、绿帘石、阳起石、角闪石为主（少量为石英、云母）	鳞片变晶结构、纤维变晶结构、变余结构、片状构造	层状产出或保留原岩浆岩侵入体的轮廓	中基性岩浆岩
	斜长角闪岩	斜长石、角闪石	纤维粒状变晶结构、片状构造、片麻状构造或块状构造		基性岩浆岩及富铁的白云质泥灰岩
	蛇纹石片岩、滑石片岩	蛇纹石、滑石	鳞片变晶结构、纤维变晶结构、片状构造	层状产出或保留原岩浆岩侵入体的轮廓	超基性岩浆岩、富铁镁质的沉积岩

（8）冰碛层中漂砾对下部泥、砂沉积物常形成压坑。

（9）生物化学岩中（生物灰岩等）古生物形态特征：叠层石、珊瑚等的分叉指向上层面，生物生长的弧形面亦指向上层面，锥形叠层石的锥尖指向上层面。

（10）火山熔岩对下部已冷却的岩面发生烘烤，形成烘烤现象。

（11）熔岩的绳状构造：熔岩流下层面呈平面，顶面呈绳状、麻花状等复杂形态。

（12）枕状构造：水底喷发形成的枕状构造，下部平整、上部呈圆弧状。

（13）气孔层：一个气孔层多为下部气孔小而密，上部气孔大而稀；两个气孔层在同一火山岩层中相邻存在时，下部层多为小而密的气孔组成，上部气孔层由大而稀的气孔构成。

气孔形态：气泡向上运移中，形成倒油滴状，圆的一端向上，尖的一端指下层。

（14）火山岩中的气管：呈倒枝状，枝权与主干交角甚小，枝权指向底层，干管指向上层面。

（15）火山岩杏仁体中的充填物特征：杏仁体下部有充填物，上半部为气体：下部为重矿物充填，上部为轻矿物充填（如：下部充填着绿帘石、石英，上部为方解石）

在前寒武纪变质岩区最常见的示顶构造是波痕、交错层、粒级序、冲刷面、气孔及气管、叠层石。不常见的为泥裂、雨雹痕、水流痕、枕状构造，偶尔可见的有：火山岩的烘烤面、不同比重的杏仁体及沉积岩中的各种负载构造。上述原生示顶构造的特征见表1-32。

2. 变质岩中真假原生示顶构造的鉴别

前寒武纪变质岩系地层中，常保留了一部分沉积中的原生示顶构造，但由于地层经过了强烈变质、变形及混合岩化作用，都可以塑造出一些与示顶构造相似的形迹——假示顶构造。这些假示顶构造往往以假乱真，致使人们得出错误的结论，因而，在变质岩区识别真假示顶构造，就显得十分重要。

（1）假交错层：由于不同岩性之间劈理的折射，厚层石英层中出现的弧形劈理，其形态很似示顶构造的交错层，它与真正交错层不同之处是：沿弧形"层理"没有粒度粗细分异，没有重矿物富集，弧形面常延入上覆岩层中。

（2）假波痕：砂质岩层在褶皱中，可形成与波痕相似的尖顶褶皱——假波痕。这种假波痕与真正水流波痕的区别在于：在假波痕横断面上，可以清楚地看到与上下薄层地层一起形成相一致的"波痕"形态，这说明它是褶皱形成的。再是假波痕的波峰、波谷的形态不像水成波痕为上尖下圆，而是上下相似。假波痕在走向上和附近小褶皱脊线相一致，真波痕多为斜交。

（3）假泥裂、假火焰构造：泥沙质岩石小褶皱发育时，断面上会出现假泥裂与假火焰构造，只要是褶皱形成的，必将上下地层一起卷入进去，同时出现与褶皱一致的轴面劈理。这种假泥裂在平面上呈直线状而非多角形，以此与真泥裂相区分。

（4）假韵律层：变质岩中长英质脉体（细脉）贯入地层，引起两侧岩石成分上的变化，往往误认为是成层，但它向两侧是对称变化，而不像粒序层的单向变化，以此可区别真假成分层。

（5）假枕状构造：它多为火山熔岩经后期格子状构造切割，并发生球状风化，致使外貌似枕状形态，但它不像真正枕状构造具有从内向边部有成分、结构上的分带性，也无下面平直、上面为弧形的示顶性，而是圆球状，椭圆体。假枕状构造的分布严格受构造限制，且可分布在不同层中，斜交、斜切层面。

（6）假叠层石：有些灰岩中的结核常被当做叠层石，但假叠层石多为同心圆状，孤立出现，没有叠层石之间的连接桥，没有生长方向。

（7）常见假示顶构造特征见表1-33。

表1-32　主要原生示顶构造特征表

沉积作用		火山作用		生物作用	
类型	示意图	类型	示意图	类型	示意图
波痕（尖顶）		气孔（同一层）		基本层	
交错层		气管		分叉	
泥裂		气孔（两个气孔层）			
冲刷面		枕状构造		叠层石	
水流痕		熔岩面（绳状构造）			
雨雹痕		杏仁体（上轻下重）空气 方解石 固体 绿帘石 石英		礁体	
粒级序		烘烤面			
火焰构造					
砾石（下伏岩层）				锥叠层石	
冰碛砾压坑					

3. 次生构造示顶标志

（1）劈理降向。

在早期褶皱中，利用褶皱中的劈理降向，以及劈理（S_1）和层理（S_0）产状关系，可以判断地层正倒，同时还可确定轴面位置和褶皱形态。

褶皱两翼，劈理降向相向时为背斜，相背时为向斜。当岩层为正常翼时，S_0 与 S_1 倾向一致，倾角 $S_1 > S_0$，或 S_0 与 S_1 倾向相反。当岩层为倒转时，S_0 与 S_1 倾向一致，倾角 $S_0 > S_0$ 对平卧和枢纽垂直的褶皱，在剖面上劈理降向无鉴定意义。在紧密等斜褶皱的翼部，层理和劈理产状相近；在褶皱转折端处，S_1 和 S_0 近直交。

在野外观察劈理降向时，要仔细观察，逐层研究。在叠加褶皱区，由于早期劈理的方向被改造，故不能用早期劈理来确定褶皱形态。只有用晚期的劈理降向，确定晚期褶皱的轴面位置和形态。

表 1 - 33　假示顶构造一览表

地质作用	形成机制	假构造类型	示意图	与真的区别
构造作用	节理劈理折射	假交错层		没有多向切割关系 沿弧形面没有粒级重矿物分布
	两组平行节理（劈理）	假波痕		平面直线形波背节理延入岩层中
	砂质岩层小褶皱	假波痕		波形与上下地层小褶皱协调
	泥砂质互层尖棱褶皱	假火焰构造		火焰形态与褶皱相同（相似）
		假泥裂		平面非多角形地层小褶皱与泥裂一致
	大理岩尖紧闭褶皱	假叠层石		此类"叠层石"均为墙状墙体沿延伸方向与围岩小褶皱平行
	沿片理面滑动	假交错层		切割界面非层理面是劈理面
	砂质岩沿褶皱翼部滑动	假交错层		
	火山岩透镜体化	假枕状构造		枕状外层内层成分一样，结构相同，沿走向切割地层
	不同岩性间断裂滑动	假砾石		上下岩层均组成"砾石"

地质作用	形成机制	假构造类型	示意图	与真的区别
侵入作用	方解石绿帘石脉分叉	假气管		打开断面"管体"成板状脉分叉不是一个方向
	石英脉褶皱一半未出露（保存）	假波痕		上下地层亦一齐褶皱
混合岩化	变粒岩片岩中分开的长英质细脉	假韵律		脉体向两侧对称混合
热作用	结晶好的颗粒大	假粒级序		一般泥质的以石榴石出现，而非长英质碎屑
风化作用	块状熔岩球状风化	假枕状构造		枕体成分结构无分带性，沿着裂隙层面分布
	铁锰质胶体淋滤—沉积	假交错层		铁锰质基体（粉砂岩）无沉积分异
	脉体被淋蚀	假古风化面		脉体有分枝锒入围岩
成岩作用	负载囊	假叠层石礁（包心某叠层石）		砂质形成于泥质岩中
	结核	假叠层石礁		多为同心圆状硅质
生物作用	锥叠层石连接桥发育	叠层石弧指向（应是下方）		找其他共生叠层石验证

（2）褶皱倒向。

在多级组合褶皱中，大褶皱转折端的位置可用同期形成的不对称褶皱来确定。

同一翼上的褶皱倒向相同。假若在横剖面上观察到褶皱倒向的改变，则说明有大一级背、向斜的存在。当褶皱倒向向右，大一级背斜转折端在右，小褶皱本身位于大背斜的左翼；褶皱倒向向左，则与上述结论相反。

另外，次级不对称褶曲轴面与层理产状关系及小褶皱形态亦可用来判断大一级褶皱转折端位置及地层层序。

正常情况下，同期形成的不对称小褶皱，其褶皱轴面在背斜中呈正扇形，小褶皱轴面与层理(褶皱包络面)的锐夹角指向由两翼向背斜转折端收敛；在向斜中呈倒扇形，其小褶皱轴面与层理面(褶皱包络面)锐夹角指向由向斜转折端向两翼撒开。在同斜或斜歪褶皱中，正常翼的 S_0 与小褶皱轴面 S_1 倾向相同，倾角 $S_0 < S_1$；倒转翼的层理 S_0 与小褶皱轴面 S_1 倾向相同，但倾角 $S_0 > S_1$。

在叠加褶皱区，只能用同期形成的不对称褶皱倒向、锐夹角指向来判断大一级褶皱形态，及其所处部位的两翼地层的正倒。

(3)构造面向。

构造面向是在已确定褶皱存在的前提下，利用原生沉积构造标志来反映褶皱性质。

当构造面向向上时，为正常背、向斜构造；当构造面向向下时，为背形向斜或向形背斜构造。

在斜卧褶皱中，其构造面取决于褶皱和水平面的交角，需用三维空间来确定。

同一世代所形成的褶皱其面向一致；两期褶皱叠加时，则可能出现两个不同方向的构造面向。

(七)蚀变岩石的观察

(1)确定蚀变岩石类型，圈定范围和形状。

(2)通过制图研究分析造成蚀变岩石的内因及外因。

(3)绘制大比例尺的详细剖面和素描图，在图上要表示出不同蚀变的情况，详细观察和记录蚀变带的宽窄，空间上的分布，并系统采集样品。

(4)对蚀变带内的矿物变更情况要详细观察记录，特别要注意矿物间的交代关系及蚀变带中的矿物本身特征。

(5)在观察蚀变带时要注意各种矿物在每个带内的数量、种类在各蚀变岩内的区别，特别注意蚀变岩岩带新的矿物相，单矿物相的特征。

(6)蚀变分异及蚀变的叠加作用。

(7)蚀变岩石内沿裂隙交代形成的细脉，种类及组成矿物，注意细脉成分与蚀变岩是否一致，并要注意在深度上细脉成分的变化。

(8)要注意蚀变随深度变化特征的观察。

(9)注意地表蚀变特征，颜色的变化。

(10)注意区分哪些蚀变标志是一般性，哪些是特殊性的。

(11)注意蚀变岩和矿体的相互位置，空间关系。

(八)变质岩系中层理的确定

沉积变质岩层理确定主要地质依据是：

(1)变质岩中见有稳定而规则的不同颜色的条带，组成岩层岩石的矿物颗粒是粗细相同的有规律排列，或不同组分的岩石呈现互层，且延伸较远时，可代表原岩的层理。

(2)层面构造的存在：如波痕、泥裂、生物痕迹及交错层理等层面构造的延展面。

(3)厚层岩石经变质后的层理，可依据其中薄的夹层或透镜体夹层的延展方向来确定。

(4)混合岩地区的残留体的长轴方向，及某些条带、条痕方向，可大致承袭原岩层理。

(5)火山熔岩中的气孔(杏仁体)层，枕状构造延展面，以及红色氧化面，沉积夹层等。

(九)变质矿床的调查

(1)了解变质矿床中的矿石与含矿围岩建造的成因、时代以及变质程度之间的关系，并综合考虑其他因素，确定变质矿床类型。

(2)了解矿体延伸规模，产状形态及与上下围岩的构造变形特征，确定矿床的基本构造形式，以及构造对矿床形成和改造的控制作用。

(3)了解变质矿床中矿体厚度、品位变化情况、有用矿物组合及伴生组分的含量及其与围岩性质和成分之间的共生变化关系，以确定变质作用对矿体形成及含矿组分的迁移富集影响。

(4)了解矿体蚀变类型、蚀变分带、元素组合等及其与变质矿床(类型)之间的相互关系，为矿床(点)远景评价提供依据。

(5)了解物化探异常特点，及其与变质矿床之间的关系，以便对物化探异常远景作出地质评价。

(十)三种原岩类型斜长角闪岩的判别(见表1-34)

表1-34 三种原岩类型斜长角闪岩的判别标志

	正斜长角闪岩		负斜长角闪岩，含一定数量杂质的灰岩、白云质灰岩
	玄武质、安山玄武质、火山岩类	基性侵入岩	
矿物组成及其量比关系	角闪石、斜长石含量相近，稳定；不含或含很少杂质矿物；副矿物铬尖晶石的出现是重要标志	同左	角闪石、斜长石的含量和量比不定，经常含石英、石榴石、黑云母、钾长石、石墨及透辉石、方柱石等
斜长石	中长石、中拉长石；双晶发育，类型复杂，如钠长石、肖钠长石、片—钠联合双晶等；环带结构有时发育	基本同左，双晶，环带结构发育	中长石、拉长石，几乎不见或多数不见双晶，不显环带结构或很不发育
辉石残晶	偶尔找到原生辉石、普通辉石、顽火辉石、紫苏辉石残晶，有时虽已为角闪石取代，原"席勒""沙钟"残留	同左	无
结构	可发现残留的火山结构，如间粒、间陷、含长、斑状及晶屑、岩屑、凝灰结构等；粒度一般较细	可见残留的辉长、辉绿及斑状结构，粒度一般较粗	粒柱状变晶结构，粒度较粗、均匀
构造	原绳状、枕状、杏仁状及火山角砾状构造可以保存下来	呈粒状侵入岩外貌，同周围具定向构造的片岩，片麻岩呈现明显不和谐的景观	层状、粒状或定向结构
岩石组合	几种角闪质岩石，如斜长角闪岩、角闪变粒岩、角闪片麻岩等可以呈互层，同一个单层内岩性一致	岩性单调均一	岩性单调，夹于大理岩、石英岩、钙硅酸盐岩分布
产状	层状、厚度变化大、顺层，岩性均一单调，可追索到变质轻的原岩，纵向上岩性变化大	地质图上常可勾画出侵入体的封闭形态，如岩株状、岩枝状、透镜状，或穿插的脉状	层状、薄层状，厚度比较稳定，可渐变为钙硅酸盐岩或不纯的大理岩

六、变质岩区的填图工作方法

（一）填图方法

目前采用三种填图方法，即构造岩石事件法、构造岩层事件法及构造地层（狭义的）事件法。三种方法的根本差别在于原岩建造的性质和改造作用的程度。

在以侵入岩为主的变质岩区，根据岩浆起源及演化理论分析，结合变形、变质作用特征，划分变质岩石的填图单位，确定岩浆侵位事件序次。即采用构造岩石事件法。

在以变质表壳岩石为主的变质岩区，根据改造作用的强烈程度、变质地质体的接触关系性质，以及能否运用叠加褶皱解析和原生、次生示顶构造分析方法恢复原岩建造的原生叠置序列，分别采用构造地层事件法及构造岩层事件法。

（二）岩石地层的划分

将变质沉积、火山沉积岩系划分为岩石地层（狭义的）和构造岩石地层单位系列。

1. 岩石地层单位系列

岩石地层单位系列建立群、组、段、层地层层序。

2. 构造岩石地层（狭义的）单位系列

该系列建立岩群岩组岩段构造岩石地层单位。

岩组：为构造界面所围限的一种岩石地层，更多的情况是两种以上的岩石地层组成的正式单位。

岩段：是岩组内由构造界面所围限的单一的岩性层构成的正式单位。它本身可具有原生示顶标志，改造强烈时可消失。

岩群：一般是由区域性规模的构造变质岩带所围限的多个组或岩组组成的高级正式单位，常缺失群级岩石地层单位所固有的顶底不整合界面。

超岩群和亚岩群：均为非正式岩石地层单位。级别与超群和亚群相当，主要区别在于超岩群和亚岩群的界面均为构造界面。超岩群必须是岩群就地改造的结果。

（三）变质（花岗岩）侵入体

依据改造作用程度划分为岩石谱系单位和构造岩石单位两类。

1. 岩石谱系单位

侵入体：单元；超单元；超单元组合。

2. 构造岩石单位

构造岩石单位是指构造变形复杂、变质程度较高的侵入体。它们的原生结构已基本消失，以致无法进行谱系单位划分或归类。

片麻岩体：大致相当于侵入体或单元，由单一岩体构成的正式岩石单位。

片麻岩套：由两种以上具有演化关系的变质侵入体所组成的正式岩石单位。它们的时空分布关系密切，但由于改造作用强烈，无法厘定其时序关系，然尚能按其不同的岩石类型进行填图时，称为片麻岩套。当对其内部无法按岩石类型进行填图时，则采用片麻杂岩岩石单位名称。它大致相当于超单元。

（四）原岩性质不明的变质岩系

对此类变质岩系不进行岩石地层单位的划分，只按其整体结构构造特征分别称之为片麻岩，片岩。二者均为非正式岩石地层单位。

（五）杂岩

上述各种岩石地层单位由于构造作用或岩浆作用形成的混杂体，依其岩貌而有别于相邻的岩石地层单位。对这片混杂体无法进一步划分和进行填图，但对其中较大的特殊岩石类型块体应在图上标示。

（六）岩石填图单位

对变质地质体按照变质岩石类型进行的等级划分即为填图单位。

岩石填图单位的划分应本着原岩建造、变形作用、变质作用相一致的原则。

1. 岩石填图单位的划分

（1）变质表壳岩。

①划分原则：

具有一定厚度的岩层才能作为填图单位（可填性），每一填图单位与相邻填图单位，应该具有明显的、能为野外填图所掌握的岩性差异，在两者之间可以通过一条界线予以区分（可分性）。

在1：5万填图中，除标志层外，一般最小的填图单位厚度应大于50 m（有重大意义的也可放大表示），最小厚度应根据岩石的可分性决定。

②填图单位岩性组合的基本类型分为单一岩石单位和复合岩石单位。

③填图单位的接触关系：

从成因上分正常沉积接触和构造接触两大类。从表象上看，分突变和渐变两种类型。

突变型接触关系：一个填图单位顺倾向在很短距离内转变为另一个填图单位，二者的界面可以是截然的，也可以在较短或目视所及的范围内完成。

渐变型接触关系：两个填图单位之间有一个较宽的过渡带，过渡带的宽度可达数十米至上百米，填图单位界线可以划在两个端部或中间，没有严格的标志，但应尽可能使界线的位置符合沉积学原则。

④难以建立地层层序的几种情况：

a）构造混杂岩带；b）透入性韧性剪切带发育区；c）侵入体分割区；d）强烈变形变质区。

（2）变质侵入体。

①岩石填图单位划分原则：

每一岩石填图单位均应有一定的规模和边界，对侵入体来说，在地质图上应有独立封闭的图形。

每一填图单位均应有可区别的岩石学特征。

②岩石填图单位的对比：

同一岩石填图单位应具有基本一致的原岩岩石部分（对单元来说）或岩石系列和地球化学特征；在同等变形变质条件下，同一岩石填图单位应具有一致的岩貌和构造变形序列；不同的岩石填图单位，特别是较高级的填图单位，一般具有突变截然的接触界线；同一岩石填图单位年龄样应一致；包体、变质脉岩的性质及它们的分布规律，亦可作为对比同一岩石单位的佐证。

③岩石填图单位时序的确定依据：

接触关系存在穿插、包裹、同化、混染等现象时，可确切地厘定其时序关系。当构造作用强烈，接触界线发生平行化时，则需借助对填图单位整体的构造序列分析来作出判断。

借助同位素年龄样，借助不同的包体、脉体，确定分析填图单位的时序关系。

七、变质岩描述实例

(一)绢云母石英片岩

岩石浅灰白色，鳞片变晶结构，片状构造。主要组成矿物为石英，含量85%左右，具有明显的拉长现象；次有长石，淡肉红色，含量占3%～5%，绢云母呈鳞片状，含量约10%；在片理面上绢云母呈较连续的定向排列，形成明显的片理。

(二)条带状混合岩

岩石淡肉红色，具花岗变晶结构，片麻状构造。基体灰白色，主要组成矿物为斜长石、石英、黑云母：斜长石为板状、粒状，粒度均匀，中细粒，约占50%；石英含量25%左右；黑云母片状、具定向排列，含量15%左右。脉体约占全岩石的50%～60%，呈淡肉红色，细脉状、脉宽1～5 mm，以1～3 mm的条带居多，脉体基本平行片麻理方向贯入，个别有微斜交片麻理现象，条带多呈平行贯入，间距2～10 mm，形似条纹布状，主要组成矿物为钾长石、石英，次有很少量云母。钾长石中粒，属钾微斜长石，淡肉红色，在脉体中含量约65%，石英粒状，占30%左右，次有少量黑云母。脉体和基体分明，仔细观察，二者又呈渐变关系。

(三)斜长角闪片岩

绿色，细粒变晶结构，平行构造。

岩石主要由墨绿色柱状角闪石及灰白色板状斜长石组成，二者含量相近，含少量石英及黄绿色的绿帘石，柱状矿物略具定向排列。

(四)花岗质混合片麻岩

淡肉红色，中细粒鳞片变晶结构，片麻构造。

岩石由肉红色钾长石、灰白色斜长石、无色或半透明状石英、绿黑色细鳞片状黑云母及少许黄绿色绿帘石组成，还见裂隙(脉状)石英绿帘石的存在。钾长石粒度一般稍粗，而石英、斜长石则较细，黑云母的平行排列使岩石具有明显的片麻状构造。斜长石约为10%～20%。

钾长石20%～25%，石英约20%～35%，黑云母约15%，绿帘石1%～2%。

岩石混合岩化较深，脉体、基体界线基本消失，使岩石具有片麻状花岗岩的特征。

第四节　侵入岩

一、侵入岩的分类命名

（一）火成岩的分类方案（国际）

国际岩石分会火成岩分类方案见图1-11。

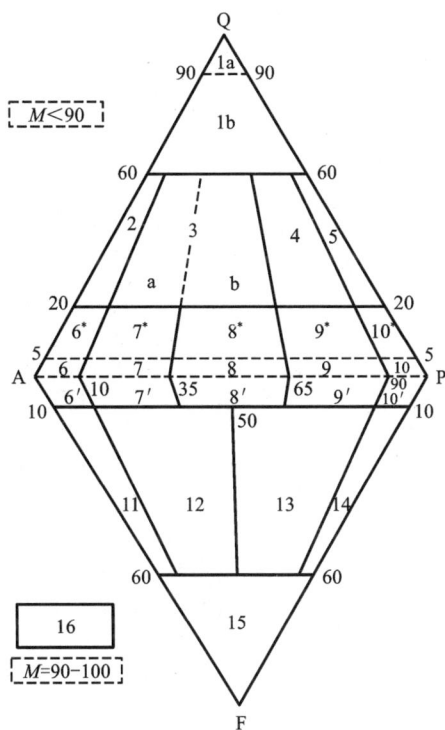

图1-11　国际岩石分会火成岩分类方案(1972)

Q—石英；A—碱性长石（正长石、微斜长石、条纹长石、歪长石、钠长石 $An_{0~5}$）；P—斜长石（$An_{5~100}$）；F—副长石（白榴石、假白榴石、霞石、方钠石、黝方石及方沸石等）；M—镁铁质矿物及其他矿物（不透明矿物、副矿物、绿帘石、褐帘石及原生碳酸盐类等）

$$Q + A + P = 100 \text{ 或 } F + A + P = 100$$

1—侵入岩的分类和命名：1a—硅英岩（英石岩）；1b—富石英花岗岩；2—碱性长石花岗岩，碱性花岗岩；3—花岗岩；a—正常花岗岩；b—二长花岗岩；4—花岗闪长岩；5—斜长花岗岩成英云闪长岩；6*—碱性长石石英正长岩；7*—石英正长岩；8*—石英二长岩；9*—石英二长闪长岩/石英二长辉长岩；10*—石英闪长岩/石英辉长岩/石英斜长岩；6—碱性长石正长岩；7—正长岩；8—二长岩；9—二长闪长岩/二长辉长岩；10—闪长岩/辉长岩/斜长岩；6'—含副长石碱性长石正长岩；7'—含副长石正长岩；8'—含副长石二长岩；9'—含副长石二长闪长岩；10'—含副长石闪长岩/辉长岩；11—副长石正长岩；12—副长石二长正长岩；13—副长石二长闪长岩/副长石二长辉长岩；14—副长石闪长岩/副长石辉长岩；15—副（似）长石岩；16—超镁铁岩

（二）岩浆岩分类

根据 A·H·查瓦里茨基的分类见表1-35。

表1-35 岩浆岩分类表（据A·H·查瓦里茨基的分类表修改而成）

产状	结构		基性玻璃：玄武黑曜岩	酸性玻璃：安山黑曜岩					黑曜岩、响岩	玄武黑曜岩、碧玄岩
	玻璃结构	新相	玄武玻璃、橄榄玄武玻璃、粗玄岩	英安流纹岩（或斜长英安斑岩）	流纹岩	粗面岩	响岩	碱玄岩（不含橄榄石）、碧玄岩（含橄榄石）
火山喷出体和喷溢体、岩被和岩流、岩钟等（喷出相）	玻璃结构	古相	苦橄玢岩、玻质无斑玻璃质玄基辉玢岩（金伯利岩）；玄武玢岩、暗玄岩、粗玄岩	安山玢岩	英安斑岩、英安质斜英安斑岩、石英斑岩；流纹斑岩（或流纹岩）、石英斑岩	粗安斑岩、粗安质角斑岩及钠长斑岩；粗面斑岩、角斑岩、次钠长岩	霞石正长斑岩、变白榴石斑岩	含霞石或变白榴石玢岩
侵入于火山岩系的小的岩脉、较小的岩株和岩床和其他形状的小岩体（超浅成相）		结构与喷出岩相同，并与喷出岩相同的某些浅成岩	次辉绿岩、次玄武岩	次闪长玢岩、次安山岩	次英安岩、次安英岩、次流纹岩；次流纹岩、次花岗斑岩	次粗安斑岩、次二长斑岩；次粗安岩、次二长岩、次正长岩	次响岩	次碱玄岩、次碧玄岩
岩墙、岩株和其他小侵入体，小岩体较少（浅成相）		基质为隐微粒状和微晶的似斑状结构，部分为粒状结构	辉绿岩、辉绿玢岩、辉长玢岩、微晶辉长岩；苦橄玢岩	闪长玢岩、微晶闪长岩（Manox-HTH）；闪长细晶岩、闪长伟晶岩	石英闪长玢岩、斜长花岗斑岩、斜长细晶岩；花岗闪长斑岩、花岗斑岩（或文象斑岩）、细晶岩、伟晶岩	二长斑岩、二长细晶岩；正长细晶岩、正长伟晶岩	霞石正长斑岩、长霞斑岩、霞正岩脉岩；云斜闪正煌斑岩	斜长煌斑岩、方沸石辉绿岩、黄长煌斑岩；方沸粗面岩、霞斜岩
		未分岩	环斜微闪长岩（HaByT，Pawdite）；暗闪煌斑岩	闪斜煌斑岩	云斜煌斑岩			
相当大的侵入体、岩基，小岩体较少（中深成相）		粒状结构及似斑状结构	纯橄榄岩、橄榄岩、辉石岩、角闪岩、黑云母岩；辉长岩、苏长岩、斜长岩（几乎不含暗色矿物）、橄长岩（不含辉石、含一种辉石）	闪长岩	石英闪长岩、部分斜长花岗岩；花岗闪长岩、斜长花岗岩、花岗岩	二长岩、石英二长岩；正长岩、石英正长岩	霞石正长岩	磁铁辉长岩、霞斜岩

矿物成分

成分	超基性岩（<45）	基性岩（45~52）	中性岩（52~65）	酸性岩（65~75）	粗安岩（52~65）	粗面岩、正长岩（52~65）	碱玄岩、碧玄岩（40~52）
钾长石（PF）和斜长石（PL）含量	基性PL大量，PF很少	$\dfrac{PL}{PF+PL}\times100=70\%\sim100\%$	$\dfrac{PL}{PF+PL}\times100=20\%\sim70\%$	$\dfrac{PL}{PF+PL}\times100=0\sim20\%\sim70\%$（花岗岩类）；$\dfrac{PL}{PF+PL}\times100=100\sim70\%$	$\dfrac{PL}{PF+PL}\times100=100\%\sim40\%\sim70\%$（二长岩）；$\dfrac{PL}{PF+PL}\times100=0\sim40\%$（正长岩）	PL为主，PF含量不定
石英（Q）含量（%）	<15%，石英罕见	0~5	5~>20	>20	0~20	不含	不定
暗色（或铁镁矿）物含量	橄榄石、辉石、角闪石和黑云母大量；辉石、橄榄石大量	角闪石一般10%~30%，辉石、黑云母较少，可含很少橄榄石		作为次要组分存在	10%~20%，主要是角闪石及黑云母	不含	含铁辉石、棕闪石和红、褐色黑云母，含量不定
SiO₂含量（%）	<45	45~52	52~65	65~75	52~65	52~65	40~52

（三）常见侵入岩结构构造

常见侵入岩结构构造见表 1 – 36、表 1 – 37。

表 1 – 36　常见侵入岩结构表

结构类型			岩石结构特征
岩石结晶程度	全晶质结构		岩石全由矿物晶体组成，是岩浆缓慢冷凝，从容结晶而成
	半晶质结构		岩石中既有矿物晶体，又有非晶质玻璃，在浅成侵入岩和喷出岩中可见
	玻璃质结构		岩石几乎全由玻璃质组成，多见于喷出岩中
岩石中矿物颗粒大小	绝对大小	显晶质：粗粒结构 中粒结构 细粒结构 微状结构	矿物颗粒直径 10 ~ 5 mm 矿物颗粒直径 5 ~ 2 mm 矿物颗粒直径 2 ~ 0.2 mm 矿物颗粒直径 0.2 ~ 0.1 mm
		隐晶质	岩石呈致密状，岩石中矿物晶体不能用肉眼或放大镜看出
	相对大小	等粒结构 不等粒结构 斑状结构 似斑状结构	同一种主要矿物，大小基本上相等 同一种主要矿物大小不等，但其大小是连续变化的 岩石中矿物成分明显地按其大小分为两群，相对粗大的称斑晶，相对细小的称为基质。斑状结构常见于浅成岩或喷出岩中，基质常为隐晶质或玻璃质 基质常为显晶质，斑晶常没有溶蚀与分解现象，斑晶与基质的矿物成分基本相同
岩石中矿物的自形程度	自形粒状结构		矿物具完整的晶形，矿物在足够充分的空间和允许的充分条件下形成，如斑岩中的斑晶
	半自形粒状结构		矿物晶体部分为完整的晶面，部分为不规则轮廓。若岩石中大多数矿物由半自形晶组成，或自形程度不等，多在深成岩和浅成岩中
	它形粒状结构		矿物晶体无一完整晶面，形状多半是不规则的，充填在其他已经析出的矿物颗粒空隙之间

表 1 – 37　常见侵入岩岩石构造表

岩石构造	岩石构造特征
块状构造	矿物在岩石中均匀分布，无一定方向和排列次序，也无特殊的聚集现象，岩石呈均匀的块体，如花岗岩
斑杂状构造（杂斑构造）	岩石中的不同组成部分，在结构上或矿物成分上有较大的差异，岩石看起来是不均匀的，特别是暗色矿物呈杂乱状的斑点分布。多在侵入岩、喷发岩中或同化混染作用形成
条带状构造	岩石中的不同矿物组分（如暗色矿物和淡色矿物），不同结构，呈条带状相间状大致平行排列而成此构造。原生条带状构造主要是岩浆结晶分离作用形成。次生条带状构造是深部同化混染作用形成
片麻状构造	岩石中暗色矿物相间断续呈定向排列，或石英、长石明显具有拉长定向排列等。有同生片麻状构造、次生片麻状构造、残留片麻状构造
球状构造	岩石中矿物围绕某些中心呈同心状或辐射状分布，组成一个球体。如球状花岗岩、球状伟晶岩、球状辉长岩等

（四）侵入岩类矿物成分平均含量

侵入岩类矿物成分平均含量见表1-38。

表1-38　侵入岩主要岩类矿物成分平均含量表

岩类 矿物种类 矿物百分含量/%	花岗岩	正长岩	花岗闪长岩	石英闪长石	闪长岩	辉长岩	橄榄辉绿岩	辉绿岩	纯橄榄岩
石英	25	21	20	2					
钾长石	40	72	15	6	3				
更长石	26	12							
中长石	46	56	64						
拉长石				65	63	62			
黑云母	5	2	3	4	5	1	1		
角闪石	1	7	13	8	12	3	1		
斜方辉石	1	3	6	2					
单斜辉石	4	3	8	14	21	29			
橄榄石	7	12	3	95					
磁铁矿	2	2	1	2	2	2	2	2	3
钛铁矿	1	1	2	2	2				
磷灰石	微迹	微迹	微迹	微迹	微迹				
榍石	微迹	微迹	1	微迹	微迹				
色率	9	16	18	18	35	35	37	38	98

（五）超镁铁深成岩的分类和命名

超镁铁深成岩的分类和命名见图1-12。

（六）辉长岩类的分类和命名

辉长岩类的分类和命名见图1-13。

（七）中酸性岩分类

中酸性岩分类见图1-14、图1-15。

（八）花岗岩类岩石的分类和命名

深成岩类的分类命名见图1-16，表1-39。

二、侵入岩的产状形态

侵入岩的形态、产状特征见表1-40。

三、侵入岩的野外观察

（一）深成岩的鉴定要点

主要是详细鉴定主要造岩矿物，见表1-41、表1-42，石英的有无及其含量，钾长石、斜长石的有无及其含量，当难以区分辉石和角闪石时，就依据暗色矿物的含量确定。

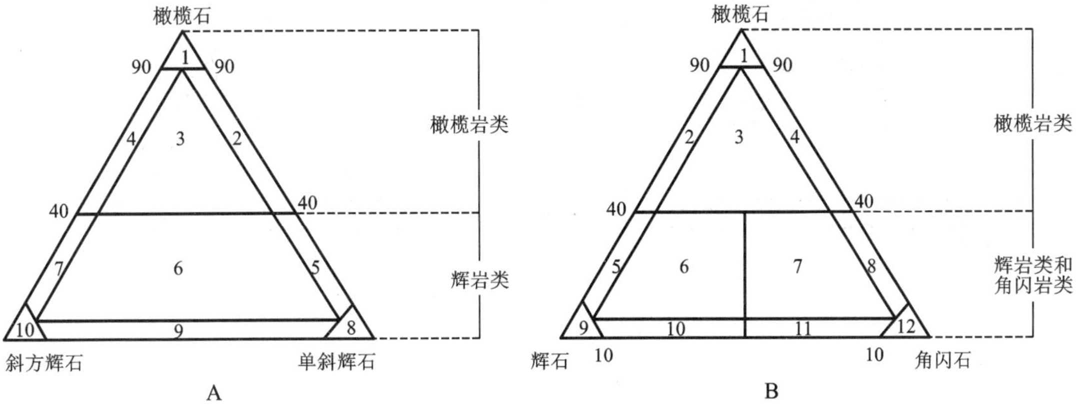

图1-12　A、B超镁铁深成岩的分类和命名图表

（仿国际地科联，1972）

橄榄石＋斜方辉石＋单斜辉石＋角闪石(黑云母＋石榴子石＋尖晶石)含量＞95%，金属矿物含量＜5%

A. 由橄榄石、斜方辉石和单斜辉石组成的超镁铁岩：1—纯橄榄岩(苦闪橄榄岩)；2—异剥橄榄岩；3—二辉橄榄岩；4—斜辉橄榄岩；5—橄榄辉岩；6—橄榄二辉岩；7—橄榄斜辉岩；8—单辉岩；9—二辉岩；10—斜辉岩

B. 含有角闪石的超镁铁岩：1—纯橄榄岩；2—辉石橄榄岩；3—辉闪橄榄岩；4—角闪橄榄岩；5—橄榄辉岩；6—橄榄角闪辉岩；7—橄榄辉石角闪石岩；8—橄榄角闪石岩；9—辉石岩；10—角闪辉石岩；11—辉石角闪岩；12—角闪石岩

表1-39　深成岩分类命名简表

P′	$w(Q)=60\%\sim20\%$				$w(Q)=20\%\sim5\%$						
P′	0~10	10~65	65~90	90~100	0~10	10~35	35~65	65~90		90~100	
分区	2	3	4	5	6*	7*	8*	9*		10*	
								An<50	An>50	An<50	An>50
M′	碱性长石花岗岩	花岗岩	花岗闪长岩	英云闪长岩	石英碱性长石正长岩	下列岩石的浅色岩		石英斜长岩			
						石英正长岩					
10							石英二长岩	石英二长闪长岩	石英二长闪长岩	石英闪长岩	
20									石英二长辉长岩		
30											石英辉长岩
40											
50											
60	上列岩石的深色岩										

（据Streckeisen，1973；Le Maitre等，1989）

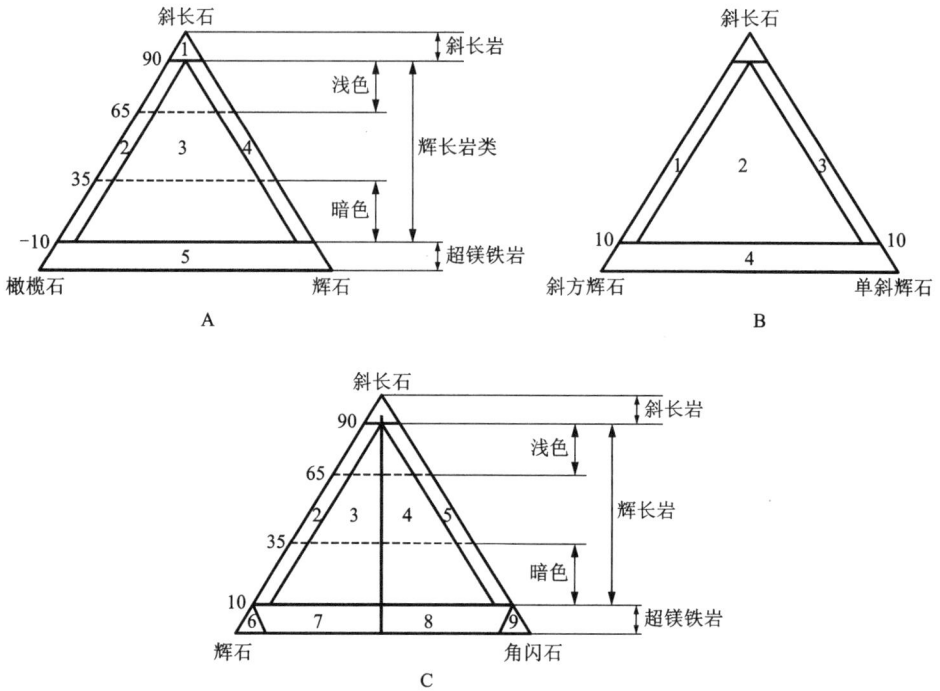

图 1-13 A、B、C 辉长岩类的分类和命名图表

(仿国际地科联, 1972)

斜长石 + 斜方辉石 + 单斜辉石 + 角闪石 + (黑云母 + 石榴石 + 尖晶石)含量 >95% , 金属矿物含量 <5%

A. 由斜长石、辉石和橄榄石组成的辉长岩：1—斜长岩；2—橄长岩；3—橄榄辉石苏长岩；4—辉长苏长岩；5—超镁铁岩

B. 辉长岩类辉长岩、辉长苏长岩和苏长岩的区别：1—苏长岩；2—辉长苏长岩；3—辉长岩；4—辉石岩

C. 含角闪石的辉长岩类：1—斜长岩；2—辉长苏长岩；3—角闪辉长苏长岩；4—辉石角闪辉长苏长岩；5—角闪辉长岩；6—辉石岩；7—角闪辉石岩；8—辉石角闪辉石岩；9—角闪石岩

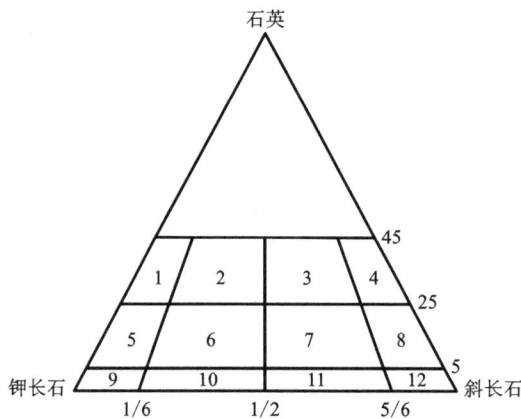

图 1-14 中酸性岩分类图表

(北京大学地质系, 1974)

1—钾长花岗岩；2—花岗岩；3—富斜花岗岩；4—斜长花岗岩；5—石英正长岩；6—石英二长岩；7—花岗闪长岩；8—石英闪长岩；9—正长岩；10—闪长正长岩；11—正长闪长岩；12—闪长岩

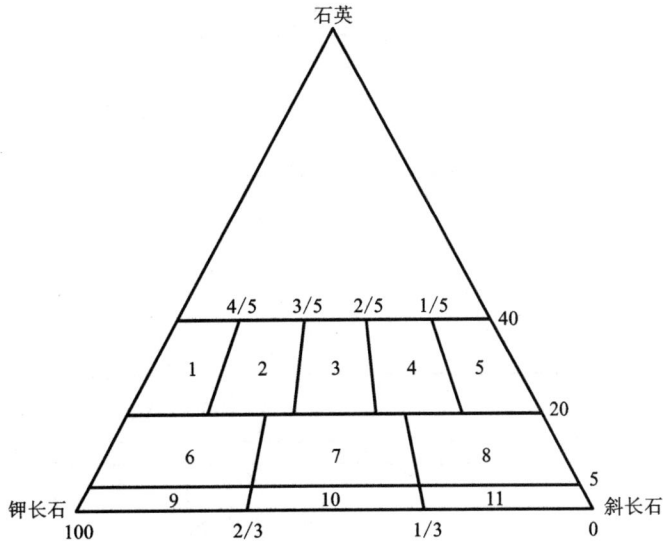

图1-15 钙碱性花岗岩类岩石分类图解

（据南京大学地质系，1973）

1—钾长花岗岩；2—花岗岩；3—二长花岗岩；4—花岗闪长岩；5—斜长花岗岩；6—石英正长岩；7—石英二长岩；8—石岩闪长岩；9—正长岩；10—二长岩；11—闪长岩

表1-40 侵入岩产状形态特征

与围岩接触关系	岩体形态	规　模	形态产状特征
整合侵入	岩床（岩席）	厚度小（几厘米至几十米），面积大（有的可达数百平方公里）	与围岩层理或片理平行，呈板状侵入体。多为流动性小的基性、超基性岩体
	岩盖（岩盘）	直径一般3~6 km，厚度可达1000 m	产于岩层间的底部平、顶部拱起，中央厚边缘薄，在平面上呈圆形状，多为酸性岩
	岩盆	大小不一，直径几十至几百公里	侵入于岩层之间，其中央部分受岩浆的静压力使底板下沉断裂、形成中央微凹的盆状体。以超基性岩为多
不整合侵入	岩墙	厚几米至几十米，长十几米至几十公里	斜交层理或片理，多沿断裂侵入，长度大大超过厚度，在地貌上呈较规整的墙状
	岩脉	大小不等	似岩墙，但形态常不规则，多分布于岩体近旁围岩中或岩体内部
	岩株	出露面积 < 100 km²	与围岩接触面较陡，平面上呈圆形，是一种树干状向下延伸的形态
	岩基	出露面积 > 100 km²	是一大的深成侵入体，岩体底面深度数十公里，多为花岗岩大侵入体

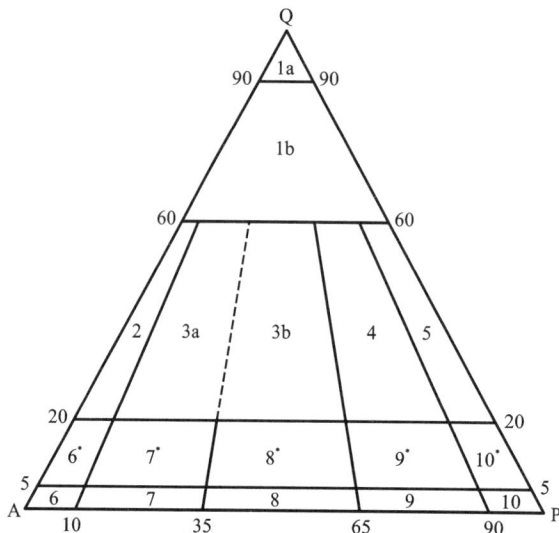

图 1-16 深成岩类的分类图解

(据 Streckeisen，1973；Le Maitre 等，1989)

1a—硅英岩(英石岩)；1b—富石英花岗岩类；2—碱长花岗岩；3a—花岗岩(钾长花岗岩)；3b—花岗岩(二长花岗岩)；4—花岗闪长岩；5—英云闪长岩；6*—石英碱长正长岩；7*—石英正长者；8*—石英二长岩；9*—石英二长闪长岩、石英二长辉长岩；10*—石英闪长岩、石英辉长岩、石英斜长岩；6—碱长正长岩；7—正长岩；8—二长岩；9—二长闪长岩、二长辉长岩；10—闪长岩、辉长岩、斜长岩；Q—石英；A—碱性长石(正长石、微斜长石、条纹长石、歪长石、钠长石 $An_{05\sim100}$)；P—斜长石 $An_{05\sim100}$，M—镁铁质矿物及其他矿物(不透明矿物、副矿物、绿帘石、褐帘石及原生碳酸盐类等)(参见图 1-11)；Q + A + P = 100

表 1-41 深成岩肉眼鉴定表

超基性岩基本性		中性岩	酸性岩	碱性岩			
指示矿物 ↓ →		无石英	无石英	石英 5%	石英 >20%	无石英有副长石类	
		暗色矿物 >90%	暗色矿物 90%~35%	暗色矿物一般 35%~15%	暗色矿物 <15%	或为碱性暗色矿物	
有钾长石	钾长石≫斜长石			正长岩	石英正长岩	花岗岩(富钾)	霞石正长岩
	钾长石≈斜长石			二长岩	石英二长岩	花岗岩	碱性辉长岩、霞斜岩
	钾长石≪斜长石					花岗闪长岩	
基本上无钾长石，有斜长石	斜长石+角闪石			闪长岩	石英闪长岩		
	斜长石+辉石		辉长岩				
	斜长石为主		斜长岩(暗色矿物很少)			斜长花岗岩	
无长石	橄榄石为主	橄榄石					
	辉石为主	辉石岩					
	角闪石为主	角闪石岩					

表 1 – 42　浅色深成岩肉眼鉴定表

岩石名称	钾长石和斜长石的含量比	石英含量	暗色矿物含量
石英闪长岩	绝大部分为斜长石	10% ~20%	15% ~30%
花岗闪长岩	钾长石＜斜长石	＞20%	15% ~20%
石英二长岩	钾长石≈斜长石	5% ~20%	10% ~15%
二长岩	钾长石≈斜长石	＜5%	20% ~30%
花岗岩	钾长石＞斜长石	＞20%	10% ~15%
斜长花岗岩	绝大部分为斜长石	＞20%	5% ~10%
花岗正长岩	绝大部分为钾长石	10% ~20%	5% ~10%
正长岩	绝大部分为钾长石	＜5%	10% ~20%
霞石正长岩	绝大部分为钾长石*	0	10% ~15%

注：＊出现特征的霞石

表 1 – 43　成分相似深成岩、浅成岩、脉岩名称对应比较表

深成岩	（斑状）浅成岩	脉岩（无斑、微细结构）
橄榄岩	苦橄玢岩	苦橄岩
辉长岩	辉长玢岩	微晶辉长岩
	辉绿（玢）岩	辉绿岩
闪长岩	闪长玢岩	微晶（细粒）闪长岩
花岗闪长岩	花岗闪长斑岩	微晶（细粒）花岗闪长岩
花岗岩	花岗斑岩	微晶（细粒）花岗岩
正长岩	正长斑岩	微晶（细粒）正长岩
霞石正长岩	霞石正长斑岩	微晶（细粒）霞石正长岩

在花岗岩中暗色矿物含量很少达到 10%；

正长岩中暗色矿物含量一般不超过 20%；

二长岩中暗色矿物含量约占 25%；

闪长岩中暗色矿物含量常为 30% ~35%；

辉长岩中暗色矿物含量通常在 40% ~50%。

酸性岩中若长石均为碱性长石，暗色矿物为碱性辉石时，则称为碱性花岗岩。

（二）浅成岩和脉岩鉴定要点

（1）有斑晶出现的浅成岩命名：

斜长石为斑晶的岩石称××玢岩。

钾长石、石英或副长石为斑晶的称××斑岩。

如果××玢岩中，同时有角闪石斑晶，或基质中出现角闪石时，则为闪长玢岩。

如果××斑岩中，没有石英斑晶，仅有钾长石斑晶，则称为正长斑岩。若同时有石英斑晶和钾长石斑晶，则称为花岗斑岩。如果仅有石英斑晶时，则称为石英斑岩。

超基性岩的浅成岩为金伯利岩，其中含橄榄石（多蛇纹石化）斑晶的称斑状金伯利岩。

（2）浅成岩具有细粒结构，如能定出矿物成分，则结合岩石颜色深浅，在相应的深成岩名称前加上"细粒"，"微晶"字样。如细粒辉长岩、微粒花岗岩等，见表1－43。

浅色岩脉中，矿物颗粒粗大、伟晶状，则依主要矿物定出大类名称，如花岗伟晶岩、辉长伟晶岩等，再将其特征次要矿物加于名称前，如电气石花岗伟晶岩、锂辉石花岗伟晶岩等。

浅色细晶岩中由于矿物颗粒细小，难以鉴别时，则统称大类名称，如花岗细晶岩、闪长细晶岩，或统称为细晶岩脉。

暗色脉岩种类繁多，颗粒细小，斑晶多为暗色矿物，如若结晶程度又难于鉴别时，则暂称为基性脉岩。如若自形程度较高时，可统称煌斑岩。

（3）不同成因形成的浅成岩体识别方法见表1－44。

（三）侵入岩体接触关系的观察

（1）岩体侵入围岩，为侵入接触关系。主要识别标志为：

①岩体边缘有较细的冷凝边，原生流动构造受接触面控制；

②岩体内常有围岩的捕虏体；

③在围岩中有岩体延伸出去的岩枝或岩脉穿入；

④环绕岩体的围岩有接触变质现象，呈晕带状，其变质程度离岩体越远越弱。

根据岩体与围岩界线的明显程度把侵入接触关系分三个类型：

①急变类型：界线截然分明，多是浅成侵入体沿围岩裂隙或断层侵入的接触关系；

②过渡类型：侵入界线不清楚，呈逐渐过渡关系（也称交代侵入接触），多为深成岩侵入体接触关系；

③渐变类型：介于上述两者之间，具有一定的同化作用，为中深和浅成侵入体接触关系特征。

此外有岩体被剥蚀，再受沉积覆盖形成的沉积接触，岩体与围岩间被断层分开（后期断层）形成的断层接触。

（2）深成岩体之间的接触关系：

同时代或不同时代不同深成岩体之间均呈急变式接触，称超动型侵入接触关系或斜切式侵入接触，类似不整合式侵入接触。主要标志：

①晚形成的深成岩特点：具有细粒边和冷凝边；有岩枝穿入早期岩体；有早期岩体的捕虏体；边缘具有叶理、线理等流动变形构造。

②早形成的深成岩体特点：出现烘烤边、蚀变带或热变现象；被晚期深成岩切割；所含矿脉、脉岩、裂隙等到接触界面突然中断，不进入晚期深成岩体。

表 1 - 44 不同成因的浅成岩对比表

成因 特征	中酸性→弱酸性浅成→超浅成杂岩体 （潜火山杂岩的浅成岩）	花岗岩类晚期派生的酸性浅成小岩体
1	常成群成带地独立出现，主要受断裂控制，空间上与花岗岩类无直接关系	花岗岩类派生的浅成小岩体，与花岗质母岩在空间上密切伴生，形影相随
2	常呈上大下小的简状岩体产出，深部多无根	常为花岗岩基派生的岩枝或围绕岩基呈"卫星"状岩脉产出，深处常与岩基一脉相连
3	整个侵入杂岩在岩石化学特征上呈中酸性，其晚期侵入的弱酸性岩体，亦属偏基性的花岗质岩石	花岗质杂岩由早至晚，岩性演化为由酸性→超酸性→碱性，晚期为派生的小浅成岩体，为花岗质岩石中高度富碱的超酸性变种
4	常伴有以爆发角砾岩为主的自岩浆角砾岩化作用	很少或无
5	常具火山岩的结构构造特征，特别是基质	很少或无
6	斑晶主要为斜长石，钾长石很小，基质也以斜长石为主或斜长石明显多于钾长石。斜长石号主要介于 An 26 ~ 38。钾长石成分单一，主要为正长石	斑晶以钾长石为主，斜长石少量，基质中斜长石也明显地少于钾长石。斜长石号介于 An 10 ~ 20 之间，钾长石成分复杂，包括微斜长石、条纹长石、微条纹长石和正长石类
7	副矿物组合较简单，仅出现铜、钼、铅、锌等金属硫化物	副矿物组合复杂。富含钨、锡、铍、铌、钽、稀土等组分的金属矿物
8	主要形成以亲硫为主的金属矿床，如 Cu、Mo、Pb、和 Zn 等	形成以亲氧为特征的矿床，如：W、Sn、Be、Nb、Ta、U、稀土、萤石矿等

（据江西省地研所，略有改动）

③深成岩体内部接触关系：深成岩体内部多次脉动形成不同侵入体之间的接触关系有明显和不明显两种类型，明显的称脉动、不明显的称涌动。

（a）脉动型侵入接触：常在 1 ~ 2 mm 范围就可发现二者之间比较清楚的接触界线，该接触标志主要是：沿接触带断续发育伟晶岩囊包体，或由粗大的长石、石英组成不连续的似伟晶岩带，宽度一般数十厘米不等。接触带形成"火成角砾岩"带，其"角砾"是早期侵入体的碎块、胶结物为晚期侵入体成分，核部岩浆可穿过外部固结壳后侵入围岩；有时可在晚期侵入体一侧见到窄的冷凝边。

（b）涌动型侵入接触：两岩体没有明显的接触界面，在 1 ~ 2 cm 距离中可见到岩石成分和结构快速变化现象。接触关系的主要标志为：在两侵入体之间有 1 ~ 2 m 的混杂带或混合带；在晚侵入体边缘带见到黑云母条带，长石斑晶大体平行接触面分布；两侵入体岩石结构、成分、矿物形态快速变化；岩石色率快速变化。

（四）侵入岩体剥蚀深度的识别

（1）未剥蚀：看不到岩体，只见到围岩中有热接触变质晕（带）、蚀变带、热液脉或热液矿化等现象。

（2）浅剥蚀：已有小范围岩体出露，有围岩残留顶盖和较多的围岩顶垂体或大型捕房体。

（3）剥蚀中等：仅有早、中期侵入体出露，它们之间接触关系多为涌动型。

（4）深剥蚀：岩体大面积出露，粗粒结构常见，捕房体少而且呈圆滑状，各期侵入体之间均呈涌动型接触。

（五）侵入岩体中析离体、捕房体、残留体、残渣的识别

（1）析离体（异离体）：属岩浆在结晶过程中，由于重力分异作用和结晶分异作用，所形成的早期结晶的矿物聚集体。形状呈椭圆状或条带状、多和岩浆流动方向（流线方向）平行分布，和主体岩石界线远看清楚，近看呈渐变过渡。

（2）捕房体：是岩浆在侵入过程中捕获的围岩碎块，为同化作用的残余物。呈棱角状、椭圆状、不规则状，与岩体界线清楚。在捕房体周边外侧，主体常有冷凝边（结构上变细的淬火边），捕房体内部常具原岩的结构构造特征。捕房体多分布在岩体边部，其扁平方向与岩浆流面一致，长轴平行流线方向。

（3）残留体（阴影体）：它是花岗岩化过程中（超变质作用），在强烈的交代作用和变质作用过程中，未花岗岩化的残留原岩块体。残留体的产状（片理、层理、片麻理等）常和围岩产状一致。残留体和花岗岩界线多为过渡关系，甚至可以分出脉体和基体（混合岩化）。

（4）残渣：①一般岩性较小单位（如斜长角闪岩）；②多为浑圆状；③形体小，多在几厘米以下；④与主岩之间界线模糊；⑤残渣中很少见早期变形组构；⑥与主岩具有同源、互补特征。

四、花岗岩类野外工作方法

近20年来，人们认识到花岗岩深成岩体是由若干个同源岩浆脉动形成的复杂的多期复式岩体。这些侵入体的出现具有一定的次序，它们在岩性、成分和结构方面具有一定的相似性，可以合并成数量不多的几个岩石组合，并在岩基总的侵入顺序中占据着一定的位置。从而对花岗岩类区填图的原则、方法引入了类似沉积岩岩性地层单位划分的填图方法，即按岩石谱系单位的原则进行等级体制划分的填图方法。要对岩基或大的深成岩体进行解体，划分出一系列不同等级的构造岩浆单元，建立花岗岩类的等级体制。

（一）花岗岩类岩石谱系单位的划分

目前各国划法不一，根据我国自己的具体地质条件，初步拟定为超单元组合、超单元、单元的划分方案。

几种岩石谱系单位划分方案与岩石地层单位的对应关系，见表1－45。

（1）单元：是岩石谱系单位的基本单位，也是地方性谱系单位的正式单位。在一个岩段或岩石区内，不同的深成岩体中的侵入体的岩性相似（岩石类型、岩石成分、结构、矿物形态、所含包体的形态相数量及岩墙组合等基本相似），而且相对侵入时代基本相当的侵入体，可划为同一个单元。无法划归为同一个单元的侵入体为独立侵入体，作为非正式单位。

单元命名法，一种是地名加单元，另一种是地名加岩石名称或地名加岩石名称加单元来表示。

（2）超单元：是比"单元"高一级的单位或地方性谱系单位。由凡在时间上和空间上紧密相关，并且在岩石特征（成分、结构等）上具有某些相似特点，以及在成分和结构上表现出清楚的亲缘和演化关系的两个或两个以上单元归并而成，为一次熔融事件（岩浆热事件）的全部产物。超单元内部从早单元到晚单元的岩石之间在成分上具有从较基性向较酸性演化的趋势，在结构上有从细粒向粗粒演化的趋势。

超单元命名由地名加超单元组成。

表 1 – 45　岩石谱系单位的划分方案及与岩石地层单位的对应关系

	岩石谱系单位					
	本书(1991)	坡切尔、科宾(1972)(秘鲁海岸岩基)	贝特曼、道奇(1970)(内华达山脉岩基)	北美地层指南(1983)	苏联 1:1 万区调规范(1988)	岩石地层单位
正式单位	超单元组合	岩基段		超岩套	侵入杂岩巨序列(巨岩套)	超群
	超单元	超单元	序列	岩套	侵入杂岩序列(岩套)	群
	单元	单元	组	岩簇(或岩谱)	侵入组合群(杂岩组合)	组
					侵入组合(系列)	
			(侵入体)		侵入杂岩(体)	段
					侵入体(群体)	
非正式单位	侵入体					
不具等级意义的单位	岩浆杂岩					

　　(3)超单元组合：是岩石谱系单位中最高一级单位。它代表整个构造岩浆旋回特定的某个地质历史阶段形成的若干个超单元在一定空间范围内的组合。超单元组合中的所有超单元，都是同一次构造事件影响下在同一个熔融层有间断地发生多次岩浆热事件所形成的岩浆组合群，各个超单元具有基本相类似的岩性特征及一定的演化趋势。一个超单元组成一个韵律，岩性由基性为主渐趋演化为酸性为主的向上螺旋式发展，组成一个岩浆旋回。

　　超单元组合的命名是由地方性专有名称加术语组成。

　　杂岩：不具等级意义，是在一个规模较大的岩基内，出现几个深成岩体，或几个超单元及单元的岩石伴生在一起，彼此之间关系不清楚，尚不能确切地划分正式岩石谱系单位。

　　(二)花岗岩类谱系单位确定的方法

　　1. 单元的确定方法

　　主要是在岩段或岩石区内的不同深成岩体之间进行对比：标本对比、薄片对比、地球化学对比和同位素对比，野外主要是岩石成分和结构标志的对比。

　　将不同侵入体划归为同一个岩石单元，要依据以下标志：

　　(1)基本一致的岩石成分特征(岩石种类、岩石中矿物成分、地球化学资料特征和副矿物含量及特征)。

　　(2)基本一致的岩石结构特征。

　　(3)侵入体所含包体基本相同或相似(包体发育程度、种类、形态特征及包体的岩石类型等)。

　　(4)侵入体所赋存的脉岩和脉岩组合基本类似。

　　(5)侵入体形成的时间基本相同。

　　2. 超单元的确定方法

　　(1)空间上的紧密伴生：它们群集在一起构成一个"群居"岩体，在格局上一般是完整的套叠形式，其中有的呈同心环状、环状套叠式、半环状及侧向迁移式的多种形式。

（2）时间上紧密相关（一般在 10～15 Ma 之间，即一个世的时间完成一个超单元岩浆活动）。

（3）成分上的演化关系和亲缘关系（从偏基性到偏酸性不间断的连续演化）：

岩石类型的有规律变化（将同一分布范围内循序变化的岩石单元归并为超单元）。

特征矿物上的循序变化（某一超单元所特有的矿物）。

暗色包体的多少、成分、形状和排列方向在同一超单元中基本相似。

化学成分上有规律的演进和地球化学演化的基本规律提供的信息依据。

（4）结构演化，主要是主体结构演化序列，一般超单元可出现两类演化序列：

A. 细粒结构→中粒结构→粗粒结构演化的等粒结构序列；

B. 细粒似斑状结构→中粒似斑状结构→粗粒似斑状结构演化的似斑状结构序列。

3. 超单元组合的归并

（1）在空间上分布于同一岩石区，而且有密切的成因联系；

（2）受同一构造活动事件的控制，是同一构造岩浆旋迴不同阶段的产物；

（3）原生岩浆来源于地壳的不同层位，较深层位生成的岩浆活动时间略早，岩性偏基性，较浅层的岩浆活动时间晚些，岩石偏酸性；

（4）为不同阶段岩浆热事件的产物，具有明显的固定穿切关系。

（三）就位机制的识别

1. 强力就位的特征标志

（1）深成岩体在平面上呈圆形或椭圆形。

（2）和围岩接触界线清楚。

（3）具有由矿物和暗色包体定向排列所显示的同心环状构造，或叶理平行于岩体接触带边部分布。

（4）早已存在的区域构造走向被调整为环绕岩体接触带，并与岩体主轴相一致。

（5）有时可见围岩中线状组构或线状面状组构平行于接触带。

（6）具有同心环状的岩石类型分带，最晚的酸性岩石出现在中部。

（7）近岩体围岩出现环状向斜，岩体内部产生与就位同时的断裂。

2. 被动就位特征标志

（1）平面上岩体呈不规则形状，同围岩构造走向不一致。

（2）具锯齿状接触界线。

（3）缺乏内部的定向组构。

（4）围岩未因岩浆侵入而发生变形。

（5）岩体边部常有围岩的棱角状捕虏体。

（6）围岩中常有花岗岩岩枝贯入。

（四）花岗岩类深成岩体的矿产调查方法

与酸性程度较高的花岗岩类有关的成矿系列有 REE、Nb、Ta、Be、W、Sn、Mo、Bi、Pb、Zn、Sb、等，次有 Cu、Li、Rb、Ag、Au、Hg 等；与中酸性花岗岩类有关的成矿系列有 Cu、Fe、Mo、Au、Ag、Pb、Zn 等，次有 W、Sn 等。

调查的基本方法：

（1）资料的收集与分析：分析矿产在空间、时间上的分布情况，矿产地的具体地质条件（矿化蚀变类型、矿石类型及与岩浆的演化关系等）。以找出花岗岩类成矿的基本特征及其控矿因素；分析各类物化探异常特征（有用元素的含量、元素组合及异常形态）。

（2）矿产的野外调查：对矿点、矿化点及异常区进行检查。经过工作若发现矿产受花岗岩和构造的双重控制，应建立岩浆构造矿化模式。

五、几种造岩矿物的肉眼鉴别方法

（一）钾长石和斜长石的鉴别

钾长石和斜长石的鉴别见表 1-46。

表 1-46　钾长石和斜长石肉眼鉴定对比表

矿物名称 / 特征	钾长石	斜长石
颜色	肉红色、浅粉色、浅黄色、白色，火山岩中有时无色透明	灰白色、灰色、白色
形状	厚板状，断面近方形，常为半自形至它形，斑晶为自形	薄板状，断面近长条状，常为半自形至自形
双晶	常可见卡式双晶，即在解理面上在光的照射下可见一明一暗两个单体	常见聚片双晶，即在解理上是一组明亮一组暗的数个单体
次生变化	变为高岭土，在晶面上呈土状	变为绿帘石、绢云母等，晶面上呈浅绿色、暗灰色
产状	一般分布在花岗岩、正长岩以及霞石正长岩类中	一般分布在辉长岩、闪长岩和花岗岩类中

（二）辉石和角闪石的鉴别

辉石和角闪石的鉴别见表 1-47。

表 1-47　辉石和角闪石肉眼鉴定对比表

矿物名称 / 特征	辉石	角闪石
颜色	黑色、棕色、暗绿色	黑色至绿色
晶形	短柱状、粒状，其断面为八边形或近方形	长柱状，其断面为六边形或菱形
解理交角	$(110) \wedge (1\bar{1}0) = 93°(87°)$，断口往往呈阶梯状	$(110) \wedge (1\bar{1}0) = 56°(124°)$ 呈菱形
光泽	玻璃光泽至半金属光泽	玻璃光泽至丝绢光泽
共生矿物	常与基性斜长石和橄榄石共生	常与中性斜长石和黑云母共生
产状	产于超基性、基性岩及部分中性岩中	中性及中酸性岩中

六、几种常见相似岩石的区别

(一)斑状花岗岩和花岗斑岩的区别

斑状花岗岩：是分布于侵入体内部或呈大岩体产出的具有斑状结构的深成岩。斑晶主要为钾长石(此外尚有斜长石)，它常不是从岩浆中析出的，而是富含钾、铝的碱质溶液交代基质中的矿物或基质中钾长石集中重结晶而成，或是富含钾的碱溶液，沿微裂隙渗透并溶解了基质而生成的变斑晶，其形成晚于基质，基质多为中粒或粗粒结构。

花岗斑岩：属一种浅成岩，多分布于岩体边缘或呈小岩株、岩脉产出的斑岩体。斑晶除钾长石外，常有双锥石英。斑晶是最早从岩浆中析出的产物，基质为细粒甚至出现微粒隐晶质结构。

(二)片麻状花岗岩和花岗片麻岩区别

片麻状花岗岩：是指具有片麻状构造的花岗岩，是花岗岩岩体经动力变质作用挤压而成，多分布于岩体边缘部位，分布上具有局限性。

花岗片麻岩：是具有花岗岩成分的片麻岩，是一种区域变质的产物(原岩可为沉积岩，也可是火成岩)，分布面积往往很大。二者区分时，其产态、产状很关键。

(三)煌斑岩和辉绿岩的区别

二者均属基性脉岩，它们的区别主要在结构上。

煌斑岩：具有特征的煌斑结构，即暗色矿物辉石、角闪石和黑云母等具有全自形斑状(或粒状)结构。暗色矿物较多，在40%以上。

辉绿岩：具有辉绿结构，即斜长石板条状晶体组成的三角形空隙中，充填有他形粒状辉石，基性斜长石较多，且基性斜长石(斑晶)常不稳定，蚀变成灰绿色或黄绿色的方解石、绿帘石和钠长石集合体。

第五节　火山岩

一、火山岩的分类与命名

(一)熔岩的分类和命名

熔岩的分类方案，是由矿物定量分类、化学定量分类和定性分类三部分组成的。三者可以互相配合使用。即：对于全晶质火山岩，可使用矿物定量分类；对于不能准确测定矿物成分及含量的半晶质火山岩，又无化学分析时，主要使用定性分类；对于隐晶质、玻璃质火山岩，可直接用化学定量分类，也可换算成标准矿物，然后投影在矿物定量分类图解上，有化学分析的全晶质或半晶质火山岩，则可同时使用三种图表，互相验证。见图 1 - 17 ~图 1 -21、表 1 -48。

1. 矿物定量分类

矿物定量分类，是以国际推荐方案(Streckeisen，1979)为基础，根据我国的实际资料对图中某些内容作了一定的修改和补充：①在原 QAP 三角图内，增加了 SiO_2 的含量(重量百分数)等值线，该等值线是根据 SiO_2 含量相当于 70%、65%、62%和 52%的火山岩投影点的趋势线绘制的；②在原 APF 三角图内，增加了副长石含量(体积百分数)等值线，该等值线是根据副长石占全岩含量 5%、10%、20% 和 30% 的火山岩投影点的趋势线绘制的(图 1 - 15);③在原 QAP 三角图内,增加了岩系指数等值线,分别代表 1.8、4 和 9 的指数值(图 1 - 16);④修改补充后的 QAP 三角图解,也可用折线形式表示(图 1 - 17),并用于区分玄武岩、安山岩和英安岩。

根据李兆鼐(1984)图中 M = 35(体积百分数)的等值线(参见图 1 - 20),大体可以区分玄武岩的浅色和暗色变种。根据图 1 - 16 以岩系指数 $\sigma = 1.8$、4 和 9 的等值线,可供划分岩系类型(钙性、钙碱性、碱钙性和碱性)时参考。

2. 化学定量分类

化学定量分类图解(图 1 - 18),是用我国实际资料编制的,以 SiO_2 为横坐标,$Na_2O + K_2O$ 为纵坐标的基本坐标网,直接用氧化物作为分类的基本依据。一些不必作全岩分析的岩石,而为了配合镜下鉴定的需要,可以仅做 SiO_2、K_2O 和 Na_2O 三项分析,便可直接投影于图上。

该化学定量分类的主要岩石类别、岩石基本名称和数字代码,与 QAPF 双三角图解的矿物分类基本对应,但并不完全吻合,两者可以互相检验和补充。

3. 定性分类

在熔岩定性分类的命名中(表 1 - 48),类别的划分与矿物定量分类和化学定量分类基本对应。表中简要注明各类岩石的矿物成分,主要化学成分含量范围,结构特征和岩石自然共生组合特征,以供鉴定时参考。

(二)火山碎屑岩的分类和命名

火山碎屑岩的形成条件较复杂,除火山爆发物外,还可能有熔岩组分或外生组分。故按碎屑组分分为正常火山碎屑岩类、碎屑熔岩类和火山沉积碎屑岩类三大类,见表 1 - 49。

(1)正常火山碎屑岩类:为降落堆积产物,常以压结方式成岩。火山灰流的堆积物多半为熔结式成岩,因而又可分为普通火山碎屑岩和熔结火山碎屑岩两个亚类。

碎屑熔岩类中,陆上自碎碎屑常呈熔岩胶结;水下淬碎碎屑常呈水化学胶结。

(2)火山沉积碎屑岩类中,火山岩组分和外生碎屑组分的比例变化范围很大,可以把火山碎屑含量为 90% ~ 50% 的划为沉积火山碎屑岩亚类;将火山碎屑含量为 50% ~ 10% 的划为火山碎屑沉积岩亚类。见表 1 - 49。

(3)火山碎屑粒级的百分含量是划分基本种属的依据,可分为三个基本粒级(按粒径大小):

集块级,粒径 $d > 50$ mm;

角砾级,粒径 d: 2 ~ 50 mm;

凝灰级,粒径 $d < 2$ mm。

(三)一些特殊岩类命名原则

(1)潜火山岩:原则上按斑岩或玢岩命名,如流纹斑岩、安山玢岩。

(2)细碧岩:主要出现在浅变质的海相或海陆交互相的火山岩系中(目前世界地学界对细碧岩这一特殊岩石在成因上和命名上争议颇大,此处只是指一般对细碧岩的概念而言)。细碧岩的 SiO_2 含量为 45% ~ 52%;主要矿物为钠长石(或钠更长石),绿泥石等,不含或很少含石英;贫钙,Na_2O 数倍于 K_2O。

角斑岩的 SiO_2 的含量为 52% ~ 65%,主要矿物为钠长石(钠更长石),其次为绿泥石、石英、绿帘石、碳酸盐等矿物。

石英角斑岩的 SiO_2 含量大于 65%,主要由石英和钠长石组成。

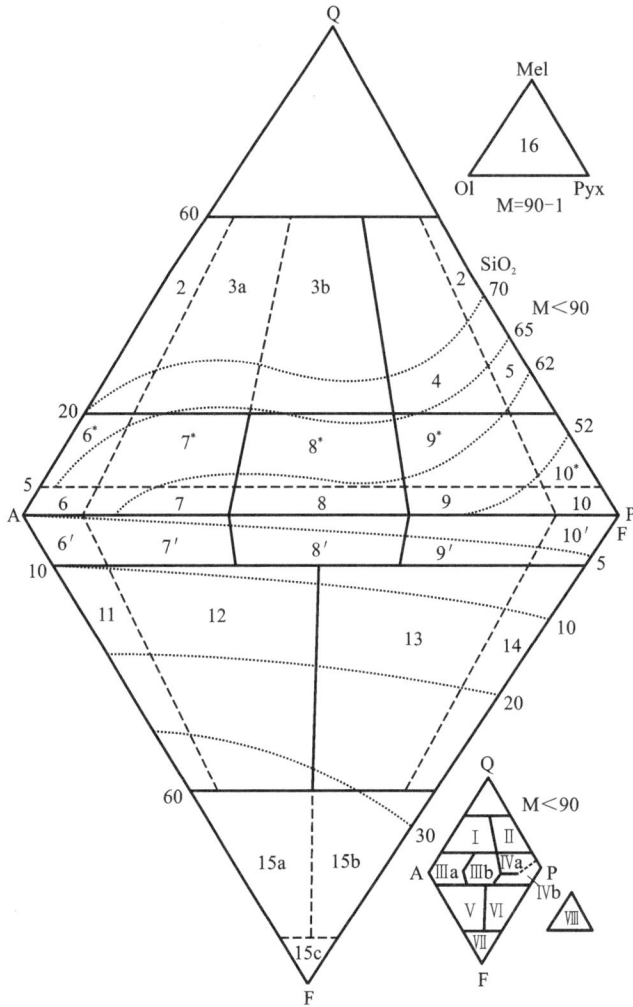

图 1 - 17　火山岩矿物定量分类图解

[仿 Streckeisen(1979)、李兆鼐等，作部分补充和修改]

基本名称：2—碱性(长石)流纹岩区：碱长流纹岩、碱性流纹岩；3a、3b—流纹岩区：$SiO_2 > 70$ 为流纹岩；SiO_2 70～65 为石英粗面岩(石英安粗岩 a，石英粗安岩 b)；4、5—英安岩区：SiO_2 70～65 英安岩(流纹英安岩)；SiO_2 65～62 石英安山岩(安山英安岩)；$SiO_2 > 70$ 斜长流纹岩；6—碱性(长石)粗面岩区：$SiO_2 > 65$ 石英碱性(长石)粗面岩(6^*)，$SiO_2 < 65$ 碱性(长石)粗面岩(6)，含副长石碱性(长石)粗面岩($6'$)；7—粗面岩区：石英粗面岩(7^*)，粗面岩(7)，含副长石粗面岩($7'$)；8—安粗岩(粗安岩)区；石英安粗岩(石英粗安岩，8^*)，安粗岩(粗安岩，8)，含副长石安粗岩(含副长石粗安岩，$8'$)；9、10—安山岩、玄武岩区：SiO_2 62～65 安山岩、玄武安山岩；$SiO_2 < 52$ 玄武岩；$9'$、$10'$为含副长石的安山岩、玄武岩；11、12—响岩区：响岩(11)、碱玄质响岩(12)；13、14—碱玄岩区：响岩质碱玄岩(响岩质碧玄岩，13)，碱玄岩(碧玄岩，14)；15—副长石岩区：响岩质副长石岩(15a)，碱玄质副长石岩(15b)，副长石岩(15c)；16—超镁铁质岩区。类名：流纹岩类(Ⅰ)；英安岩类(Ⅱ)；粗面岩类(Ⅲa)；安粗岩类(Ⅲb)；安山岩类(Ⅳa)；玄武岩类和碱性玄武岩类(Ⅳb)；响岩类(Ⅴ)；碱玄岩类(Ⅵ)；副长石岩类(Ⅶ)；超镁铁质岩类(Ⅷ)。Q—石英；A—碱性长石；P—斜长石；F—副长石；Ol—橄榄石；Pyx—辉石；Mel—黄长石；其中(Q + A + P + F) = 100，Ol + Pyx + Mel = 100，F'为副长石占全岩的含量%(体积百分含量)

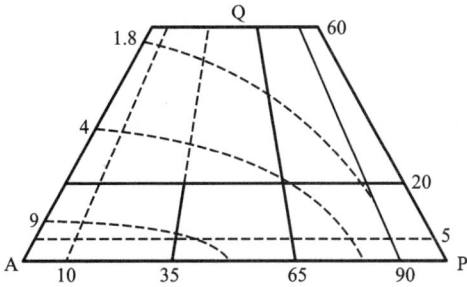

图 1 – 18 岩系指数等值线的 QAP 图

（据李兆鼐等，1984）

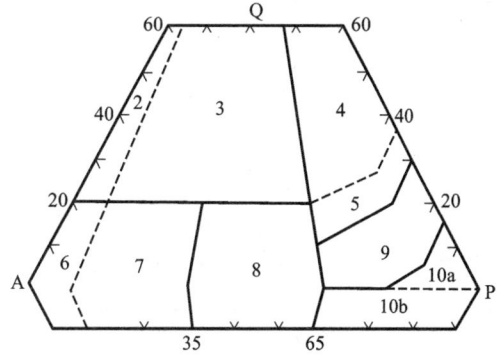

图 1 – 19 火山岩矿物分类 QAP 图解

（据李兆鼐等，1984）

2—碱性（长石）流纹岩；3—流纹岩；4—英安岩；
5—石英安山岩；6—碱性（长石）粗面岩；7—粗面
岩；8—安粗岩；9—安山岩；10a—玄武岩；10b—碱
性玄武岩；短划曲线表示岩系指数等值线

表 1 – 48（a） 火山岩的定性分类表

类	流纹岩		英安岩		安山岩		安粗岩			粗面岩				
基本名称	流纹岩	碱性流纹岩	英安岩	石英安山岩	安山岩	玄武安山岩	石英安粗岩	安粗岩	含副长石安粗岩	石英粗面岩	粗面岩	含副长石粗面岩	石英碱性粗面岩	碱性粗面岩	含副长石碱性粗面岩
编号	3	2	4	5	9a	9b	8*	8	8′	7*	7	7′	6*	6′	
石英	见	斑晶少或无		少或无		少		无		少		无	少	无	
副长岩	无		无		无		无		<5%	无		<5%	无		<5%
长石	更长石、碱性长石		碱性长石、更长石、中长石		中长石、拉长石		更长石、中长石、碱性长石			更长石、碱性长石			碱性长石为主		
结构	霏细、球粒、玻璃		霏细、霏细—交织、交织		玻晶交织、交织、间粒、斑状		霏细—交织、斑状		交织、间粒似粗面、碱边斑状、斑状	霏细—粗面、斑状		粗面、斑状	霏细—粗面、斑状		粗面、斑状
暗色指数	<15（体积百分含量）		10～35（体积百分含量，浅色变种常 <20%）												
铁镁矿物	黑云母（辉石无或极少）	碱性辉石、碱性角闪石	黑云母、角闪石、辉石少或无		黑云母、角闪石、辉石		黑云母、角闪石、辉石少或无			黑云母、普通角闪石、辉石少或无			透辉石、质普通辉石带霓辉石边、霓辉石、霓石、钠闪石、钠铁闪石、棕闪石或红钠闪石		
共生岩石	安山岩、英安岩	碱性粗面岩、碱性玄武岩	流纹岩、英安岩		流纹岩、英安岩		粗面岩、碱性玄武岩			碱性玄武岩、响岩（或碱性流纹岩）			响岩（或碱流岩）、碱性玄武岩		

表 1 - 48(b)　火山岩的定性分类表(续表 1)

类	流纹岩		英安岩		安山岩		安粗岩		粗面岩			
SiO_2(%)	>70	>69	70~65	65~62	62~55	55~52	70~65	65~52 (62~52)	70~65	65~55 (65~59)	70~65	65~55 (65~59)
AlK	8±	>8	>6	<6	6~4 (8~4)		9.5~6		13~8		14.5~9	
其他	CaO >1	CaO <1	CaO <4	CaO >4	低铝安山岩 (冰岛岩) Al_2O_3 <16.5		钾质:K_2O/Na_2O >0.7 钠质:Na_2O/K_2O >1.5	CaO >4	CaO 3.5~6		CaO <3.6	

（据李兆鼐等，1984）

表 1 - 48(c)　火山岩的定性分类表(续表 2)

类	响岩		玄武岩			碱性玄武岩和碱玄岩						
基本名称	响岩	碱玄质响岩	玄武岩 (钙碱性)	拉斑玄武岩	橄榄拉斑玄武岩	碱性橄榄玄武岩	中长玄武岩(夏威夷岩)	更长玄武岩(橄榄安粗岩)	粗面玄武岩	碱玄岩	碧玄岩	响岩质碱玄岩
编号	11	12	10a			10b				14		13
石英	无		少或无		无	无(<5%)				无		
副长石	较多(>5%)		无		无	无或少				>5%		
长石	碱性长石		拉长石、斑晶拉倍长石			拉长石	中长石	更长石	斜长石碱性长石 >10%	拉长石、碱性长石		
结构	眼斑、玻基眼斑、响岩、斑状		辉绿、间粒、间隐、拉斑玄武、交织、玻晶交织			间粒、交织、间碱、巨斑	碱边斑状、碱边间粒、碱边交织、间碱、碱长嵌晶包含			碱长嵌晶包含、碱长射束、眼斑、玻基眼斑、响岩		
暗色指数			>35(体积百分含量,浅色变种 <35,深色变种可达 50%以上)									

表 1 - 48(d)　火山岩的定性分类表(续表 3)

类	副长石岩			超镁铁质岩					碳酸熔岩	
基本名称	响岩质副长石岩	碱玄质副长石岩	副长石岩	苦橄岩	碱性苦橄岩	麦美奇岩	金伯利岩	黄长岩	钙镁铁碳酸熔岩	钾钠碳酸熔岩
编号	15a	15b	15c	16a		16b		16c	17	
石英	无			无					方解石、白云石、铁白云石、菱铁矿	钠、钾碳酸盐
副长石	很多(>35%)			无				较少		
长石	碱性长石	斜长石	无	无						
结构	眼斑、玻基眼斑、响岩			等粒、暗斑、暗交织、暗玻晶交织	暗斑、玻基斑状	暗斑、凝灰、角砾		暗斑、黄长石、钉齿	全晶质粒状	
暗色指数	>40(体积百分含量)			>80(体积百分含量,部分 <80%)					很低	

续表 1 −48(续表 3)

类	副长石岩	超镁铁质岩					碳酸熔岩	
		橄榄石为主				橄榄石、普通辉石、黄长石、副长石		
铁镁矿物	透辉石质普通辉石、含钛普通辉石、霓辉石、霓石、橄榄石少或无、黑云母、钠闪石和黄长石少或无	普通辉石、易变辉石或紫苏辉石	钛辉石、透辉石质普通辉石	钛辉石	镁铝榴石、镁钛铁矿、铬透辉石	橄榄石、普通辉石、黄长石、副长石	透辉石、霓石、碱性角闪石、黑榴石、黄长石、黑云母	
共生岩石	碱玄岩、碧玄岩、碱玄质响岩、响岩质碱玄岩	拉斑玄武岩	碱性玄武岩	独立地质体(岩流、岩筒、岩脉)		霞石岩、粗面玄武岩	超基性碱性岩	
SiO₂(%)	52 ~ 38	44 ~ 38		< 38		20 ~ 38	< 20	
AIK	14 ~ 6	0.5 ~ 2	2 ~ 5	< 1.5		3 ~ 5	< 1.5	30 ~ 40
其他	SiO_2 白榴岩 48 ~ 44 霞石岩 44 ~ 38 MgO 3 ~ 8 / 3 ~ 11 TFe 8 ~ 10 / 11 ~ 16 Ai_2O_3 15 ~ 19 / 11 ~ 17	MgO 15 ~ 25 Al_2O_3 9 ±	MgO 11 ± Ai_2O_3 12 ±	$(K_2O + Na_2O + Al_2O_3)$ < 10% $Na_2/K_2O > 1.5$ $K_2O/Na_2O > 3$		$(Al_2O_3 + Na_2O + K_2O) > 10\%$	$(CaO + MgO + FeO + Fe_2O_3)$ 35 ~ 50	$Na_2O/K_2O > 1$, $CaO < 10 ~ 20$

注： * 体积百分含量 >80% , 大体相当于重量百分含量 >90%

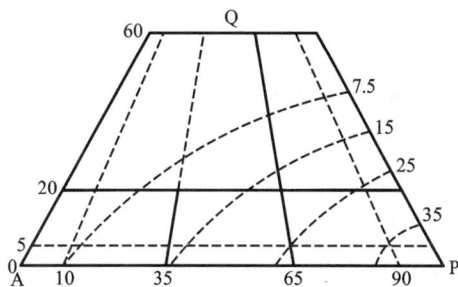

图 1 −20　暗色指数(体积百分含量) 等值线的 QAP 图

(据李兆鼐等, 1984)

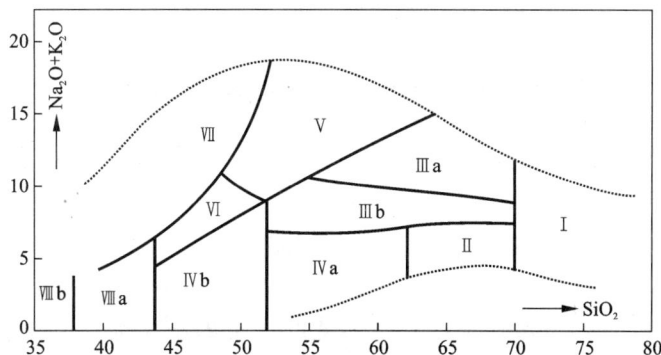

图 1 −21　火山岩化学定量分类图解(大类)

(据李兆鼐等, 1984)

Ⅰ—流纹岩类; Ⅱ—英安岩类; Ⅲa—粗面岩类; Ⅲb—安粗岩类; Ⅳa—安山岩类;
Ⅳb—玄武岩和碱性玄武岩类; Ⅴ—响岩类; Ⅵ—碱玄岩类; Ⅶ—副长石岩类; Ⅷ—
超镁铁质岩类; 点线为中国火山岩投影点的实际范围

表 1 – 49　火山碎屑岩分类表（基本方案）

类	碎屑熔岩类		正常火山碎屑岩类		火山沉积碎屑岩类		粒度/mm	
豆类	碎屑熔岩	淬碎碎屑熔岩	熔结碎屑岩	普通火山碎屑岩	沉积火山碎屑岩	火山碎屑沉积岩	Ⅰ 十进位标准	Ⅱ 值标准
火山碎屑含量	10%~90%	>90%	>90%		90%~50%	50%~10%		
胶结类型	熔岩胶结为主	压结和水化学胶结	熔结为主	压结为主	压结和水化学胶结			
基本岩石名称	集块熔岩	淬碎集块岩（玻璃集块岩）	熔结集块岩	集块岩	沉集块岩	凝灰质集块岩（凝灰质巨砾岩）	粗 – 100 细 – 50 粗 – 10 细 – 2 – 0.05 – 0.005	– 64 – 2 – 1/16 – 1/256
	角砾熔岩	淬碎角砾岩（玻璃角砾岩）	熔结角砾岩	火山角砾岩	沉火山角砾岩	凝灰质角砾岩（凝灰质砾岩）		
	凝灰熔岩	淬碎凝灰岩（玻璃凝灰岩）	熔结凝灰岩	凝灰岩	沉凝灰岩	凝灰质砂岩		
						凝灰质粉砂岩		
						凝灰质泥岩		
						凝灰质化学岩		
国际推荐方案火山碎屑含量			75	50	25（体积%）			

注：全岩中粒级含量均以大于50%为准。（根据李兆鼎，1984）

如果在上述岩中的钠长石和绿泥石中有拉长石和辉石交代残余，或铁镁矿物以假像纤闪石为主，则不宜使用细碧岩、角斑岩和石英角斑岩的术语。

由于对细碧岩成因观点存在原则争议，故一般可用变玄武岩，变安山岩（或变粗面岩）和变流纹岩（或变英安岩）的术语来代替。

（3）火山碎屑岩特殊变种：火山碎屑岩的基本名称代表了具有一定普遍意义的最基本类型，每个基本类型，有一定的变种，可在基本名称前加定语，作为特殊种名称。这可按具体情况具体命名，如火山集块岩和火山角砾岩种属划分，见表 1 – 50。

表 1 – 50　集块岩和火山角砾岩种属划分表

碎屑物特征 ＼ 大小及含量	无特殊形态及内部结构	无一定形态有特定的内部结构	有特定的结构和结构特征
>50 mm（含量 <50%）	集块岩	火山碴、集块岩、浮岩	火山弹集块岩
50~2 mm（含量 <50%）	火山角砾石	火山碴、角砾岩、浮岩	火山角砾岩

二、火山岩区野外工作中观察研究的主要方面

依据火山岩的特殊性，它既具有火成岩的一些特点，又有沉积岩的特征，因而采用双重制图法，采用岩相和地层学相结合的工作方法，它涉及火山岩岩相的分析、火山机构的恢复、

火山地层层序的对比等方面的工作。

（一）火山岩相的识别

按在火山机构的位置分为：近火山口相、远火山口相和过渡相（火山斜坡）。

按岩浆定位深度分为：地壳相（大陆相、海相）和深部相（潜火山相、浅成相）。按火山喷发类型、火山物质搬运方式和定位环境与状态分为：爆发相、喷溢相、侵出相、喷发沉积相、火山通道和潜火山相。

通过岩相分析，针对一个火山口（喷发中心），研究其火山作用产物围绕火山口发生的成分、产状、结构、构造的变化和空间分布规律，从而恢复古火山机构。

（1）爆发相：火山爆发时产生的各种碎屑物（火山弹、集块、火山砾、火山灰等），形成空落、崩落和碎屑流等不同形式的火山碎屑堆积物。

（2）喷溢相：岩浆自火山口向外溢流形成的各种熔岩。基性岩浆主要形成岩被和岩流，中酸性岩浆主要形成穹丘和熔岩锥。

熔岩锥：主要由玄武质岩石组成，其特征是溢流面积较大；厚度相对稳定；岩石斑晶不发育，多为玻璃质和隐晶质；岩层顶面平坦，顶部可见气孔构造；形态简单。

熔岩流：其形态、规模受地形影响，呈带状或舌状体分布，规模较小；单个岩流厚度小（几十至百余米），随当时地形变化；中、基性岩流含气孔和杏仁体较多；酸性熔岩流的流动构造与流动方向一致；柱状节理多见，且垂直层面；厚的熔岩流具有分带性，顶部结晶差，中部较好，底部次之；岩流表面具有各种宏观构造（绳状、块状等）。

（3）侵出相：黏稠的酸性、中性和碱性岩浆，从火山通道上部或火山口旁侧裂隙中，缓慢溢出地表，堆积冷凝而形成的地质体称侵出相。与喷溢相呈过渡关系，常呈岩钟（穹丘）、岩针、岩碑、岩垅等形态产出。

（4）喷发沉积相：火山喷发物空落在水中，或火山喷发物经剥蚀、搬运到水体中沉积的火山沉积岩。

（5）火山通道相：火山喷发通道上充填物。它与潜火山相难分开。呈岩颈状、岩筒相，或岩墙或岩墙群。

（6）潜火山相：岩相未喷出地表而在近地表处定位固结而成。一般在火山喷发的晚期阶段。位于火山根部者呈岩株或岩柱；充填于火山机构的放射状、环状、锥状断裂和层间裂隙中者，呈环状岩脉岩床或岩盘等；在有利空间形成岩枝或岩瘤。

（二）火山机构和火山构造的观察研究

（1）火山机构：是构成一座火山的各个组成部位的总称（包括地表以上的锥体和岩浆在地下的通道）。火山机构可分裂隙式、中心式及复（合）式三种类型。

（2）火山构造：火山构造泛指火山作用所形成的构造的总称。它既包括了火山机构本身，也包括火山群、火山盆地、火山台地及火山带等高一级的火山构造单元。可划分为五级：

Ⅰ级：巨型火山活动带；

Ⅱ级：火山带；

Ⅲ级：火山喷发带；

Ⅳ级：火山群、火山盆地、火山洼地及火山台地等；

Ⅴ级：各类火山机构。

（三）火山地层的划分方法

由于火山堆积速度快，加上火山活动的特殊性，生物演化和化石保存对火山岩地层的年代地层单位划分十分困难。因而，岩石地层单位划分则成为火山地层划分的主要方法。

岩石地层单位，是依据岩性特征把地壳岩石层层序系统地划分为能反映出岩性特征和变化的单位，不考虑其时性和时限范围。一般分为：群、组、段、层。

有的人按火山岩及火山活动的特殊性，将火山地层分为：岩系、旋迴（亚旋迴）、韵律、期次及杂岩系。其旋迴大致相当于组，韵律大致相当于段。

单层火山岩的划分方法：常用地质方法与地球物理、地球化学、岩石学等方法相配合划分。

1. 熔岩层的划分方法

（1）根据岩性差异分层：将不同成分或不同结构构造的熔岩流划分开。

（2）根据矿物成分分层：如斑晶矿物成分的变化。

（3）根据熔岩流表面特征分层：其表面常形成熔渣状构造和角砾状构造，有时表面冷却收缩形成一些张裂隙，后又被上覆的熔岩、火山碎屑岩等，及沉积物充填形成"沉积脉"。

（4）根据气孔与杏仁体的形态特征及充填物矿物成分分层：顶层的气孔与杏仁体比底层的多而密，多呈浑圆状、扁平状、云朵状，常充填石英或方解石等矿物。管状和树枝状的气孔多集中在基性熔岩流底部，充填物多为绿泥石、绿帘石。

（5）根据熔岩流的枕状构造及柱状节理分层：通常枕状体凸面为顶，平直面为底。柱状节理和柱体垂直于岩层层面或下伏岩层的接角面。

（6）根据烘烤变质现象分层：熔岩烘烤下伏岩层，形成很薄的退色带，甚至出现微弱的变质现象。

（7）根据熔岩流顶、底氧化带或还原带分层：陆相中，基性熔岩溢出地表后，其表面与空气接触而强烈氧化，形成红色氧化顶（红顶），而底部气孔有时充填绿泥石等矿物，呈绿色（绿底）。

（8）根据风化侵蚀面分层。

2. 火山碎屑岩层的划分方法

（1）根据火山碎屑物的不同粒级分层：水下堆积中，韵律性层理是一种很好的分层标志。

（2）根据凝灰岩中火山"泥球"确定岩层的顶、底面进行分层："泥球"其底部平坦或凹陷，顶部上凸，有示顶作用。

（3）根据熔结凝灰岩的冷却单元分层：

每个冷却单元的底部，常为未熔结或熔结微弱的松散凝灰岩，顶部为熔结较差的凝灰岩、中部为强熔结的致密块状岩石，可划出冷却单元界线。

（4）根据岩层顶、底面形态和层面构造进行分层：受地形影响，凝灰岩底面往往起伏不平，而顶面较平整，有些还具有波痕构造，可作示顶构造。

（5）根据不同颜色分层。

（6）根据熔岩或沉积岩夹层分层。

（四）火山岩区岩石野外观察要点

（1）首先对火山岩岩石进行较正确的定名和描述。为分析火山相、恢复古火山构造和建立火山地层层序提供岩石学依据。

（2）观察岩性变化和上下关系。

（3）观察岩石结构构造和岩相的关系。

（4）火山碎屑岩的角砾和胶结物，这对恢复古火山构造很重要。

（5）异源碎屑的类型和特征：无论是火山碎屑岩还是熔岩，异源碎屑的类型，大小、含量及其特征，对分析岩浆来源和深部地质信息，均有重要意义。

（6）节理（特别是原生节理）的统计测量和性质的确定。

（7）不同火山岩地质体之间的接触关系：观察分析接触面间的关系、性质、两侧岩石成分，区别哪边是侵入的，哪边是被侵入的，哪边是被覆盖的。

（8）识别熔岩与潜火山岩，主要是搞清地质体的产状。潜火山岩一般比熔岩致密，岩石中多具斑晶，常呈突出地形，多分布在近火山口处，呈放射状、环状分布。

（9）对火山相调查研究，进行区分。

（五）火山熔岩的流线、流面，及火山弹的识别

1. 火山熔岩流面构造的识别法

（1）熔岩中扁平的捕房体或析离体的平面分布面常与流面一致，长轴方向代表流动方向。

（2）扁平的气孔和气孔带、渣状玻璃质淬火边和流面一致。

（3）流动构造及其颜色、成分、结构等变化的细纹层、带状构造等，用以确定流面。

（4）板状及片状矿物［如黑云母的（001）面、斜长石的（100）面］片理面，板面和流面一致。

（5）明显具有结晶分离层（重力分异层）的面与流面一致。

（6）塑性火山碎屑物的扁平面。

（7）高温石英、角闪石、辉石斑晶、球状颗粒等的层状、带状分布面。

（8）柱状节理的节理面常垂直于流面。

（9）运用沉积岩及火山沉积岩的夹层，尤其是细粒级的夹层，结合颜色、成分、结构构造上的突变层、标志层界面等特征判定流面及其产状。

以上各方法互相结合运用，在判定流面及其产状时，要注意区别是原生矿物还是构造应力引起的变质矿物片理，同时要注意区别构造变动（褶皱）引起的产状变化。

（10）海底喷发火山熔岩中，枕状构造的圆弧形面一侧代表层面，枕状体分布面常与流面一致，枕状体长轴方向多为流动方向。

2. 熔岩流线构造的识别

流线代表熔岩流动方向，是经大量测量长形物体或可指示流动方向的物体，所得的总趋势，这是个分析统计方向。

（1）在同一熔岩流的中、下部，经常见有褶皱状流纹（多见于酸性火山岩中），和呈云朵状的气孔和杏仁体（多在基性岩中），其轴面倾斜方向，与熔岩的流动方向相反。

（2）熔岩中拉长的气孔或杏仁体，纵断面形如蝌蚪状，其大头指示岩流的流动方向（注意：此蝌蚪状气孔和杏仁体的大头在一般情况下，大头常指向岩层顶面，即为气孔由下层向上运移的冒气现象。故必须考虑层面和大头方向间的关系，方可决定是指示流向或为示顶）。

（3）熔岩中呈倾斜分布的扁平气孔及熔岩流底部的倾斜气孔，其倾斜方向则与熔岩流方向相反。

（4）熔岩中的角砾、岩屑或晶屑，其倾斜方向与岩流的流动方向相反，并且在其流动的

前方常形成涡流现象。

（5）弯曲状的板状节理，一般是固熔岩流的流动方向所引起的，其轴线倾斜方向与熔岩流的方向相反。

（6）平面上的弧形裂隙、波状、舌状、绳状熔岩流构造等，其突出的一方，一般指示熔岩流的流动方向（要看区中总趋势，个别现象有时为地形变化影响所致）。

（7）枕状构造、枕状体定向排列，长轴方向也指示流动方向，以上现象要互相配合、互相引证。

3. 火山弹的鉴别法

（1）观察火山弹所具有的特有构造，尤其是平行于外形的内部构造的分带性上。

（2）火山弹中的气孔，呈圆形或椭圆形、且平行于外壁分布，气孔没有被弹壳切割和不完整现象，依此可与浮岩、熔渣或火山岩块相区别。

（3）同期喷发的火山弹，其成分一般是相近的，若出现成分十分复杂的弹，则要仔细识别构造特征，此类多为假火山弹。

（4）火山弹具有淬火的玻璃外壳，说明是经熔浆抛出空中冷凝的产物，若无此壳，则多不是火山弹。

（5）海相喷发的火山岩中火山弹个体常较小，多在 10 ~ 30 cm，外部多被交代或发生蚀变，但内部构造特征常保留。

（6）一些外貌上似"火山弹"的球形、椭球形体，如无特有的内部构造和分带性，均属同质火山岩块，属熔浆在火山口内凝固后的抛出物，或是岩颈、岩被经破坏后掉入凝灰岩中，或为岩壁、基底岩石崩碎抛入空中的产物。

（7）火山弹的外壳表层颜色常呈紫红、灰黑及黑色，表面呈树皮状，常具有旋纹、龟裂纹等，边部气孔小而密，内部气孔大而疏，具有同心层分带性，气孔呈拉长状。

（8）火山弹具有特定的形状：有纺锤形、椭圆状、梨状、麻花状等。

三、火山岩区矿产的调查方法

（1）分析研究火山岩区矿产分布，成矿地质条件，矿化蚀变类型，矿化与火山地层、岩性、岩相和火山机构的关系。

（2）用火山成矿作用观点，对有关资料进行分析。

（3）对矿点、矿化点异常进行踏勘检查时，若发现矿化与岩性有关则应了解：①岩石特点，岩性变化及上下接触关系；②含矿层位及喷发旋回特点；③含矿围岩及含矿层的岩石化学特征；④矿化与蚀变，特别是气液蚀变与矿化的关系；⑤了解矿床的主要控矿构造火山机构（不同火山机构部位可形成不同种类的矿产）。

（4）总结、分析成矿条件和成矿特征，指出找矿远景，探索成矿规律。

四、几种相似岩石的区分方法

1. 流纹岩与熔结凝灰岩

流纹岩：具有流纹构造，流动构造的延展性好，稳定而不见条带分叉现象，成分较均一，有时可见气孔和杏仁构造。

熔结凝灰岩：具有塑性的火山碎屑物，如塑性岩屑，塑性玻璃等，并常具定向排列呈假流动构造，其延展性不好，塑性岩屑两端也常具分叉现象。也含有刚性岩屑的碎屑，并有压入塑性岩屑的现象。

2. 安山岩、安山玢岩和闪长玢岩

安山岩为中性熔岩，安山玢岩和闪长玢岩多见于潜火山岩和中性浅成岩中。安山玢岩为侵入式，呈小岩株、岩脉、岩床产出，其中斜长石斑晶个体较大，具多斑结构，基质也较安山岩要粗些，为显晶质。闪长玢岩为浅成或超浅成侵入相的侵入岩，基质更是显晶质，有时可出现黑云母和角闪石微晶。安山岩基质中不出现此矿物。安山玢岩和闪长玢岩的区别是：安山玢岩具火山岩外貌，闪长玢岩具侵入岩外貌，在结构上前者较细，后者粗，这两种岩石在潜火山岩体中可相变，深部常为闪长玢岩，浅部顶部常相变为安山玢岩。

3. 细碧岩和角斑岩（海相喷发火山岩）

细碧岩（spiities）：指一种细粒暗色含斑点的基性火山岩类岩石，实际上是指含钠长石的玄武岩。

角斑岩（eratophyie）：指一种中性或与粗面岩相当的岩石。角斑岩有两种解释，一种认为是指岩石含有长石斑晶，常呈矩形，带有棱角的意思；另一种认为是指岩石基质具有角质结构的意思，实际是和粗面岩相当的基性和中性火山岩。

二者均具"高温的岩石结构，低温的矿物组合"。

4. 集块岩和火山质沉积砾岩

集块岩是火山碎屑岩、熔岩角砾、火山弹或熔渣，由熔岩或火山灰胶结，没有经过搬运。

沉积砾岩，是属正常沉积碎屑岩，由砾石（而不是角砾）和泥质、铁质胶结物构成，并常有粗砂、砂的充填物，是经过搬运的产物，有时具有明显的韵律和层理构造。

五、火山岩描述实例

（一）玄武岩（南京方山）

暗紫褐色，斑状结构，斑晶含量10%左右，成分为伊丁石和斜长石。伊丁石为红棕色，可见薄片状解理，斜长石呈细长条状，灰白色。强玻璃光泽，解理清晰可见。基质为隐晶质，具有良好的气孔构造，约占整个岩石的10%左右，大小不等，一般孔径为5~6 mm，气孔呈圆形或椭圆形，没有矿物充填。

（二）凝灰岩（宣化）

浅绿色，呈凝灰结构，块状构造，主要由绿色火山灰（玻屑）组成，颗粒肉眼难分辨，其次晶屑约占25%，主要成分为无色透明具玻璃光泽、解理清楚的透长石，以及烟灰色具贝壳状断口的石英和少量黑云母，粒径1~2 mm，此外，岩石中还有少量深灰和灰色石灰岩和燧石岩屑，含量25%。

第二章　构　造

　　地壳或岩石圈随深度不同，温度、压力和可塑性等也随之而改变，其变形的几何形态、变形机制和所遵循的规律有显著的差异。在不同区段(不同深度)，具有不同层次所形成不同的几何形态和变形特征；在相同的区段，具有相同的构造层次所具有的相似性的变形特点。构造层次据 M. Mattauer 将其初步划分为上、中、下三个构造层次(图 2 - 1)。

　　1. 上构造层

　　主导变形机制是剪切作用，以脆性变形为主，表现为破裂断层构造，而无褶皱，属上层地表范围。

　　2. 中构造层

　　主导变形机制是由挠曲、塑性变形为主，产生等厚褶曲，深度在 0~5 km 范围。

　　3. 下构造层

　　该构造层又分上、下两个亚层。

　　上部构造亚层：主导变形机制是压扁作用、强烈塑性变形，以塑性压扁作用和韧性剪切变形为主要形式，发育劈理和叶理，褶曲呈等厚状不协调褶曲。深度一般在 5~10 km 范围。

　　下部构造亚层：其深度在温度、压力上已增加到接近或超过岩石的通常熔点，岩石呈现为黏性不同的液态状、固态流体状。其上限是劈理前锋，即劈理消失地带。主要变形机制是塑性流动构造，发生深熔作用和流状褶曲，一般在 10 km 以下。

第一节　节理、面理、线理

　　节理、面理和线理的产出与构造层次密切相关(见表 2 - 1)，表中的表部构造相与 M. Mattauer 的上部构造层和中部构造层的深度大体相当。在表部构造相只表现为碎性断裂和等厚褶皱，有节理出现；浅部构造相、中部构造相和深部构造相的断裂表现为韧性变形带，出现各种形式的线理和层理。

一、节理

(一)节理的分类

1. 几何分类(见表 2 -2)

2. 力学性质分类

(1)剪节理：节理产状较稳定，沿走向及倾向延长较远，节理面平滑，有时可见擦痕和摩擦镜面，此类节理常呈羽列现象(图 2 -2)。典型的剪节理常组成共轭"X"形节理系，当发育良好时可将岩石切成菱形、棋盘格式或柱状。

(2)张节理：节理面粗糙不平，无擦痕，产状不甚稳定，且延长不远，有时形成不规则树枝状和各种网络状。

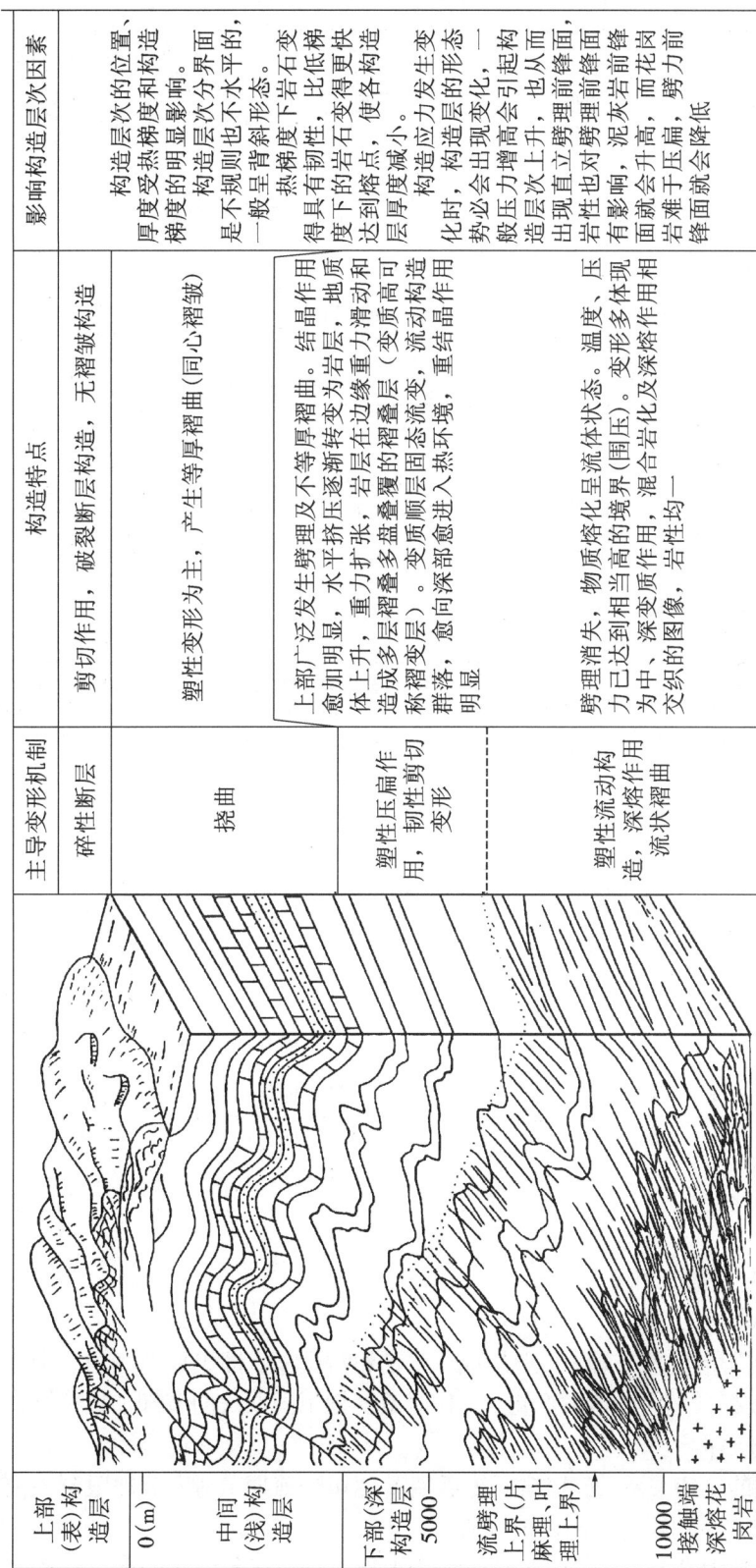

图2-1 地壳构造层次理想图

（据M. Mattauer，作微修改）

构造层次	主导变形机制	构造特点	影响构造层次因素
上部（表）构造层 0（m）	碎性断层	剪切作用，破裂断层构造，无褶皱构造	构造层次的位置、厚度受热梯度和构造梯度的明显影响。构造层次也不分界面，是不水平的，一般呈背斜形态。热梯度下岩石变得具有韧性，比低梯度下的岩石变得更快达到塑性。构造梯度高可使各构造层厚度减小。构造应力发生变化时，构造层的形态也会出现变化，一般梯度上升，也从而构造层次上升，出现直立劈理前锋面，岩性也对劈理前锋面有影响，泥灰岩前锋面就会升高，而花岗岩变干压扁，劈力前锋面就会降低
中间（浅）构造层	挠曲	塑性变形为主，产生等厚褶曲（同心褶皱）	
下部（深）构造层 5000 流劈理上界（片麻理上界）	塑性压扁作用，韧性剪切变形	上部广泛发生劈理及不等厚褶曲。结晶作用愈加明显，重力扩张，岩层在边缘转变为岩层，地质体上升，水平挤压逐渐重力滑动和流成多层褶叠多盘叠的褶叠层（变质构造变，流动构造称褶叠层）。变质顺序固态流变，重结晶作用群落，愈向深部愈进入热环境明显	
10000端接触端深熔花岗岩	塑性流动构造，深熔作用，流状褶曲	劈理消失，物质熔化呈流体状态。温度、压力已达到相当高的境界（固压），变形多体现为中，深变质作用，混合岩化及深熔作用相深变质作用，混合岩的图像，岩性均一交织的图像	

表2-1　构造相类型及其构造形迹群

构造型迹群 构造相类型	面理	线理	褶皱	断裂		主要矿物变形		
				类型	构造岩	石英	斜长石	角闪石辉石
表部构造相 表构相	节理	擦痕线理	主动褶皱 (等厚褶皱为主)	脆性断裂	碎裂岩系	┊	┊	┊
浅部构造相 浅构相	破劈理、压溶劈理、折劈理、板劈理	交面线理、皱纹线理、窗棂构造、石香肠构造及矿物线理与拉伸线理等	滑褶皱与准弯曲褶皱	韧性变形带 韧性断裂及韧性剪切带	糜棱岩系	│	│	│
中部构造相 中构相	片理、片麻理、条带构造	矿物线理 褶纹线理 窗棂构造 石香肠构造 杆状构造	准弯曲褶皱与被动褶皱		构造片麻岩系	○	○	○
深部构造相 深构相	片麻理及条带构造	矿物线理、褶皱、窗棂构造、石香肠构造	被动褶皱			○	○	○

　　注：1.浅构相、中构相及深构相总称为变质构造相，表构相为非变质构造相；2.变质构造相与变质相的关系中，浅、中、深分别与绿片岩相、角闪岩相和麻粒岩相大体相当；3.主要矿物变形一栏中：断线表示矿物脆性变形阶段；实线代表塑性变形阶段；圆圈则表示矿物重结晶作用。

表2-2　节理几何分类表

分　类		主要特征
根据节理与岩层产状的关系	走向节理	节理走向与岩层走向大致平行
	倾向节理	节理走向与岩层走向大致直交
	斜向节理	节理走向与岩层走向斜交
	顺层节理	节理面与岩层面大致平行
根据节理与褶皱轴方位之间的关系	纵节现	节理走向与褶皱轴向大致平行
	横节理	节理走向与褶皱轴向大致垂直
	斜节理	节理走向与褶皱轴向斜交

（二）节理的野外观察和研究

1.节理的分期

　　一次构造作用所形成的节理，一般构成一定的组合形式，即组成节理组和节理系。在一个地区的节理一般都是多次构造的产物，工作时就要把不同期次的节理加以区分。节理的分期主要依据两个方面：

　　（1）根据节理的交切关系：节理错开为后期节理切断前期节理；节理限制为前期节理限制后期节理的延伸；节理互切为同期节理所形成。

　　（2）根据节理的配套关系：节理配套是结合地质背景，把各期次的剪节理和张节理按力学性质配套。如一对共轭剪节理及其共生的张节理，组成一套节理。节理分期是在野外观察的基础上进行统计分析，配套后需要到野外进行检验。

在节理统计时要注意研究构造节理与非构造节理，我们研究和统计的对象是构造节理，但对非构造节理能加区分方能取得正确的结果。非构造节理的特点是：发育范围有限，与各期构造所形成的节理没有规律性的关系，产状不稳定，以张裂为主。

2. 不同地质背景上的节理

（1）与褶皱有关的节理：主要发育一组纵张节理、一组横张节理和一对共轭节理（见图2－3）。纵张节理主要发育于背斜转折端上，在横断面上排列呈扇形，单个节理为尖端向下的楔形；横张节理主要发育在向斜核部。但要注意一个现象，若是在背斜和向斜的倾伏端时两者都可能出现。

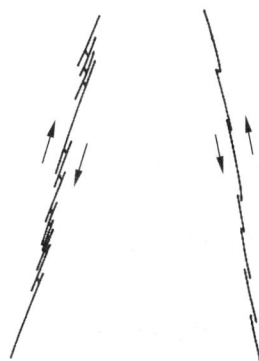

图2－2　湖北黄陵背斜南部寒武系灰岩中剪节理羽列现象平面素描

左图为右行，右图为左行

（据马宗晋等）

（2）与断层有关的节理：与断层有关的节理有张节理和剪节理，在断层两侧形成羽状斜列的张节理，常与断层面锐角相交，其锐角指示本盘运动方向。形成的剪节理有两组，其中 S_1 节理与断层面大角度相交，一般不太发育，S_2 节理与断层面呈小角度相交，交角一般不超过15°，此锐角指示本盘运动方向（参见图2－22）。

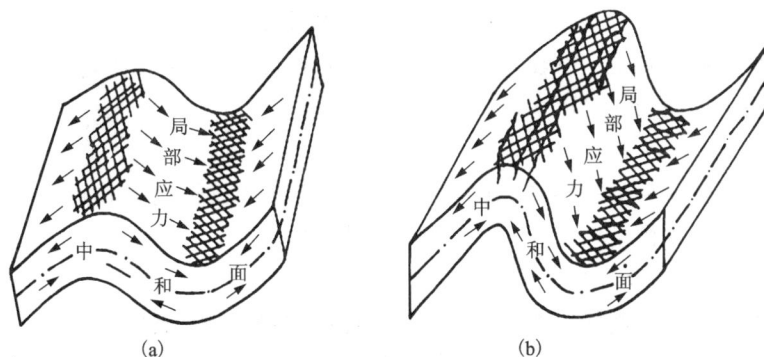

图2－3　水平挤压作用形成的背斜和向斜中节理发育示意图

注意背斜上的纵张节理和向斜中的横张节理（据张文佑）

（a）两组剪节理；（b）背斜上的纵张节理和向斜中的横张节理

（3）区域性节理：这类节理是区域性构造的结果，与局部的褶皱、断层在成因上无关。它的主要特点是：发育广泛、产状稳定、节理规模大，延长可达百余米，间距宽，可切割不同岩层，节理常可构成一定的几何形状。

3. 节理的观察记录

首先弄清节理的性质，产出先后，划分组和系，分期配套。记录内容主要为：所处的地层时代、岩性、构造部位、节理的产状、期次、性质、发育情况、节理的密度和节理中有无充填物等。

将野外统计的节理产状要素，分不同的组、系予以整理绘图。常用的有玫瑰花图、极点图和等密度图等。

二、面理

(一)面理的类型

面理包括很广，这里仅讨论次生面理(劈理、片理、片麻理和糜棱面理等)。

1. 劈理

(1)破劈理：是指岩石中一组密集平行的破裂面，一般与岩石中的矿物排列方向无关，也无新生矿物定向排列。这类劈理一般是由断层和褶皱而形成。

(2)压溶劈理：常见于未变质或弱变质的岩石中。相对劈理面而言，这个空间称之为劈理域，劈理域中物质是由岩石变形过程中，可溶性物质移出，不可溶物质残留下来，形成近平行的暗色条带平行排列。此类型劈理通常平行褶皱轴面或近于平行褶皱轴面，属压性面状构造，见图2-4中1—压溶劈理。

(3)板劈理：是浅变质岩中广泛发育的一种面理，主要发育于板岩中。在劈理中由细小的片状或板状矿物定向排列，这些矿物用肉眼很难辨别，它是垂直面理的压偏作用的产物，见图2-4中2—板劈理。

(4)折劈理：是一组平行的剪切破裂面，也称之为滑劈理、应变滑劈理和褶皱劈理。此类劈理通常发育于似层状硅酸盐矿物占优势的各类岩石中，它切割先期的面理，也可使先存片状矿物被旋转，旋转到与劈理面平行或近似平行，有时沿折劈理面有矿物重结晶定向排列，见图2-4中3—折劈理。滑劈理的微劈面中可以形成各种形式揉皱(图2-5)。

按照微劈面的结构特征，一般可分为三种类型：膝折式[图2-5(a)]、揉皱式[图2-5(b)、(c)]、挠曲式[图2-5(d)、(e)]。

2. 片理

发育于片岩中的一种面状构造，由片状、柱状、板状或长轴状结晶矿物呈定向连续平行排列而成。通常发育在深变质岩中，也出现于构造岩中。

3. 片麻理

发育于片麻岩中一种面状构造，岩石主要由粒状矿物组成，其中伴有一定量呈不均匀的断续定向分布的片状和柱状矿物，使岩石构成片麻状构造。

4. 糜棱面理

岩石经剪切构造变形作用引起矿物塑性或塑脆性变形，矿物粒度减小和条纹的形成所构成的一种面状构造，它是识别韧性剪切带的重要标志之一。

(二)面理的野外观察与研究

(1)在野外工作中如果发现糜棱面理或构造所产生的片岩，标志着该处有韧性剪切带的存在。若因断层所形成的构造片岩，其片岩与断层所夹的锐角，无论在平面上或剖面上都指示对盘运动方向。

(2)断层构造可以产生劈理，在韧性剪切带中多为流劈理，呈"S"形展布，常与断层呈锐角相交，锐角指示对盘运动方向。脆性断层多产生破劈理，情况比较复杂，其特征与节理形成机理相似。

（3）劈理可以见到多种多样的组合形式，如：正扇形、倒扇形、劈理折射、弧形劈理、顺层劈理和层间劈理等，与褶皱关系比较密切的有两种：

①轴面劈理：发生在强烈褶皱的岩石里，其轴面与褶皱面的平行程度，取决于岩石的韧性、均匀性和褶皱的开阔和紧闭程度。轴面劈理大多数为流劈理（有时也有片理），岩石的韧性愈高，均匀性愈好，在褶皱强烈的紧闭褶皱中其劈理面愈近于平行褶皱轴面（图2-6）。

②扇形劈理：劈理在韧性强的背斜岩石中形成倒扇形，若是脆性岩石则形成正扇形（图2-7）。在脆性与韧性岩石相间的情况下则形成正、倒扇形相组合的形态。

三、线理

（一）线理类型

1. 小型线理

（1）拉伸线理：是由砾石、鲕粒、岩屑、矿物颗粒或矿物集合体被拉长平行定向排列而成[图2-8(a)]。

（2）矿物生长线理：矿物生长线理由针状、柱状等矿物定向排列构成[图2-8(b)、(c)]。

它们都是岩石在变形和变质过程中压溶和重结晶作用的结果。

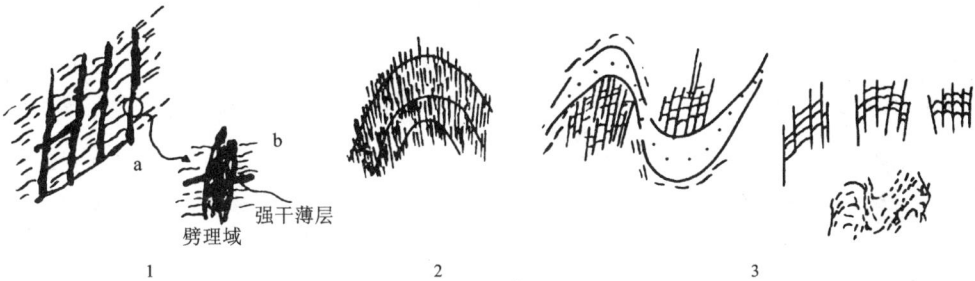

图2-4　几种劈理类型

1—压溶劈理：a—劈理域中有压溶残留的充填物；b—强干薄层在劈理域中的压扁褶皱；

2—板劈理；3—折劈理及其几种主要样式

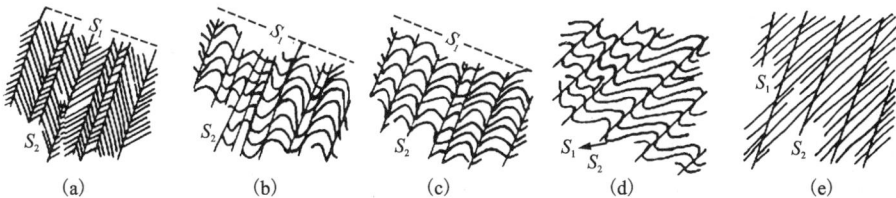

图2-5　滑劈理结构的各种类型

（据 G. Wilson, 1961）

（3）皱纹线理：主要出现在先存鳞片变晶结构的岩石中，由早期劈理或片理揉皱后平行定向构成[图2-8(d)]。

图2-6 西藏日喀则地区日喀则群砂质
板岩斜歪背斜中的轴面劈理
（郭铁鹰摄，宁姚生素描）

图2-7 河南登封嵩山群
板岩中正扇形轴面劈理
（索书田、闻立峰摄，宁姚生素描）

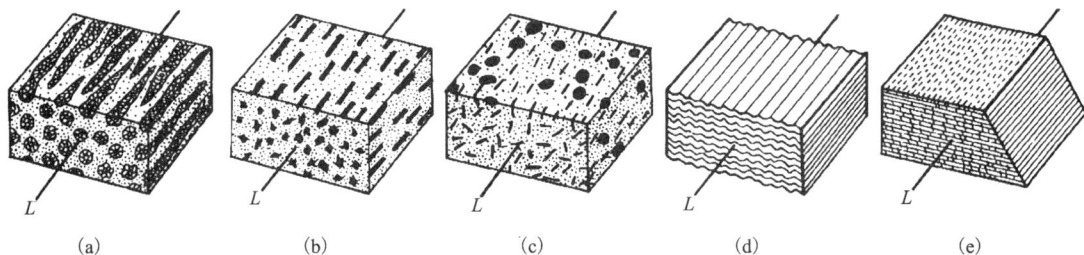

图2-8 构成线理的物理性特征
（据特纳等，1963）

（a）等轴颗粒拉长域的优选方位所构成的线理；（b）柱状颗粒的线状优选方位所构成的线理；
（c）板状颗粒的线状优选方位所构成的线理；（d）S面小揉皱所构成的线理；（e）S面所构成的线理

（4）交面线理：是指层理与面理的交线或面理与面理的交线［图2-8（e）］。它们通常与褶皱作用有直接关系，往往平行于褶皱枢纽。

2. 大型线理

（1）石香肠构造：又称布丁构造，是在软、硬相间的岩层中，受到垂直或近于垂直岩层的挤压力而形成。软岩层被挤压向两侧塑性流动，夹在其中的强硬岩石被拉伸或拉断，形成各种形式的断块，即石香肠。对于石香肠必须从三维空间进行认识（图2-9），其长度（b）、宽度（a）、厚度（c），以及横间隔（T）和纵间隔（L）诸要素来确定。对于石香肠构造的三维空间形态一般不易观察，所见者多以剖面描述较多，它可以在剖面上形成矩形、菱形和藕节形等石香肠（图2-10）。这里说明一点，若见到上述情况后必须慎重对待，见到的只是a轴和c轴，必须有b轴存在时方可确认为是石香肠构造。石香肠一名词来源于欧洲，在欧洲的香肠不是中国式的成串香肠，而是相当于把中国的成串香肠单节分开后再平行排列，好像一只手的手指排列形式。所以在确定石香肠构造时一定要从三维空间来认识。

（2）窗棂构造。

窗棂构造是强烈褶皱岩层中呈一系列的圆柱体或波状起伏的浑圆棱柱，有时表面被磨光蒙上一层构造成因的应力矿物外膜。多数窗棂构造由强硬岩层强烈卷曲而成，按其形态和成因可分为以下三类：

（a）节理式窗棂构造：变形受纵张节理所控制，经常发育在较厚的强硬岩层转折端[图 2－11(a)]。

（b）肿瘤式窗棂构造：发育在韧性较大的岩层中，当岩层受到顺层挤压缩短时与软岩层接触的较厚岩层层面上常铸成波状背形，软岩层则在背形之间相应地发生紧闭褶皱楔入[图 2－11(b)]。

（c）褶皱式窗棂构造：主要发育在较薄岩层里，实质是一系列黏形圆柱状寄生褶皱[图 2－11(c)]。

窗棂构造和石香肠构造两者的长轴都代表了变形椭球体的 y 轴，故属 B 型线理。但前者反映了平行

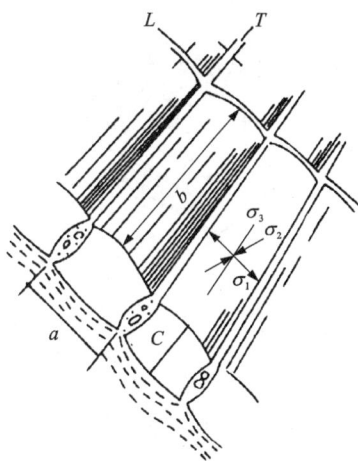

图 2－9　香肠构造的要素及其反映的应力方位

（据马杏垣）

a—石香肠的宽度；b—石香肠的长度；c—石香肠的厚度；L—纵间隔；T—横间隔

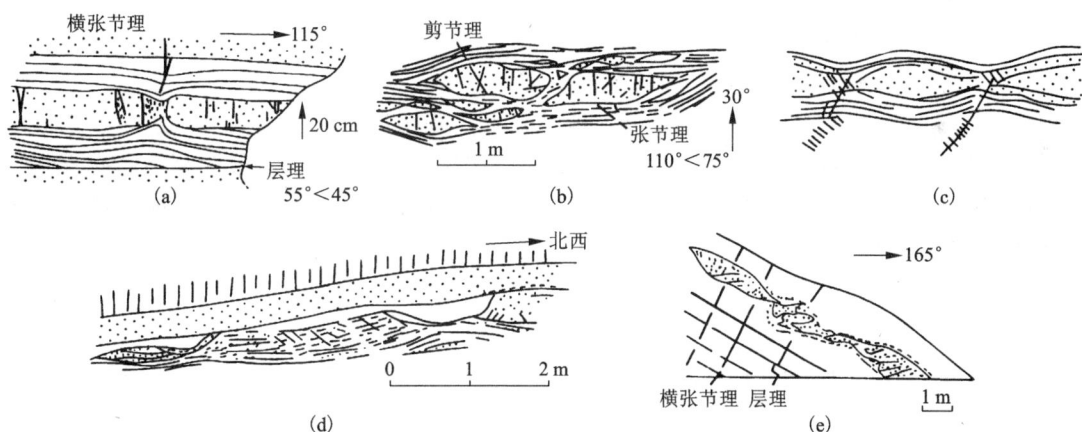

图 2－10　北京西山的各种石香肠断面形态

（据马杏垣，1965）

（a）矩形石香肠；（b）菱形石香肠；（c）节状石香肠；（d）梯形石香肠；（e）不规则状石香肠

层理的缩短，而石香肠构造则反映了垂直层理的压缩。

（3）杆状构造。

杆状构造是由石英或成分单一的岩石组成的棒状体。此棒状体常产出于变质岩内小褶皱的转折端，也可产于断层带的石英砾岩或石英岩中，常成带成束出现，典型杆状构造是石英杆状构造（图 2－12）。石英棒的物质来源可以是早已存在的石英脉或硅质岩石，也可以是变质过程中分泌出来的石英脉集中于褶皱转折端的低压带中，因辗滚而形成石英棒。石英棒断面呈近圆形，直径常数厘米，也有几十厘米或更大些的。杆状构造主要形成于强烈褶皱作用

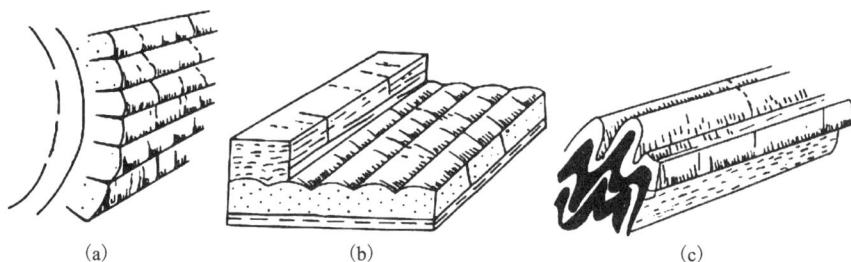

图 2 – 11　窗棂构造的形态类型

（a）节理式窗棂构造；（b）肿瘤式窗棂构造；（c）褶皱式窗棂构造

和辗滚作用，也可以是断层辗滚作用而成。其运动方向与延伸方向相垂直，因此它是平行于 b 轴的线理。

（二）线理的野外观察研究

线理的形成与变形的温压条件及变形环境密切相关，可以在不同的条件下产生不同的线理，它们和面理不同的是可穿相产生，但总体上看仍有一定的规律性（表 2 – 1）。

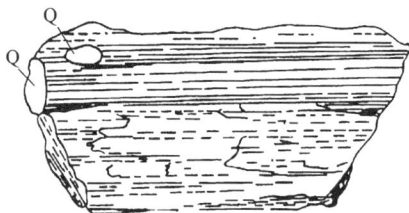

图 2 – 12　硅质片岩中的石英棒（Q）

（据 G. Wilson, 1961）

1. 线理与褶皱的关系

线理与褶皱关系十分密切，早期的交面线理、窗棂构造、石香肠构造、杆状构造等，在一般情况下这些构造的 b 轴与大型构造的褶皱轴相平行，而卵石、鲕粒的拉伸线理以及矿物线理和大型构造的褶皱轴关系较为复杂。在一些情况下线理可以和褶皱轴呈平行关系，而另一种情况下可以是垂直关系。正因为如此对待这部分线理应当慎重观察研究。

2. 线理与韧性剪切带的关系

线理对于研究韧性剪切带十分重要，在韧性剪切带中不论是矿物拉伸线理，还是矿物生长线理，它们一律与韧性剪切带的运动方向相平行，甚至一些卵石拉长线理也不例外。

第二节　褶　皱

一、褶皱形态

（一）根据褶皱的对称性分

根据褶皱的对称性，可分为对称褶皱和不对称褶皱。

（二）根据翼间角大小分

（a）平缓褶皱：翼间角小于 $180°$，大于 $120°$［图 2 – 13（a）］。

（b）开阔褶皱：翼间角小于 $120°$，大于 $70°$［图 2 – 13（b）］。

（c）闭合褶皱：翼间角小于 $70°$，大于 $30°$［图 2 – 13（c）］。

（d）紧闭褶皱：翼间角小于 $30°$［图 2 – 13（d）］。

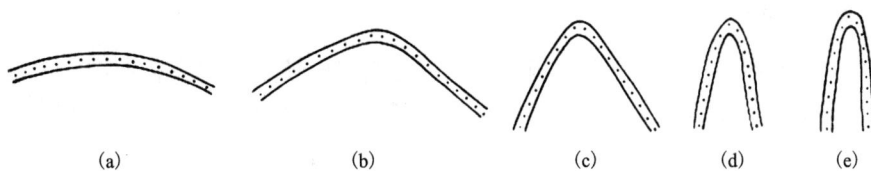

图 2 - 13 根据翼间角来描述褶皱的术语

(a)平缓褶皱;(b)开阔褶皱;(c)闭合褶皱;(d)紧闭褶皱;(e)等斜褶皱

(e)等斜褶皱:翼间角近 0°[图 2 - 13(e)]。

(三)根据产出形态分

(1)剖面上的形态:有直立、斜歪、倒转、平卧等(同)斜、翻卷、尖棱、箱状、扇形等褶皱,见图 2 - 14。

(2)平面上的形态:有圆形褶皱(穹隆和构造盆地)、短轴褶皱和线状褶皱,见图 2 - 14。

	名称	形态
剖面上	直立褶皱	
	歪斜褶皱	
	倒转褶皱	
	平卧褶皱	
	扇形褶皱	
	等斜褶皱	
	箱状褶皱	
	尖棱褶皱	
	翻卷褶皱	
平面上	圆形褶皱(穹隆盆地)	
	短轴褶皱	
	线状褶皱	

图 2 - 14 褶皱形态

二、褶皱的组合

在一个地区的褶皱往往不是单个出现的。由于构造的期次不同及各期次应力场的变化，使褶皱形态变得错综复杂，在平面上形成平行褶皱群、雁行褶皱群、帚状褶皱群、弧状褶皱群等；在剖面上可形成复背斜、复向斜、隔挡式褶皱和隔槽式褶皱等。

三、褶皱的野外观察和研究

（1）利用小比例尺的地质图、卫星照片、航空相片等来研究，首先确定区域的总的构造格架。

（2）利用岩石的原生（示顶）构造及次生构造正确判定地层新老关系。

（3）作一系列横过区域走向的剖面，研究地层接触关系，系统测量产状要素，准确地求出褶皱轴的轴面产状，查明褶皱在平面上的形态特征。

（4）测量各岩层厚度。

（5）找出并追索标志层。

（6）研究各岩层中次级构造（小褶皱、劈理等），可帮助确定褶皱是否存在，同时也可以反映主褶皱的某些特征和几何形态（图2-15）。

（7）野外采集标本，利用显微镜、电子扫描显微镜、X射线等手段，研究显微构造和次显微构造等。

（8）根据上述工作进一步研究褶皱在剖面图上和平面图上的形态。

（9）褶皱深部变化的研究，可利用褶皱的地表某些变化规律推测深部的可能变化。如用钻孔资料等进行深部分析；利用天然露头出露高度不同，直接推测深部的褶皱形态，例如图2-16是北京周口店太平山向斜不同高程的剖面图所反映的情况。

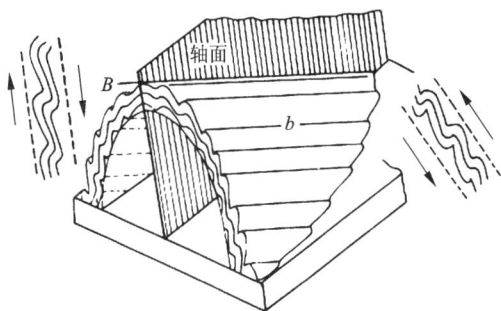

图2-15 大褶曲上的拖曳褶曲，
显示出几何形状的平行性

B—褶皱轴面；b—拖曳褶皱轴

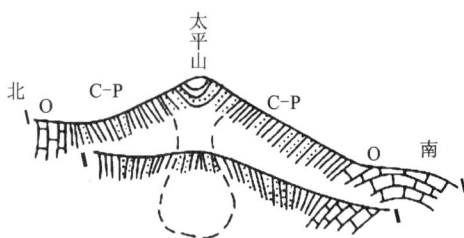

图2-16 北京周口店太平山
向斜不同高程剖面图

O—奥陶系；C-P—石炭、二叠系

（10）叠加褶皱的识别。

①早期褶皱中形成的片理、枢纽、石香肠、层面交线等面状或线状构造要素，在晚期的褶皱发生明显的变形和变位。也就是说可以看到两期或两期以上的面状及线状构造。

②露头上看到小褶皱再褶现象。

③原生示顶构造与褶皱构造指向矛盾。

第三节　断　层

一、断层

1. 按断层与有关构造的几何关系分类

根据断层走向与所切岩层走向的方位关系可分为：走向断层、倾向断层、斜向断层和顺层断层；根据断层走向与褶皱轴向之间的几何关系可分为纵断层、横断层和斜断层。

2. 按两盘相对运动分类

按两盘相对运动分类可分为正断层、逆断层和平移断层。

(1)正断层：上盘相对下降[图2-17(1)]，这类断层的倾角一般较大。

(2)逆断层：上盘相对上升[图2-17(2)]，当断层倾角小于30°时称为逆掩断层。

名　称	图　示	断层面上擦痕侧伏角
正断层	(1) 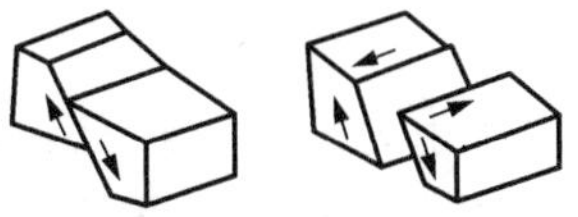	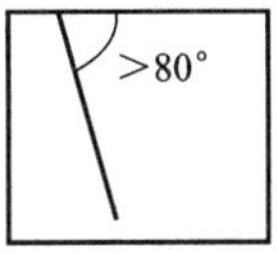 >80°
逆断层	(2) 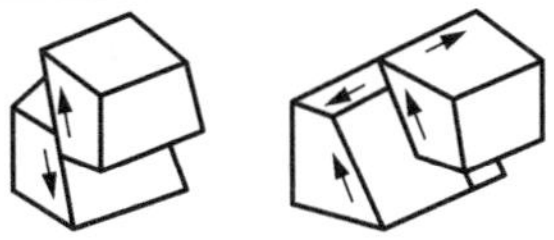	
旋转断层	(3) 	
平移断层	(4) 	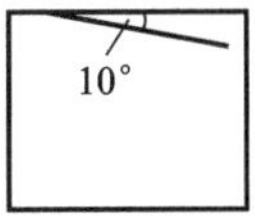 10°

图2-17　断层分类

(3)平移断层：两盘沿断裂面走向相对移动的断层[图2-17(4)]，也称为走向滑动断层、捩断层、挫断层、平推断层等。

上述断层一般都不是单一出现的，往往既有上下运动，又有平移运动，或同一个断层一端为正断层，另一端为逆断层所形成的旋转断层[图2-17(3)]。为上述断层的总滑动距的侧伏角在80°以上的断层属正(或逆)断层，在80°以下的属平移断层，在45°~80°之间的可称为平移正(逆)断层，在10°~45°之间的可称为正(逆)平移断层。

(二)断层组合类型

在一个地区断层往往是成群出现的，常见的有阶梯状、地堑、地垒、环状、放射状、帚状等断层。

（三）断层的野外观察研究

为了了解断层相对位移方向及其力学性质，不仅要观察断层面，同时还要观察断层带及其周围的特点。

1. 断层面

（1）擦痕（擦沟）。擦痕是断层两侧的岩块相互滑动和摩擦留下的痕迹。一般情况下擦痕光滑方向为对盘的运动方向，擦痕粗而深向细而浅的一端指示对盘的运动方向。还可利用擦痕起点的纤维状矿物确定运动方向（图2－18）：用擦痕端部的缝合线构造判别运动方向（图2－19）。

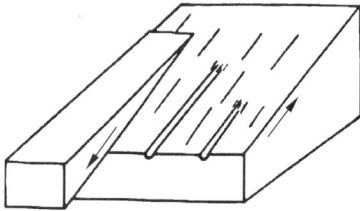

图2－18　擦沟起点具纤维矿物　　　　图2－19　擦沟终点具缝合线构造

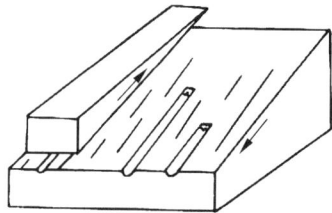

（2）阶步。阶步是顺擦痕方向由于局部阻力的差异或因断层间歇性运动的顿挫而形成的垂直于擦痕的小台阶，有阶步与反阶步（图2－20）。可用阶步与反阶步来判别两盘运动方向，如图2－20所示。

2. 构造岩

脆性断层产生的为碎裂岩系，主要有角砾岩、碎粒岩、碎斑岩、碎粉岩、玻化岩（假玄武玻璃）和断层泥。一般情况下正断层中形成角砾岩、在逆断层和平移断层中形成碎粒岩、碎粉岩和玻化岩等。

3. 牵引构造

断层两盘相对位移时产生摩擦力，使断层两侧地层发生塑性拖曳和拉伸（图2－21），从图中可以判别断层两盘相对位移方向。

图2－20　阶步（a）与反阶步（b）、（c），箭头指示两盘的动向

图2－21　断层带中的牵引构造

4. 用断层的伴生节理及拖褶皱判别断层运动方向

用断层的伴生节理及拖褶皱判别断层运动方向见图 2 - 22，图 2 - 23 中的伴生节理及其应力分析。

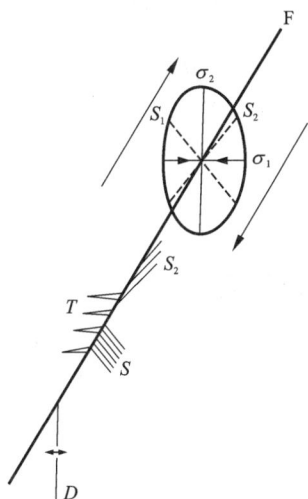

图 2 - 22 断层伴生节理与
拖褶皱综合示意图

F—主断层；σ_1—诱导应力场主压应力轴；

σ_3—诱导应力场主张应力轴；S_1、S_2—伴生剪节理；

T—伴生张节理；D—拖褶皱

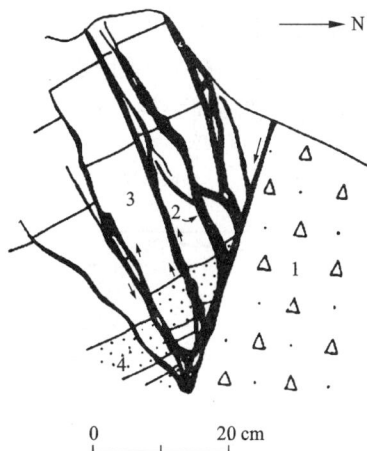

图 2 - 23 断层及伴生张节理(河南济源)

1—断层角砾岩；2—方解石脉；

3—石灰岩；4—泥灰岩

由方解石充填的伴生张节理与断层相交的
锐角指示该断层为南盘下降之正断层

二、区域性大断裂

(一)伸展构造

以正断层为主构成的组合类型。

(1)地堑和地垒：见图 2 - 24。

(2)阶梯状断层：由一系列正断层构成，见图 2 - 25。其中可分为两者倾向一致的同向断层组和反向断层组。

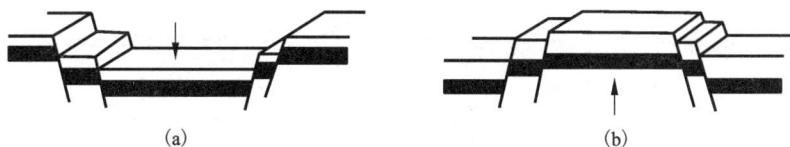

图 2 - 24 地堑(a)和地垒(b)构造

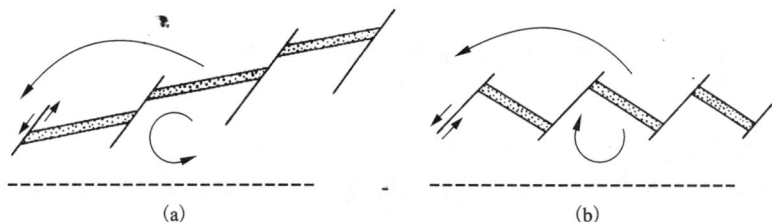

图 2 - 25 同向断层组(a)和反向断层组(b)

（3）箕状断层：地堑中一侧的断层发育，形成一侧由主干正断层控制的不对称构造，叫箕状构造，或叫半地堑，见图2－26。

（4）盆岭构造：在伸展区，斜掀构造、阶梯状断层、地堑、地垒等共同产出，形成不对称的纵列单面山、山岭及其间宽广盆地组合而成的构造地貌单元。

（5）断陷盆地：是以边界断层控制的区域性沉陷单元。如华北盆地，松辽盆地等。

（6）裂谷：是区域性伸展隆起背景上形成的巨大窄长断陷，常具地堑形式，可分为大洋裂谷、大陆裂谷和陆间裂谷。

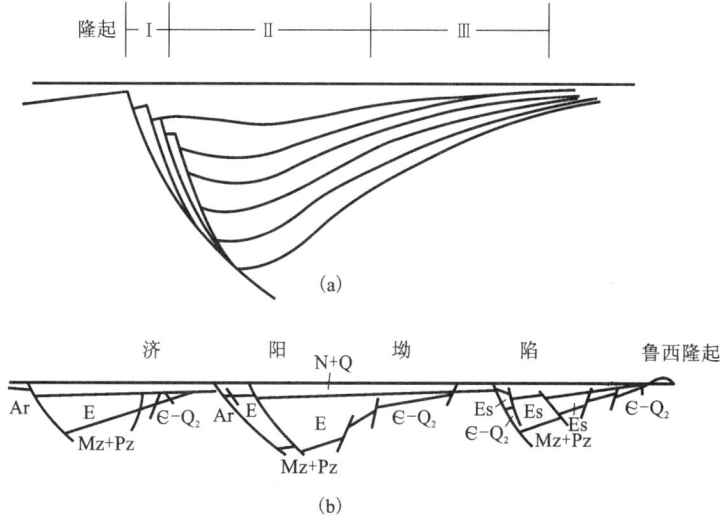

图2－26　山东济阳断坳中的箕状构造（据石油工业部）

（a）箕状断陷构造结构示意图：Ⅰ—断阶带；Ⅱ—深凹带；Ⅲ—斜坡带；

（b）山东济阳断坳中的箕状断陷构造

（7）剥离层：是发育在区域性隆起的背景上，由一系列的大型铲状正断层组成，在上部为脆性断层，向深部变为韧性剪切带（图2－27）。

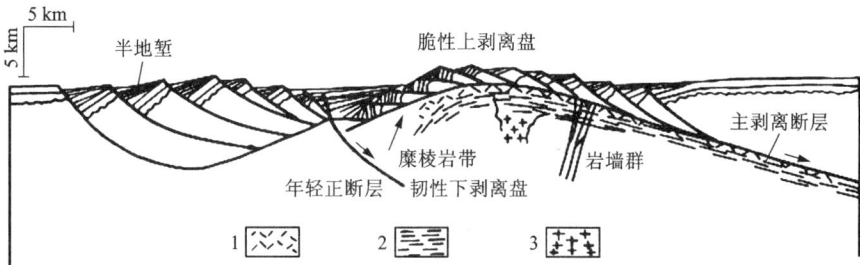

图2－27　剥离断层和变质核杂岩（体）结构示意图（据Lister，1984）

1—糜棱岩；2—沉积层；3—中酸性侵入体

（二）重力滑动构造

在重力作用的控制和影响下，向下坡滑动形成的构造变动。重力滑动构造必须具有较坚实的下伏岩层，与滑动系统之间要有润滑层和滑面。重力滑动构造可分成三个带：

（1）后缘拉伸带：以强烈的拉伸为特色，可形成倾向与滑动方向一致的正断层、地堑、地垒、大片张节理和角砾岩等构造。

（2）中部滑动带：在滑动系统中产生褶皱和伴生逆断层等构造，它们的轴面倾向及逆断层倾向都指向滑动构造带后缘。

（3）外缘推挤带：在滑动系统的外缘形成的挤压带，以复杂的紧闭倒转至平卧褶皱以及叠瓦式逆冲断层为特色。

重力滑动构造有三种型式：滑片式（图2-28）、滑褶式（图2-29）和滑块式（图2-30）。

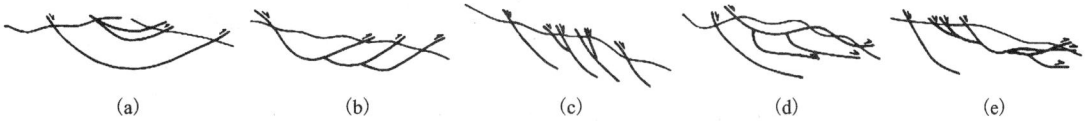

图2-28 滑动构造中的滑片式构造（据马杏垣等，1984）

（a）断裂为弧形曲面，互相大体平行延伸或重叠，最高的滑面形成最晚；（b）次级断裂多呈弧形曲面，与主滑面呈入字形关系，靠近根带的断裂最晚形成；（c）由一系列正断层组成的旋南叠片型，新的滑片位于老的滑片前面，解体和位移次序指向滑动系统前缘；（d）新的断裂切割老的滑片上端，新的滑片叠置于老的滑片之上或前面；（e）倒系堆积

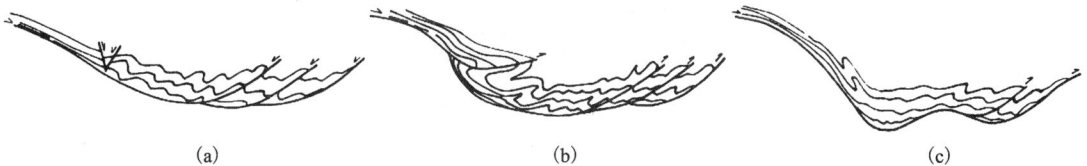

图2-29 滑动构造中的滑褶式构造（据马杏垣等，1984）

（a）向一个方向倒转、连续褶皱，后根部构造简单，褶皱开阔发育正断层，后缘褶皱紧闭，发育逆断层系；（b）后根部发育褶皱和叠褶，中部褶皱较开阔，前缘褶皱紧闭，伴有逆冲断层；（c）后根部发育下滑反褶构造

图2-30 滑动构造中的滑块式构造

（a）对冲；（b）背冲；（c）地垒；（d）层间滑动（向形）；（e）层间滑动（背形）

（三）逆冲推覆构造

因挤压引起岩层褶皱（直立→斜歪→倒转→平卧），在倒转平卧褶皱的倒转翼因挤压拉伸撕开，顺断层面运移，这类称褶皱推覆体；因挤压未发生褶皱（或未发生强烈褶皱），只有顺剪裂面发生位移，称冲断推覆体。在挤压作用下引起的推覆叫逆冲推覆，简称推覆。以重力作用和伸展作用引起的岩块大规模的位移称为滑覆。推覆和滑覆主要特征见表2-3。

逆冲推覆构造与剥离构造的主要特征见表2-4。

逆冲断层形成样式可分为：

（1）单冲型：一套产状相近并向一个方向逆冲的若干条逆冲断层，一般为叠瓦式，见图2-31。

（2）背冲型：在一个构造单元的两侧分别向

图2-31 单冲型叠瓦式逆冲断层系（扇）

外缘逆冲的两套叠瓦式逆冲断层，是在同一个应力场，与所在构造同时形成，见图2-32。

（3）对冲型：两套叠瓦式逆冲断层，对着一个中心相对逆冲。这类断层常与盆地相伴出现。

（4）楔冲型：产状相近的一套逆冲断层和一套正断层共同构成上宽下窄楔状冲断体。这种类型的冲断层一般产于盆地之中或两个盆地之间，见图 2 - 33。

表 2 - 3　推覆与滑覆主要特征对比表

	推覆构造	滑覆构造
应力场及其形变	自根带→锋带均为挤压	自根带→锋带由拉转压
	水平挤压引起垂向伸长	重力滑动引起垂向压偏
产状	根带产状倾向后缘，变陡下插	根带倾向前缘，变缓上升
	挤压带中逆断层总体倾向根带	主滑面倾向前缘
褶皱	倒转翼常变深或拉断	下翼或倒转翼保存完好

表 2 - 4　逆冲推覆构造与剥离构造对比表

	剥离构造	逆冲推覆构造
断层组合	由正断层组成的地堑、地垒、箕状构造、阶梯状断层和盆岭构造等	由逆冲断层组成的叠瓦扇、双冲构造等
位移方向	上盘相对下滑、水平伸展	上盘相对上升、水平收缩
地层关系	地层缺失、地层柱减薄	地层重复、地层柱增厚
断层岩发育	下盘以糜棱岩为主，上盘以碎裂岩为主，两者过渡带表现为碎裂岩化糜棱岩	碎裂岩为主或糜棱岩为主，决定于变形时的层次、温压状况、岩石性质等
变质相带	变化迅速，从上盘不变质或轻微变质可突变到较深变质相	可发生变质相的重叠和倒置
应力场	伸展性	挤压性

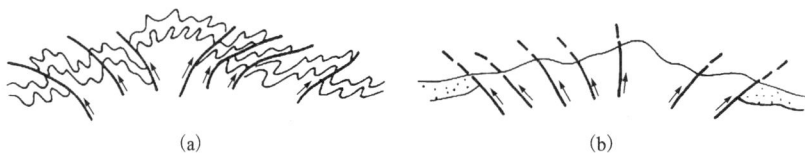

(a)　　　　　　　　　　　(b)

图 2 - 32　背冲型逆冲断层

（a）褶皱造山带背冲型扇状逆冲断层；（b）天山扇状逆冲断层带示意图

（四）走向滑动断层

走滑断裂带常包括一系列与主断裂带相平行或微小角度相交的次级断层，单条断层一般延伸不远，各级断层分叉交织常构成发辫式。走滑断层常伴生有雁行式褶皱、断裂、断块隆起和断陷盆地等构造，此类断层一般倾角较陡或近直立，所以断层常呈直线延伸。

1. 走滑断层产出样式

平面上可形成单条式、平行线式、雁行式和菱格式；剖面上形成花状构造。

（1）单条式：由一条主干断层和派生的次级断裂组成。

（2）平行线式：由两条或更多条断层平行排列组合而成。

（3）雁行式：由数条断层相平行依次斜向错开排列。根据排列形式可分左阶式和右阶式，

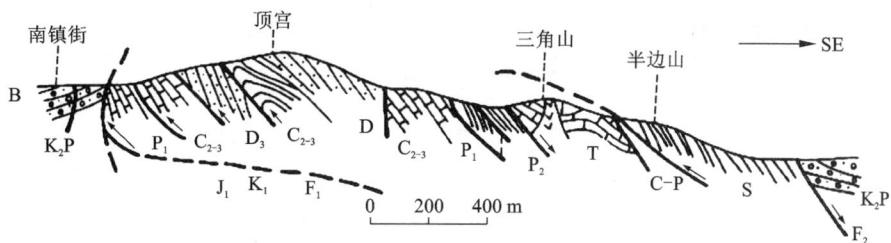

图 2 – 33 楔状冲断体构造

B—茅山北段顶宫剖面；S—志留系；D—泥盆系；C—石炭系；P—二叠系；T—三叠系；J—侏罗系；K—白垩系；F—断层

见图 2 – 34，其中(a)为左行左阶，(b)为左行右阶，(c)为右行左阶，(d)为右行右阶。

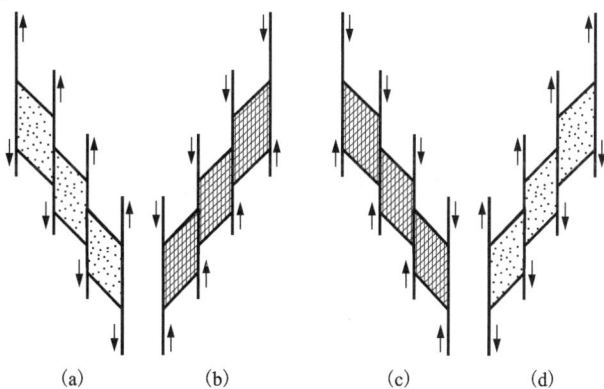

图 2 – 34 左阶式和右阶式走滑断层及其控制的拉伸带和挤压带

(a)左行左阶；(b)左行右阶；(c)右行左阶；(d)右行右阶

细点区为拉伸带；交叉线区为挤压带

(4)菱格式：也叫棋盘格式，主要由两组反向滑动的走滑断层相互交切构成。

(5)花状构造：花状构造是走滑断层系中一种特征构造。它是走滑断层在剖面上自下而上形成花状撒开，故称花状构造，可分为正花状构造和负花状构造。

正花状构造：是收敛性走滑断层派生在压扭性应力状态中形成的构造，见图 2 – 35。

负花状构造：是离散性走滑断层派生在张扭性应力场中形成的构造，见图 2 – 36。

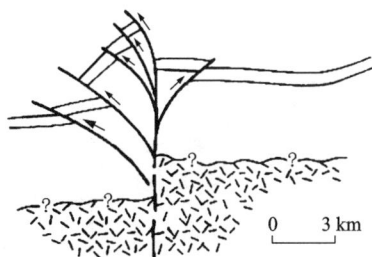

图 2 – 35 正花状构造示意图

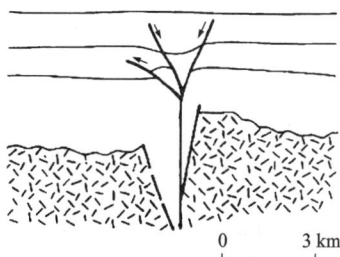

图 2 – 36 负花状构造示意图

2. 走滑断层伴生的褶皱

（1）雁行式褶皱：又叫雁列式褶皱，见图 2－37、图 2－38。

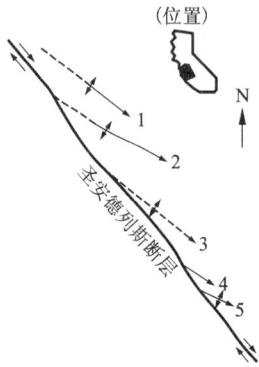

图 2－37 圣安德列斯断层一侧的雁列式褶皱

（据 Moody 等，1956）

1—谢尔沃背斜；2—科林加背斜；3—奥尔查德背斜；
4—麦克唐纳背斜；5—赛里克背斜

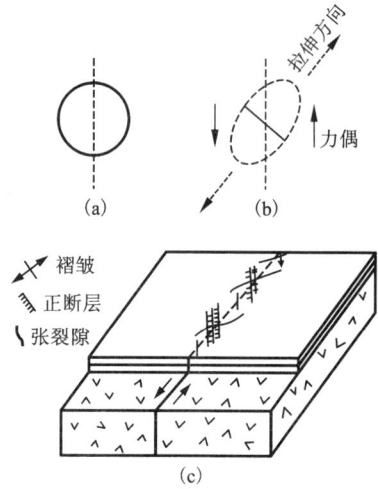

图 2－38 隐伏走滑断层的上覆沉积
盖层中雁列褶皱的形成示意图

（据 E. W. Spencer 修改，1977）

（a）~（c）雁列褶皱的形成及应力分析

（2）牵引弯曲见图 2－39。

3. 拉分盆地

拉分盆地是走滑断层系中拉伸形成的断陷盆地，盆地似菱形，也称菱形断陷，盆地两侧长边为走滑断层，两短边为正断层，见图 2－40。

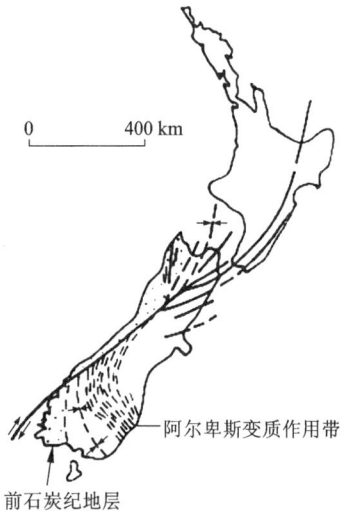

图 2－39 新西兰阿尔卑斯走滑
断层及其东南盘的牵引弯曲

（H. W. Welirnan，1952）

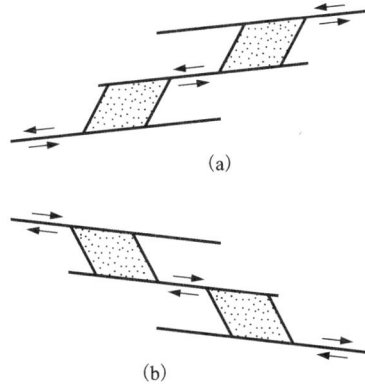

图 2－40 拉分盆地

（a）S 形拉分盆地；（b）Z 形拉分盆地

（五）韧性剪切带

韧性剪切带也称韧性变形带，是地壳中深层次主要构造类型之一，其特点是在露头上一般见不到不连续面，两盘的位移完全由岩石塑性流动而形成，似断非破，错而似连。剪切带中的矿物组分、粒度和标志层等都发生了一定程度的变化。

一条断层在地壳上部浅层次中是脆性变形，而到下部深层则转换为塑性变形，故称为断层的双层结构，其深层的塑性变形称为韧性断层或韧性剪切带。

1. 韧性剪切带分类

（1）R. H. Rcimsay 将剪切带分为三类：

A. 脆性剪切带：具有明显断面，伴有碎裂岩等脆性断层构造。

B. 脆韧性剪切带：既有脆性又有塑性形变，属过渡类型。

C. 韧性剪切带：高应变的岩石所构成的线形地带。

（2）M. Mattauer 将韧性剪切带区分为：

A. 韧性逆冲推覆剪切带。

B. 韧性平移剪切带。

C. 垂直片理带。

（3）按区域构造应力场性质，可将韧性剪切带分为：

A. 挤压型：如韧性逆冲推覆剪切带。

B. 伸展型：如大型剥离滑脱构造（剥离断层）。

C. 平移型：如走滑韧性剪切带。

2. 韧性剪切带的特点

（1）为一高应变带，无明显断面，但却使两侧岩石（地层）发生不同量级的位移错动变形。

（2）岩石发生强烈塑性变形，形成强烈的塑性流动构造，并沿着线形狭窄地带中延伸分布，如新生面理、线理、鞘褶皱、不对称旋转构造，特别表现为糜棱岩带、片理化带、揉搓褶曲带。

（3）韧性剪切带内发育各种塑性流动显微构造。

（4）韧性剪切带呈带状，其规模不一，长度为数米、数百米乃至百余千米，其中有的可成为构造单元的分界线。

（5）韧性带内和旁侧的岩体、岩脉及其他标志物发生塑性牵引构造。

（6）韧性带横断面上，岩石变形强度、矿物粒度与组成成分以及化学成分都呈有规律的递进变化，从韧性带边缘到中心递进增强。

（7）大型韧性带常常是多期活动的长寿断裂的叠加复合。

（8）韧性带是造山带，前寒武纪古老构造带的主要构造形式。

3. 韧性带的空间分布组合形式

（1）呈平行带状展布，尽管其内部可以有多条韧性带形成复杂组合和复合，但总体往往成狭窄条集中于一带，空间上呈线性分布出露。

（2）共轭组合，形成共轭韧性剪切带（见图 2 - 41）。由于一个方向缩短，一个方向拉伸，最大压缩方向对应于共轭的钝角，导致区域整体变形，共轭剪切作用所产生的褶皱及类石香肠状构造等。

4. 剪切带的基本几何关系

剪切带内的基本组分都是非均匀简单剪切。一个非均匀简单剪切可以看做是由若干无限小的均匀剪切带组成。在这种小的均匀应变单元中，假设：

（1）取 X 坐标为平行剪切方向，Xy 为剪切面，Z 为垂直 Xy 面的坐标，见图 2–42。

（2）图中假设应变椭球体的三个主应变轴为 $Xf \geqslant Yf \geqslant Zf$，且 yf 为不变轴，即：$e_2 = 0$。在 XZ 面上，Xf 与 X 的夹角为 θ'。在初始的小均匀应变单元中，小立方体的顶面位移距离为 S，剪应变为 r（实即 rxy），φ 为剪切角。

（3）假设在应变单元中有任一平面标志被剪切错开，因而，它在 XZ 平面上的迹线与 X 轴在变形前的夹角为 α，变形后的夹角为 α'。据以上假设，得如下剪切带的基本几何关系：

$$r = \tan\varphi$$

$$S = 2\tan\varphi = 2r$$

$$\tan 2\theta' = \frac{\alpha}{r}$$

$$\cot 2\alpha' = \cot\alpha + \alpha + r$$

5. 糜棱岩的观察研究

糜棱岩是韧性剪切带的直接产物，是识别判定韧性剪切带的主要标志之一。简单剪切变形是一种旋转变形，在连续递进变形过程中，岩石矿物发生有规律的旋转变形，形成特有的不对称岩石组构，指示着韧性剪切带的剪切运动方向，因此研究带内具有指示运动方向的小构造与显微组构，具有重要的实际意义。

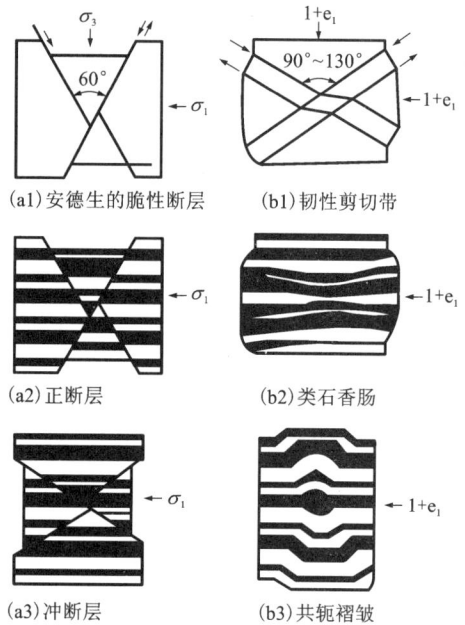

图 2–41 共轭脆性与韧性剪切带的几何性质比较

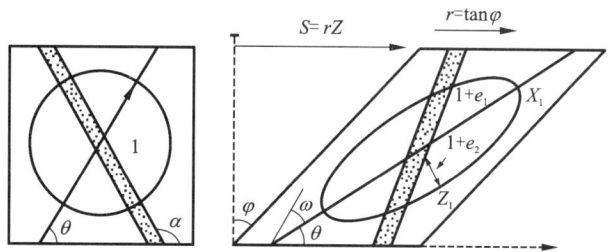

图 2–42 简单剪切系统中应变椭圆与剪切的关系
（据 Ramsay，1980）

韧性剪切带的运动学标志的宏观研究，需借助于垂直于 y 轴的 XZ 面。

（1）韧性带内 Ss–Sc 面理表现为受应变椭球主轴控制的连续 S 形面理，而 Sc 面理则是平行于剪切面或者说剪切带边界的剪切应变面理，两者常有一定夹角，可用来判定剪切指向，见图 2–43。但两者夹角将随着应变的增强而变小，一直到趋向于 0，两者成平行分布，如韧性带中心部位，Ss 近于平行剪切带边界和 C 面理。

云母鱼属于 Ss–Sc 面理组构，有人称之为 II 型 Ss–Sc 面理，如图 2–43。它是云母颗粒变形中香肠化，沿微裂隙滑动错移所形成鱼形，称"云母鱼"。云母鱼延长方向为 Ss 面理方向，而结晶尾则为 Sc 面理方向，两者夹角指示剪切运动方向。故用云母鱼的不对称性和 Ss–Sc 夹角关系来判断剪切指向。

（2）拉伸线理。是剪切作用过程中所形成的矿物生长线理、矿物拉伸线理、拉伸砾石等

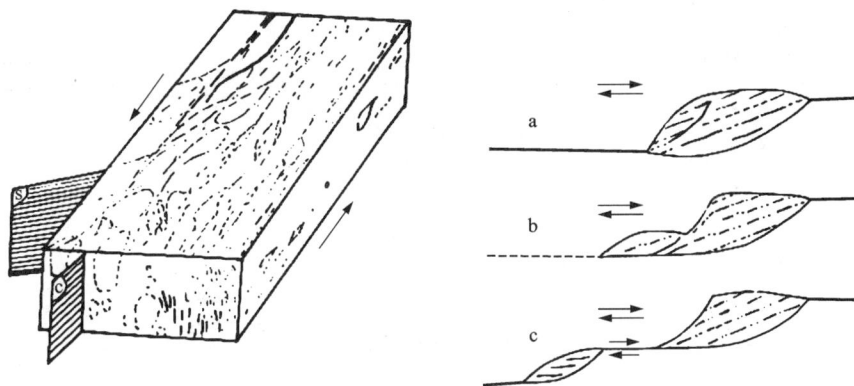

图 2-43 S_s-S_e 面理(据 Nicoias)和云母鱼(据 Lister)

平行于主应变拉伸轴 X,平行于剪切运动方向,但不具指向性。

(3)鞘褶皱。由递进剪切作用而形成的一种貌似剑鞘的褶皱构造,是韧性剪切带中特有构造,也是韧性剪切带的最可靠标志之一,见图 2-44。

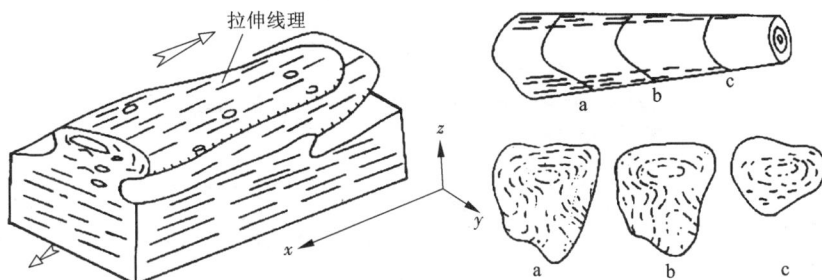

图 2-44 鞘褶皱

鞘褶皱长轴,即刀鞘方向平行 x 轴,长轴前端枢纽弯曲部位称鼻端,指示剪切方向。在垂直 x 轴的 yz 面上,鞘褶皱呈不规则眼球状、椭圆状、封闭或半封闭状。在垂直 y 轴的 xz 面上多呈现为不对称形褶皱,褶皱的倒向即为剪切指向,在 x 轴方向上形成 α 型拉伸线理,平行剪切方向,但不具指向,垂直 z 轴的 xy 面上,褶皱不明显,但 α 线理发育。

(4)旋转变形中的各类不对称构造,如糜棱岩中的旋转碎斑系、不对称压力影、旋转香肠构造、旋转变形砾石等都可以用来判定剪切指向,进行运动学分析,如图 2-45、图 2-46、图 2-47、图 2-48。

6.韧性剪切带的观察研究步骤

(1)野外综合调查研究:利用上述判别韧性剪切带的主要标志,确定韧性剪切带的存在。

(2)追索与必要的填图。查明其空间分布、规模、组合形式、纵横变化及其与相邻地质体的关系,控制其总体特征。

(3)穿越韧性剪切带进行综合观察,观察带的组成、结构;糜棱岩类型、特征、组合;不同构造岩在带内的彼此交切复合关系,相对世代;野外宏观确定韧性剪切带的性质、层次、指向等。观察糜棱岩性质、产状;韧性剪切带从两侧到中心由弱到强的变化;各类面理、线

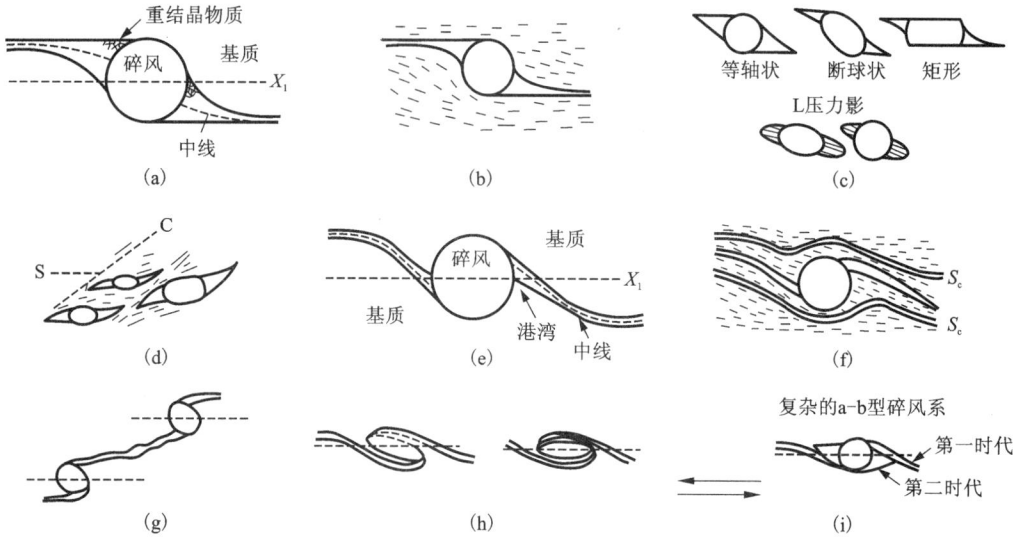

图 2 - 45　左旋剪切指向碎斑系类型

（a）～（i）指示左旋剪切运动方向的各种状态

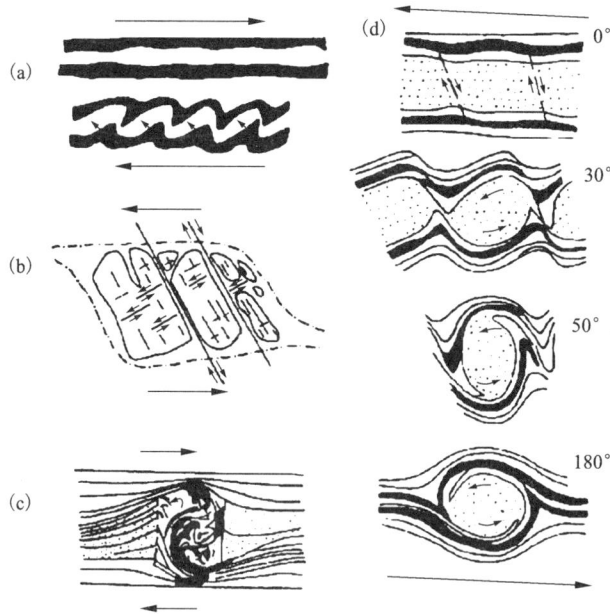

图 2 - 46　各类不对称旋转构造的剪切指向

（a）～（d）—不对称旋转构造的几种类型及剪切指向

理及小构造的观测与描述，测制有关图件。采集岩石薄片，构造定向片等，作显微构造研究。采集化学、光谱及同位素年龄样，对元素的运移、富集及时代进行研究。

　　（4）综合分析。对韧性剪切带形成的演化规律、成因的综合分析，对韧性剪切带动力学、运动学特征及其形成的区域构造背景等进行综合分析研究。

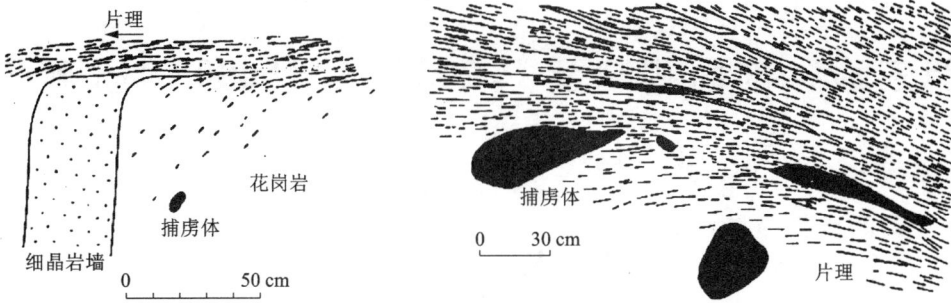

图2-47 韧性带中的不对称压力影构造(a)和雁列脉(b)

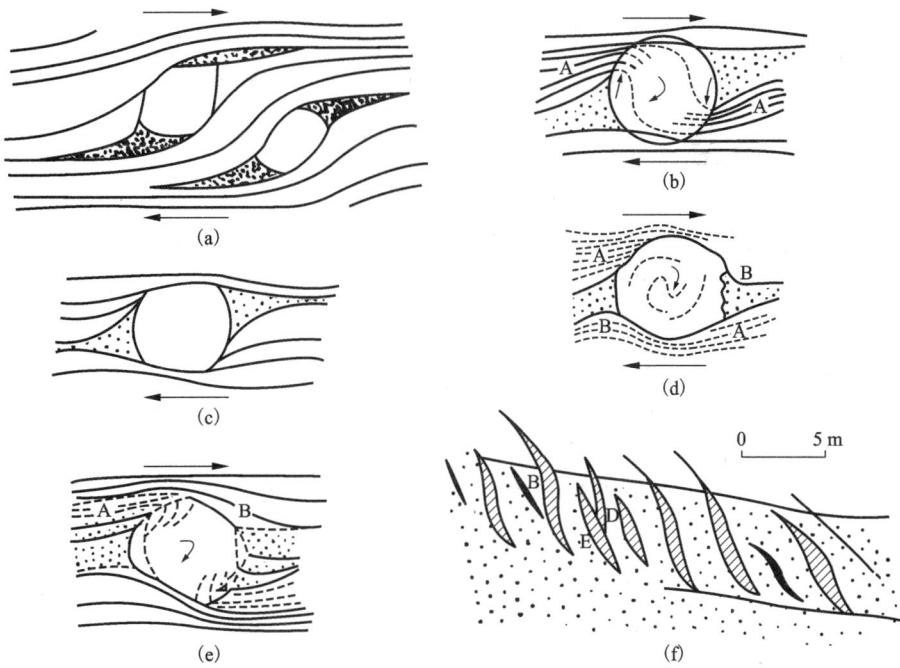

图2-48 韧性剪切带侧边的岩脉和岩体的变形

(Ramsay, 1970)

(a)~(f)—韧性剪切带侧边的岩脉和岩体的几种变形样式

第三章　剖面测制及 1∶2000、1∶10000 地质测量

第一节　剖面测制

一、测制剖面的目的

剖面测制是区域地质和矿区地质测量工作中的基础工作，一般放在地质填图工作的初始阶段即设计阶段进行，个别放在后期阶段进行，应依测区实际情况而定，按需要补测一定数量的剖面。

地质普查和区域地质调查中的地质剖面可分为五类。

（一）地层剖面

地层剖面目的是通过研究岩石物质及矿物成分、结构构造、古生物特征及组合关系、含矿性、标准层、沉积建造、地层组合、变质程度等，建立地层层序、查清厚度及其变化，接触关系，确定填图单位。

（二）构造剖面

构造剖面着重研究区内地层及岩石在外力作用下产生的形变，如褶皱、断裂、节理、劈理、糜棱岩带（韧剪带）的特征、类型、规模、产状、力学性质和序次、组合及复合关系。对研究区域构造的剖面，要通过主干构造及典型的构造单元。

（三）侵入岩剖面

侵入岩剖面主要是研究侵入岩的矿物成分、含量及组合、结构构造、含矿性、同化混染、接触蚀变作用、原生及次生构造、侵入体与围岩的接触关系、岩相变化特征、侵入期次、时代及侵入体与成矿的关系。确定侵入体中单元划分。

（四）第四系剖面

第四系剖面研究第四纪沉积物的特征、成因类型及含矿性、时代、地层厚度及变化特征、新构运动及其表现形式。

（五）火山岩剖面

火山岩剖面研究火山岩的岩性特征，与上、下地层的接触关系，火山岩中沉积夹层的建造、生物特征；火山岩的喷发旋回、喷发韵律，火山岩的原生构造和次生构造，确定火山岩的喷发形式、火山机构和构造。

矿区勘探线剖面：分铅直剖面和水平剖面，此处仅指铅直剖面。在布设勘探线剖面时，要照顾到整个矿床的各个地段，或兼顾相邻矿床。剖面线垂直矿体（床）走向线，间距一般与勘探网度一致。勘探线剖面主要反映矿体与围岩之间的界线，矿体中各种矿石自然类型和工业品级的界线，各种岩石之间的界线，各种构造界线；矿体的数量、分布、形状、大小、产状、厚度、矿石的自然类型和工业品级；构造控制和构造破坏等。剖面上标出探矿工程的种类、

数量、位置、取样资料，从而可反映出勘探工作的工程控制程度、矿体圈定的合理程度、各地段的储量级别。

二、剖面选择和布置原则

地层剖面选择应选在地层发育完整、基岩露头良好、构造简单、变质程度浅的地段。若露头不好或因构造影响致使地层不全、界线不清时，可测制补充性的小辅助剖面。

剖面布置应基本垂直区域地层走向。地质构造复杂地区，剖面线方向和地层走向夹角应不小于 60°。若地层产状平缓，其剖面宜布置在地形陡坡处。

三、测制剖面的基本方法和要求

（一）剖面踏勘

在剖面线基本选定之后，应沿线进行踏勘，了解露头连续状况、构造形态、岩性特征、地层组合、侵入岩的分布、种类、岩性岩相变化、接触关系，初步了解地层单元及填图单元的划分位置、化石层位、重要样品采集地点等。在此基础上确定总导线方位、剖面测制中导线通过的具体部位，需平移的地段和必须用工程揭露的地区，以及工作中的住地和各住站的时间。

（二）剖面测制中人员分工

野外工作一般需要 5~8 人。人员大致分工为：

地质观察、分层兼记录	1 人
作自然剖面、掌平面图（航片）	1 人
前测手兼填记录表	1 人
后测手兼标本采集	1 人
放射性测量	1 人

若人员充足时，记录和样品采集均可由专人负责。若测制古生物地层剖面，最好有古生物鉴定人员参加，变质岩地层剖面最好有岩矿鉴定人员参加，以指导化石、薄片的采集工作。

（三）剖面比例尺的选择及有关精度要求

（1）剖面比例尺：根据剖面所要研究的内容、目的、岩性复杂程度等，精度要求视实际情况具体对待。一般情况下比例尺为 1:500~1:10000。

（2）剖面上分层精度的要求：原则上在相应比例尺图面上达 1 mm 的单位（厚度）均需表示。但一些重要或具特殊意义的地质体，如标志层、化石层、含矿层、火山岩中的沉积夹层等，其厚度在图上虽不足 1 mm，也应放大到 1 mm 表示，并在文字记录中说明。分层间距按斜距丈量。

（3）剖面的平移：剖面通过区如遇有大片覆盖物、天然障碍或因构造破坏造成测制意义不大的地段，则需要平移。平移应依一定的标志层或实测层顺层追索为准。一般平移距离不大于 500 m，否则应分开另行测制剖面。

（四）剖面的具体施测

（1）地形剖面线的测量：有仪器法和半仪器法两种，仪器法由测量人员负责测制；半仪器法由地质人员测制，以罗盘测量导线方位和坡度，以皮尺或测绳丈量斜距。注意将皮尺或测绳尽量拉紧。方向和坡角要用前、后测手测量的平均值，且要求两人测量数据差值不能过大。

（2）将测量数据和分层位置及时记入剖面记录表，并表示在平面图上，二者相互对照互相吻合。剖面记录表见表 3-1。

表 3-1　实测地质剖面记录表

第　　页
共　　页

矿区		剖面编号							剖面位置或起点坐标										
地质观察点号	导线号	导线方位角/(°)	导线距/m			坡度角/(±°)	高差	累计高差/m	岩层产状及位置			导线方向与倾向的夹角/(°)	分层代号	分层厚度	累计厚度	岩层名称	标本编号	样品编号	备注
			斜距	平距	累计平距				倾向/(°)	倾角/(°)	距地质点距离/m								
1	2	3	4	5	6	7	8	9	10	11	12	13	14	15	16	17	18	19	20

参加人　　　　　　　　　　　　　记录人　　　　　　　　　年　月　日

（1）应在所测量的产状上方标注"层"、"片"、"接"、"节"、"断"等简称，以表示"层理"、"片理或片麻理"、"接触"、"节理"、"断裂"等的产状（以下有关表同）填入 10、11 栏。

（2）应在标本、样品编号前冠以相应的代号，以表示其种类，填入 18、19 栏。

（3）根据剖面测制的目的，按需要配合以物探、化探工作。

（4）剖面上样品采集工作：应根据剖面研究的目的，系统采集岩石薄片样、各类标本、岩石化学、人工重砂、古生物样等。特别注意矿化地段样品的采集，严防漏矿现象发生。

（5）沿剖面线用定地质点的方法控制剖面起点、终点、转折点、重要地质界线、接触关系、构造关键部位和矿化有利地段等。地质点和分层号、化石及主要样品应用红漆在实地标记，并准确标绘在图上。

（6）居民点、河流、地形制高点、主要地物及探矿工程等，应适当标注于平面图和剖面图上。

（7）在剖面通过部位，遇到有意义的地质现象应画素描图或拍摄地质照片，并在记录上记明地点、时间和要说明的内容。遇到构造、特别是可说明大褶皱构造的次级褶皱构造，应在小构造具体出现位置的剖面图上方，用特写方式附上小构造形态特征素描图，如图 3-1。

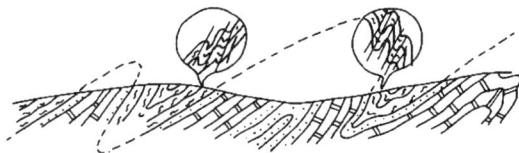

图 3-1　小构造在剖面图上方表示

（五）剖面图的绘制

剖面图的绘制常用的有展开法和投影法两种。当导线方位比较稳定时多用展开法，当导线方位多变、转折较多时宜用投影法。

1. 展开法

展开法是将各次所拉的不同方向的导线按其水平长度移成统一方向的直线，也就是说将不同方向导线沿线观察的地质现象，当成是整个在一条统一直线剖面线上的观测，如图 3-2。

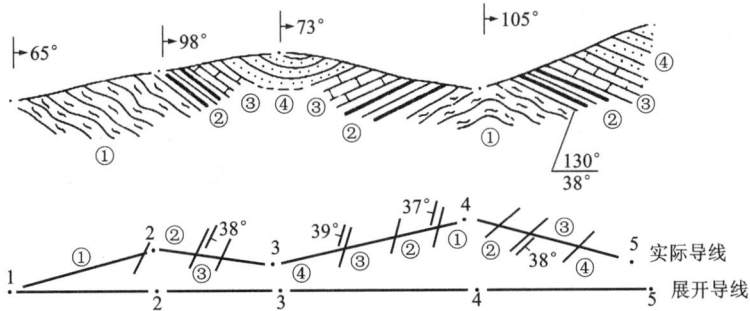

图 3 - 2　导线展开法剖面图作法

具体作法是据斜距和坡角(±°)把各段导线圆滑连接而成。在导线方向与地层走向不完全垂直(交角小于 75°)时,需要将真倾角换算成视倾角在剖面图上表示。此法宜用于导线方位变化不大、比较稳定的情况下。该法比较简单,便于在野外绘制,缺点是将转折的导线展开,在剖面图上夸大了地质体的实际宽度,以至歪曲了地质构造的实际形态。因而地层厚度只能用公式计算求得。在作剖面中,每次导线方位应在剖面上方予以表示。剖面下的展开导线没有多少意义,成图中可不表示。

2. 投影法

首先绘出导线平面图,并把各地质要素标绘到相应的位置上,构成路线地质图。投影基线方位与总导线方向(剖面总方位)一致。将地层沿走向延长到投影基线上,形成各地质要素与投影基线的交点,再将各交点垂直投影到与投影基线相平行的剖面图上,即为剖面上各地质要素

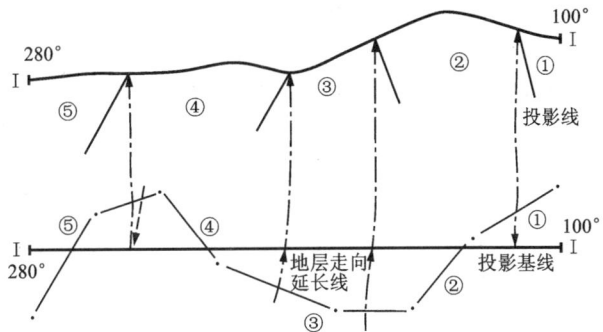

图 3 - 3　投影法(两次投影)绘制剖面图方法

的界线点,如图 3 - 3。地形线是将各导线点位投影到基线上,再以基线的某已知高程据各导线点的累计高程勾绘而成。此法有人称作二次投影法。

在导线方位转折不大,每条导线方向和剖面总方向基本一致,也就是说和地层走向接近垂直情况下,则可将平面图上地质界线与导线交汇点直接投影到剖面图上,进行剖面绘制。此法也称一次投影法。

投影法绘制剖面图较展开法复杂,但仍可在野外绘制,成图后剖面上的地层厚度基本上反映了地层真厚度,构造要素和形态特征基本符合实际。缺点是剖面地形轮廓线有所歪曲。

关于投影基线的确定方法,在投影基线与剖面线总体方位相一致,即垂直或基本垂直地层走向的原则下,其常用方法有以下几种:

①投影基线通过各条主要导线,见图 3 - 4(a)。

②投影基线为导线起始点的连线。但必须是测量导线较均匀地分布在投影基线两侧,见图 3 - 4(b)。

③导线加权平均法求投影基线方位：

公式：$\theta = \dfrac{L_1 \cdot \theta_1 + L_2 + \theta_2 + \cdots + L_n\theta_n}{n\sum L}$

式中：θ 为投影基线方位角；$L_1,\cdots,L_n$ 为各导线长度；n 为导线条数；ΣL 为导线长度和。

在求得投影基线方位角值后，在选择投影基线通过主要导线的位置，并按角值标定投影基线。

④几何作图法：依次连接各导线的中点，再连第一次连线中点，第二次连线的中点，最后形成一条直线，再通过该直线中点画一条垂直地层走向的直线，即为投影基线，见图 3-4(c)。此法适宜于导线转折多变的剖面，作法较繁杂，但正确性高。此法与导线加权平均法相近，但较前者更为准确。以上投影基线选定方法，以图 3-4(a)(c) 最常用，作图者可依据所测剖面导线分布情况和地质实际自行选用。

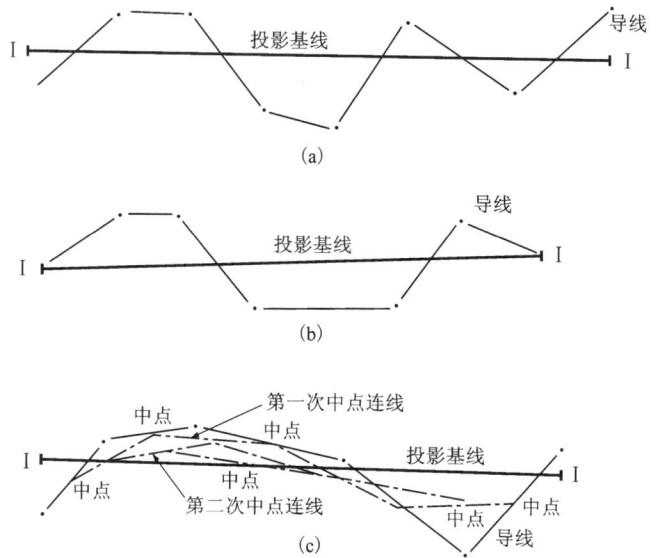

图 3-4　投影基线选定法

3. 地层厚度换算

采用地层厚度换算公式计算

$$D = L(\sin\alpha \cdot \cos\beta \cdot \sin\gamma \pm \cos\alpha \cdot \sin\beta)$$

式中：D 为岩层真厚度；L 为斜坡距；D 为岩层真倾角；B 为地层坡度角；γ 为剖面线与地层走向线的夹角。

地形坡向与岩层倾向相反时用 + 号，相同时用 - 号，地层厚度应分层计算。比例尺小于 1:1000 的剖面，分层厚度取整数，大小 1:1000 的剖面，厚度数值取小数点后一位。

地层厚度计算时应注意的问题：

(1)产状的有效控制距离要求在野外施测过程中，根据实际情况加以确定，以便室内计算厚度用。

(2)脉岩的剔除：一般情况下，在图上出露宽度小于 1 mm 的脉岩不必剔除其影响厚度；超过 1 mm 时，则应剔去，采用岩脉两侧分别代表的厚度。若某一地段岩脉虽小，但很发育，且对此地段地层厚度影响较大，可依据脉岩在地层中含量比(线统计法：脉岩厚度与整个统计线段长度的比值)，按比率求地层厚度。

(3)同一向、背斜中，地层厚度采用地层较发育的一翼进行计算(柱状图中可表示岩性相交或说明厚度的变化，不可采用两翼岩层中较大厚度的单层建立柱状图)。

4. 地层真倾角换算为视倾角

在剖面图中，地层走向与剖面线方向不垂直时，在剖面图上地层产状以视倾角表示，见倾角换算表(表 3-2)。其产状数字表示仍为真倾向、倾角。

表 3-2　倾角换算表

岩层走向与剖面间夹角

真倾角＼视倾角	1°	5°	10°	15°	20°	25°	30°	35°	40°	45°	50°	55°	60°	65°	70°	75°	80°
10°	0°11'	0°53'	1°45'	2°37'	3°27'	4°16'	5°02'	5°47'	6°28'	7°06'	7°42'	8°13'	8°41'	9°05'	9°24'	9°40'	9°51'
15°	0°16'	1°20'	2°40'	3°58'	5°14'	6°28'	7°38'	8°44'	9°46'	10°44'	11°36'	12°23'	13°04'	13°39'	14°08'	14°31'	14°47'
20°	0°22'	1°49'	3°37'	5°23'	7°06'	8°45'	10°19'	11°48'	13°10'	14°26'	15°35'	16°36'	17°30'	18°15'	18°53'	19°22'	19°43'
25°	0°28'	2°20'	4°38'	6°53'	9°04'	11°09'	13°07'	14°58'	16°41'	18°15'	19°39'	20°54'	21°59'	22°55'	23°40'	24°15'	24°40'
30°	0°35'	2°53'	5°44'	8°30'	11°10'	13°43'	16°06'	18°19'	20°22'	22°12'	23°52'	25°19'	26°34'	27°38'	28°29'	29°09'	29°37'
35°	0°42'	3°30'	6°56'	10°16'	13°28'	16°29'	19°18'	21°53'	24°14'	26°20'	28°13'	29°50'	31°14'	32°24'	33°21'	34°04'	34°35'
40°	0°50'	4°11'	8°17'	12°15'	16°01'	19°32'	22°46'	25°42'	28°20'	30°41'	32°44'	34°30'	36°00'	37°15'	38°15'	39°02'	39°34'
45°	1°00'	4°59'	9°51'	14°31'	18°53'	22°55'	26°34'	29°50'	32°44'	35°16'	37°27'	39°19'	40°54'	42°11'	43°13'	44°00'	44°34'
50°	1°11'	5°56'	11°42'	17°09'	22°11'	26°44'	30°47'	34°21'	37°27'	40°07'	42°24'	44°19'	45°54'	47°12'	48°14'	49°01'	49°34'
55°	1°26'	7°06'	13°56'	20°17'	26°02'	31°07'	35°32'	39°19'	42°33'	45°17'	47°34'	49°29'	51°03'	52°19'	53°19'	54°04'	54°35'
60°	1°44'	8°35'	16°44'	24°09'	30°39'	36°12'	40°54'	44°49'	48°04'	50°46'	43°00'	54°49'	56°19'	57°30'	58°26'	59°08'	59°37'
65°	2°09'	10°35'	20°26'	29°02'	36°16'	42°11'	47°00'	50°53'	54°02'	56°36'	58°40'	60°21'	61°42'	62°46'	63°36'	64°14'	64°40'
70°	2°45'	13°28'	25°30'	35°25'	43°13'	49°16'	53°57'	57°36'	60°29'	62°46'	64°35'	66°03'	67°12'	68°07'	68°50'	69°21'	69°43'
75°	3°44'	18°01'	32°57'	44°00'	51°55'	57°37'	61°49'	64°58'	67°22'	69°15'	70°43'	71°53'	72°48'	73°32'	74°05'	74°30'	74°47'
80°	5°39'	26°18'	44°34'	55°44'	62°44'	67°21'	70°34'	72°55'	74°40'	76°00'	77°02'	77°51'	78°29'	78°50'	79°22'	79°39'	79°51'
85°	11°17'	44°53'	63°61'	71°19'	75°39'	78°18'	80°05'	81°20'	82°15'	82°57'	83°29'	83°54'	84°14'	84°29'	84°41'	84°49'	84°55'
89°	45°00'	78°40'	84°16'	86°09'	87°05'	87°38'	88°00'	88°15'	88°27'	88°35'	88°42'	88°47'	88°51'	88°54'	88°56'	88°58'	88°59'

5. 实测剖面图中表示的内容

(1)导线平面图表示的内容：导线、导线点、地质点、产状(可选择表示)、地质界线、地层代号、含矿层、断层、主要地物等。

导线长度以平距表示。

(2)剖面上表示的内容：岩性(以花纹表示)、产状(花纹表示视倾角，下方数字表示真产状)、地质点、导线点、样品代号、层号及地层代号、断层、褶皱、居民点及山峰水系名称等，在剖面上方按需要附构造特写素描图。分层界线可适当画长。产状指引线应指在量取产状的实际位置处。

(3)剖面图必须和投影基线相平行。

(4)剖面图摆法：剖面的左端应为西、北西、南西、南。相应在右端为东、南东、北东、北。

(5)如剖面经平移，则导线平面图上按平移的方向、距离另作起点。而剖面图仅按两点的高差决定起点的标高，水平方向酌情断开 1~2 cm，以作图方便、互不重叠为原则。

(6)如剖面测制中同时进行有电、磁测量，伽玛测量等工作，若种类少，或仅一种，可在剖面图上部作曲线图表示，为了减轻图面负担，这些曲线图可另作图表示，但图中地质剖面图应相互一致。

(7)剖面图图面布局可参照图 3-5。

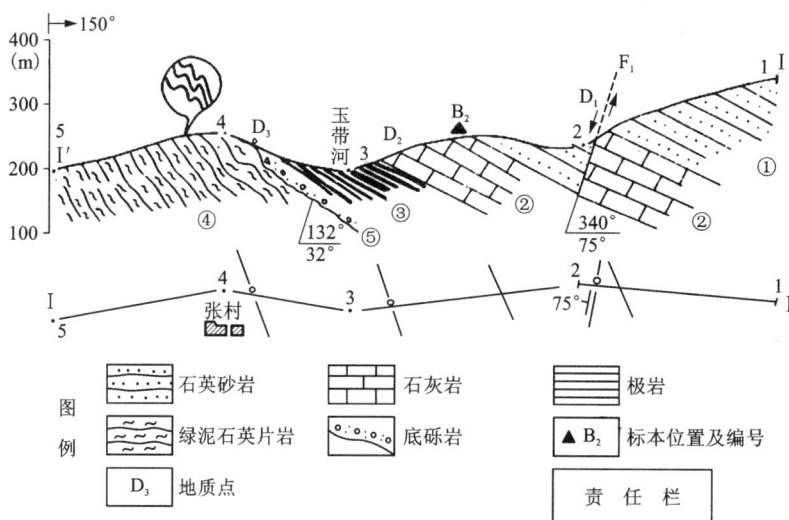

图 3-5   ××县玉带河实测地质剖面(比例尺 1:2000)

(8)剖面需输入计算机制图时，尚需填写如下表：剖面线测量记录表 3-3，剖面线地质记录表 3-4，剖面采样记录表 3-5。

(六)剖面地质小结(总结)内容提纲

1. 前言

(1)剖面测制的目的。

(2)剖面线位置、方向、坐标、长度、测制方法。

（3）工作起始、完成日期，工作单位及主要工作人员。

（4）完成主要工作量：剖面长度、工程工作量、标本××件，样品××件。

2. 地质成果

（1）简述剖面测制区的区域构造部位及地层、构造特征。

（2）依不同时代，由老到新分别对剖面所见地层进行叙述。

每一时代中地层可按地层组合单元总述其组合特征，再按不同岩性层详述其岩性、颜色、矿物成分、结构构造等岩石岩性特征，应详细述明岩层之间的关系，特别是不整合接触关系。

（3）岩浆岩及脉岩的描述。

（4）构造：断裂构造、褶皱构造。

分别描述其类型、性质、规模、形态特征、断层对地层连续性的影响，控矿构造特征。

（5）矿产：对矿产应详述。

（6）新进展、新发现和新见解。

3. 存在问题

表 3 - 3　剖面线测量记录表　　　　第　　　页

矿区编号：　　　　　　　　　　　　剖面线号：□□□□

剖面方位　　□□□°□□′□□″

起点坐标 X　□□□□□□□□□

　　　　　Y　　□□□□□□□□□　　　H□□□□□□

终点坐标 X　□□□□□□□□□

　　　　　Y　　□□□□□□□□□　　　H□□□□□□

记录点号	水平距离/m	垂直距离/m	记录点号	水平距离/m	垂直距离/m

表 3 – 4　剖面线地质记录表

矿区编号：　　　　　　　　　　剖面线号　　　　　　　　　　第　页

层号	起记录点号	止记录点号	岩（矿）石名称	花纹代码（词表4）	地层单位或期次（词表17）	层位（词表17）	地质描述	接触关系（词表7）	其他	标志面产状			
										名称（词表8）	记录点号	倾向	倾角

检查　　　　　　日期　　　　　　记录　　　　　　日期

表 3 – 5　剖面采样记录表

矿区编号：　　　　　　　　　　剖面线号　　　　　　　　　　第　页

样品编号	起			止			岩（矿）石名称	位置	样长/m	原始重量/kg	采样方法	采样规格
	记录点号	垂距	平距	记录点号	垂距	平距						

采样人　　　　　　采样日期　　　　　　采样方法词表10

第二节　1：2000 地质测量

一、目的任务

1：2000 地质测量在矿床详查或勘探期间进行，其主要任务是全面研究矿床的详细地质构造，矿体形态、规模及产状，矿石质量，矿石类型及其空间分布，矿体与围岩的关系及其围岩蚀变，为探矿工程的布置、储量计算，为矿山设计和建设提供地表地质资料。测量范围通常局限于矿体和近矿围岩的分布地段，至少要包括工程布设范围。

二、地质测量的基本方法

（一）露头圈定法

1. 适用条件

（1）适宜于地质条件复杂地区；

（2）适宜于露头发育较好至很好的矿区；

（3）大比例尺地质填图中可采用工程揭露露头。

2. 该方法优缺点

此方法是在详细研究并综合联系每一个露头的基础上，达到全面了解全区地质构造的目的。优点是能够精确地观察测区的所有露头，不致遗漏业已出露的任何地质现象。不足之处是工作量大，当测区面积较大时，单独使用此方法难以获得整体概念，且在露头不良时须配合系统的工程揭露。

3. 露头圈定原则

各个大小露头范围内的地质界线均以实线表示，小块露头群密集分布，相互间掩盖部分在图上不大于 1~2 cm 时并且不属于断层或夹层所致时，可连为一个大露头。如果覆盖甚广，露头零星细小图上不易表示时可适当省略。

4. 工作程序与工作方法

准备工作：

（1）先将地形底图裁成 30 cm×30 cm~40 cm×40 cm 大小的方块，作野外用手图。

（2）根据测区露头发育情况、地质情况及地形特点，事先规划填图区的次序及大致路线，订出工作计划。

野外工作：

（1）每天出工前，应对当天工作地段进行概略的了解。

（2）按顺序逐一对单露头进行全面详细研究，并注意相邻露头之间的地质联系。

（3）每个地质点均应打桩、编号，并将点位上图，同时以目测法在地形图上圈画出每个露头的形态及实测地质、构造界线，绘出草图，作为日后联图及测量的依据。

（4）如果地质与测量同步进行，可当即测绘出露头界线和地质界线。每个露头测完后当即核对检查，若两者不同步，则应将前述地质草图交测量人员作为找点依据或由地质人员带领测量人员实地找点。

（二）剖面法

1. 适用条件

（1）矿床地质条件简单、岩（矿）层层位稳定的矿床或相变不大的沉积变质矿床。

（2）不论露头发育如何均可使用，当掩盖较广时应通过主干槽探及辅助槽探的揭露进行剖面测量，并配合一定数量的人工露头点的观察。

2. 此法优缺点

剖面法实质是对矿区按一定间距布设的垂直走向的剖面进行研究，并用连接相邻剖面来了解全区的地质构造。优点是研究得比较系统，能及时获得矿床和矿区的整体概念，工作量少；缺点是不能精确地研究矿床沿走向的变化，在条件复杂地区不宜单独使用。

用剖面法填图，并非每条线必须作剖面图，一般要求"实测剖面图"1～3条。控制剖面图，利用剖面长度展示法（不作导线平面图，直接以实测长度和坡度作图）作在野外记录本上。路线平面图，直接填绘在地形底图上。

3. 工作程序和方法

（1）根据地质构造特征确定各剖面线的位置及方向。条件允许时应先踏勘，方向应大体垂直于岩层走向，剖面间距原则上以使相邻两剖面的地质情况能够对比为宜。

（2）将预定的剖面线用铅笔大致画在地形图上并编号。

（3）确定地质点的编号原则，一般按剖面及观察先后为序编号。

4. 野外工作

（1）剖面起点位置在现场用仪器法或半仪器法确定，并应打桩编号，或设标志点。

（2）沿剖面线进行野外观察研究，各个地质点位均需打桩、编号，并进行详细地地质记录，同时，随剖面线的测制画出野外剖面草图。

（3）剖面线要基本垂直地层走向，相邻剖面大体平行。若遇掩盖无法查明地质现象及界线时，可沿走向向两侧追索以便推测，重要地质界线处要进行必要的揭露。

（4）在野外用图上，正确标记出点位和编号，在野外实际勾绘地质界线。

（三）地质界线追索法

地质界线追索法是根据对矿床中的主要地质界线及构造线的追索研究，来了解矿床的全部地质构造。

1. 适应条件

（1）一般复杂至简单的矿床均可使用。

（2）适用于各种比例尺。

（3）一般只作辅助之用，只是在构造非常简单、单层厚度很大，特别是围岩为单一岩相的矿床中，或矿体厚度不大的矿体地质测量中，才能作为主要方法来应用。

（4）适宜于研究矿体和近矿围岩沿走向的岩相和构造上的变化，特别是业已开采的矿区。

（5）露头发育不好的地区不常使用。

2. 工作程序与工作方法

（1）准备工作：事先要很好地研究岩层的层序或火成岩与变质岩的分带，找出主要的地层界线、构造线或标志层。

（2）野外工作：沿选定的主要地层界线或构造线的走向进行观察和研究，每隔一定的间隔设一个地质观察点。

地质界线追索法，经常需和剖面法合用。

总之，1:2000 地质测量多用露头圈定法，配合剖面法或地质界线追索法。

三、地质测量精度要求

（一）必须表示的地质体规模

(1)宽度小于 1 m 的矿体、有意义地质体或标质层均需放大表示。

(2)一般地质体宽度 $w_d \geqslant 2$ m。

(3)蚀变体宽度 $w_s \geqslant 2$ m。

(4)各种构造形迹、线状地质体长度 $w_L > 20$ m。

（二）地质界线实测允许误差

(1)矿体界线 1~2 m

(2)一般地质体 2~4 m

(3)地质点精度：点位误差在图上小于 1 mm，转点误差小于 0.5 mm。

（三）观测点密度

简单区 500~600 个/km²

中等区 600~700 个/km²

复杂区 700~800 个/km²

四、填图要求

（一）对三大岩类岩石

按比例尺要求，将不同岩性进行划分、圈定，详细描述。

（二）构造

(1)查明矿区构造的产状、规模、形态特征及其控矿作用。

(2)查明各构造带的组合、分布规律，研究划分构造形式或体系。

(3)区分不同级别、不同序次构造对矿体的控制作用。

(4)查明韧性剪切带及其控矿作用。

(5)对成矿有关的构造，在一定距离内应有工程控制，揭露其形态、规模、产状、充填物特征等。

(6)对破坏矿体的断层，应查明其性质、规模、产状及断距。

（三）蚀变围岩

(1)详细查明蚀变带的种类、蚀变强度、矿物组合、规模、产状、形态，查明蚀变围岩的性质。

(2)详细圈定蚀变带的范围，按蚀变强度与矿物组合进一步细分，研究蚀变体与岩浆热液活动、变质作用的关系。

(3)详细研究蚀变作用与成矿作用的关系。

（四）矿化及矿体

(1)用槽、井探、物化探系统控制矿化带和矿体。

(2)确定矿化带的矿化类型、规模、产状、矿物种类及矿石质量。

(3)查明矿体的规模、产状、形态、矿石自然类型等变化特点和分布规律，对矿石物质成分等进行研究，对矿床成因类型与工业类型作出判断。

（4）用工程控制主矿体及上、下盘小矿体，查明矿体边界。

（5）系统查明矿体有用组分含量及变化。

五、路线观测记录及格式

（一）路线观测记录

（1）观测人员在观测过程中要多跑、多敲、多看、多记、多想，做到连续观测、连续记录、连续制图。

（2）路线观测过程中，既要重视基础地质资料的收集，又要重视直接找矿标志及矿产线索的观测，把问题解决在实地，重点现象要详细记录，整个路线记录要有连续性，重点路线要有信手剖面和路线地质小结。

（3）每一个观测点，在记录中必须有详细的位置、露头特征、点位性质、点处地质现象及路线地质现象。

（4）采用剖面图、素描图与文字描述相结合，凡是重要的地质现象，应当进行素描和照相。

（二）记录格式

（1）路线。

（2）点号。

（3）位置。

（4）点性。

（5）露头。

（6）地质描述。

①岩性：岩石名称、颜色、结构构造、矿物成分，岩层的组合特征，地层产状等。

②构造：按前"四（二）"的内容描述。

③矿化及矿产特征。

④围岩蚀变特征，蚀变范围，矿体与围岩关系。

⑤标本：编号、岩性、位置。

（7）素描图、照片、信手剖面等。

六、地质观察点的布设和测定

（1）点位的布置：根据野外地质实际情况，以能有效地控制各种地质界线和地质要素为原则。

（2）一般要布置在地质界线上（不同岩石接触处、构造、蚀变带、矿体界线、重要化石点、标志层、代表性产状要素测量点、取样点、山地工程以及其他有意义的地质现象部位）。

（3）地质点的测定：一般地质点位测定，岩性控制点用半仪器法测定，界线点及重要的观察点，需用仪器法测定。其精度要求允许误差在图上不超过 1 mm。

七、地质界线的标绘及需注意的问题

（1）野外现场及时联图，严禁在室内回忆记录和勾绘。

(2)各种地质界线,必须用实、虚线条区分不同精度。实际观测到的用实线,推测或不确切的应用虚线表示。

(3)图上所表示的内容,线条要清晰,文字要端正、简练,要分清主次,合理避让,避免繁杂混乱。如产状标示可适当避让点位、点号等。

(4)所表示的各种内容在野外用 2H ~ 3H 铅笔勾画,当天必须上墨。

(5)各种内容的表示必须严格按照规定。

(6)联图时注意地形与地质体的关系(V 字形法则)。

(7)联接断层要注意先后关系,被断层错开或错断的地质界线不要跨断层而相连。

(8)不同岩浆建造的火成岩不能联成同一岩体。

(9)联图时要注意三大岩类区不同的地质特征。

(10)联图时要有整体概念,不能仅凭一点之见,不顾全局。

(11)一般 1∶2000 矿区填图在最后成图时,图面不呈现第四纪覆盖沉积物(第四系地貌图除外)。

八、室内整理及填图总结

(一)室内整理

(1)整理各类标本、样品,并及时登记送出。

(2)检查素描图,按规定填绘花纹图例和各种代号注记,发现问题及时检查校对。经检查修改后进行着墨。

(3)文图对照,核对野外记录和图件是否一致,若发现问题,均需回到现场查校,任何情况下不能凭臆断修改原始编录,不允许涂抹或擦掉,只能进行批注、补充。

(4)为了随时进行综合研究,除利用实测剖面外,必要时可以作图切制剖面。

(5)认真整理野外草图,清绘野外地质清图。

(6)不断进行总结研究,发现问题及时纠正,野外工作结束时应及时提交文字总结。

(二)填图总结文字提纲

1. 概况

(1)目的任务。

(2)交通位置和自然地理。

(3)以往地质工作评述。

(4)完成实物工作量。

2. 工作方法及质量评述

3. 测区地质

(1)地层。

(2)构造。

(3)变质岩。

(4)岩浆岩。

(5)围岩蚀变。

(6)矿床。

4．结语

(1)主要成果。

(2)存在问题。

(3)进一步工作建议。

第三节　1∶10000 地质测量

1∶10000 地质测量一般在矿区评价阶段或在矿床勘探期间的矿床外围进行，目的在于阐明地质构造和成矿地质条件，用以扩大远景；同时在评价异常的地质找矿阶段及对脉型矿田、矿带的追脉找矿工作中，也可布置 1∶10000 地质测量。填图范围一般包括有地质联系的矿(化)点、各种找矿手段的综合异常范围，或有利找矿标志的分布范围和成矿区划等。

一、地质测量前准备工作

(一)搜集资料

主要应收集测区的地层、矿产、重砂测量和物化探等资料，收集符合精度要求的与工作比例尺相应的地形图、航空照片等。对上述资料进行认真分析研究、恰当评价，指出今后的工作重点及要解决的问题，据此确定工作计划。

(二)地质踏勘

依据测区的地质矿产研究程度和存在的主要问题有目的地对其外围进行初步踏勘调查，以了解测区的地层、岩石基本特征和主要构造轮廓。

踏勘开始时应组织主要地质人员踏勘 1～2 条路线，路线布置以穿越法为主，尽可能通过主要地层、构造、岩体和矿产地。踏勘结束后应进行认真讨论，做好路线小结，基本上做到统一分层、统一野外岩石定名，统一填图方法和要求，统一图式图例。

(三)剖面测量

正式填图前，一般需测制 1～3 条完整的地质剖面，在地质条件复杂区测 3～4 条。目的在于查明测区地层层序、厚度、接触关系、岩性变化、沉积韵律、化石、矿产、标志层、侵入体和时代等，根据实测剖面结果，编制代表测区地层特点的综合地层柱状图，确定填图单元，以作为测区统一分层对比的依据。

实测剖面的比例尺 1∶2000～1∶200，一般采用 1∶1000，剖面测制方法详见第三章第一节剖面测制。

二、矿区地质测量的基本方法

矿区地质测量应在踏勘、研究剖面、统一填图单元及工作方法以后才正式填图，1∶10000 矿区地质测量多用剖面法，配合地质界线追索法、穿越法、露头圈定法。

(一)剖面法

此方法即垂直矿体、矿化带或异常轴作若干成直线的剖面，剖面间距在图上不小于 3～5 cm，通常采用等距离或按整倍数放稀及加密。主剖面应布置在主矿体或异常中部等典型地段。在条件复杂的地区不宜单独使用。

野外工作方法为：

（1）剖面起点位置在现场以目测法或半仪器法确定并应打桩编号，或设置标志。

（2）沿每一条剖面线进行野外观察研究，并进行地质点记录，各点位需打桩或在稳固的基岩上标注编号。勾画出野外剖面草图，比例尺不限。

（3）剖面要基本上保持一条直线，并与相邻剖面大体平行。若因剖面线通过处被覆盖而无法查出地质现象和界线时，可沿走向向两侧追索以便推测，最大推测距离不超过剖面间距的一半。

（4）在野外用图上标出点位和编号，并标出地质体代号，且在野外连图。

（二）露头圈定法

由于矿区大比例尺填图要求全面研究所有的露头，在地质情况复杂或露头不多的情况下，采用此法填图。根据露头大小，每个露头设一个或几个基点，用仪器将基点测在图上。以手用罗盘、皮尺以基点为起点进行测量，将露头范围按比例尺绘在图上并进行编录，连接成图。

（三）地质界线追索法

地质界线追索法是顺走向追索主要地质及构造界线的方法。此法的优点是所填地质图的界线较准确，能够详细研究矿体地质条件的走向变化。

此法不宜单独使用，一般只在需要时作为辅助手段，适宜于研究矿体和近矿围岩沿走向的岩相和构造上的变化，特别是已开采的矿区。

上述几种测量方法，各有其优缺点，在实际工作中几种方法相互配合，以某一种为主，互补不足。

三、地质观察点的布设和测定

（一）地质观察点的布设应遵循三个原则

（1）点位的布置以能有效地控制各种地质界线和地质要素为原则。

（2）在地层分界线上、不同岩石接触处、岩相变化处、构造点、蚀变带、矿化及矿点、重要化石点、标志层、代表性产状要素测量点、取样点、山地工程以及其他有意义的地质现象观察部位，必须布设地质观察点。

（3）按地质实际情况，适当布设岩性控制点，一般岩性控制点不超过总地质点数的30%，切忌机械地等距离布点。

（二）地质观察点位测定

可用半仪器法标绘在图上，重要的观察点，如主要的地质构造、含矿层、矿体露头等则需用仪器法测定。

四、观察点记录内容及格式

观察记录是一项十分重要的基础性工作，因此应根据各点的具体情况详尽描述，重点突出，强调连续观察、连续记录，严肃认真，充分收集第一性资料，切忌简单化、主观随意、孤点记录。

（一）地质观察点记录的内容

1. 沉积岩地区

首先搞清地层层序，然后对具体岩石进行描述（颜色、结构、构造、矿物成分、粒度、岩石命名风化岩外貌特征、次生变化等），对地层厚度变化、化石层、含矿层、标志层应详尽描述。

2. 变质岩区

记录描述岩石的产出状态、颜色、构造、主要及次要矿物含量,不同矿物的排列方式及不同岩性的相互关系,尤其是特征矿物(白云母、黑云母、铁铝榴石、十字石、蓝闪石、矽线石等)的出现与否,原生层理及片麻理的产状、构造的叠加与否,有无混合岩及脉体情况、岩层厚度沿走向的变化情况及次生变化和风化外貌,特别要注意收集说明地层是否倒转或正常的证据。

3. 侵入岩地区

(1)岩石的颜色和风化色。

(2)岩石的结构类型。

对花岗岩进行一期结构、二期结构、微花岗结构、碎裂结构、改造结构描述。

(3)岩石的颗粒大小:极粗(大于 8 mm)、粗粒(5～7 mm)、中粒(2～5 mm)、细粒(0.5～2 mm)、微粒(小于 0.5 mm),要具体定出肉眼观察估计的粒级,然后根据薄片校正注解。

斑状结构和似斑状(巨晶)结构。

在一期结构花岗岩中用似斑状结构;在二期结构及微花岗结构花岗岩中用斑状结构。

要分出含斑(5% 以下)、少斑(10% 以下)、斑状(30% 以下)、多斑(30% 以上)及巨斑等。

等粒结构和不等粒结构。

(4)岩石的矿物成分及百分含量,矿物结构特征。

先描述铁镁质矿物,如黑云母、角闪石、白云母等;然后描述长英质矿物,如钾长石、斜长石和石英。

描述内容:

①矿物的百分含量。

②矿物的平均粒径和变化范围。

③矿物的颜色。

④矿物定向排列情况。

⑤矿物自形程度。

⑥矿物的晶形。

⑦矿物中的包体。

⑧矿物产出方式:单个晶体、晶体集合体,两个世代的矿物团体。

⑨斑晶的大小和丰度,斑晶的形状、特征和包裹体等,斑晶和基质的关系,斑晶与基质必须分开描述。

⑩副矿物的种类。

⑪叶理和定向构造:先描述有无,发育情况如何,产状。

⑫捕虏体及包体:百分含量,大小范围、岩性、有无巨晶,有无镁铁质,是同源还是异源。形态(棱角状、圆状椭圆状、透镜状、扁平状)。

⑬岩墙及岩脉:岩性、宽度、产状。

⑭能谱仪读数 U、Th、K 及总的放射性强度。

对具体的观测点或露头点描述记录时,可根据具体情况有详有简。

（5）根据以上描述提出该岩石的宏观鉴定特征，抓住其中最特征的，而且能与其他岩石相区别的，能代表该侵入体的总特征。

（6）单元之间或侵入体的内外接触带要记录接触的性质和类型及产状。

（二）记录格式

详见 1∶2000 地质测量。

五、地质观测研究程度及精度要求

（1）搞清矿区的地层层序及分布、分层标准。在"段"的基础上，一般应按岩性细分至层。具有填图意义的最小岩石（层）单位都需填制。矿体、标志层及对找矿有意义的地层单位如在图上小于 1 mm 时，应扩大表示。

不同变质岩相带与地层单位应分别以不同界线和不同图例表示。

（2）搞清矿区各种主要构造类型的性质及产状，特别要详细研究，区分导矿、控矿及容矿构造并查明性质及产状要素。查明后期构造对矿体的破坏作用及破坏程度。

（3）搞清矿体、矿化带、蚀变带的分布及其相互关系，查明其形状、产状和规模，查明蚀变带的分带情况；对预期有工业意义的矿化现象，进行检查了解，提出概略的品位参数。

（4）搞清矿体、矿化体、蚀变带与侵入岩、地层及地质构造的空间关系和成因关系，阐明成矿控制条件，特别要研究可能存在有隐伏岩体和矿体的地段，指出找矿标志和找矿方向。

（5）对区内发现的其他矿床根据需要分别进行检查评价。

（6）查明矿区物化探特征，并做放射性顺便检查。

六、地质界线的确定及标绘

（一）地质界线的确定

（1）在露头良好地区，可以直接确定地质界线的位置。

（2）在基岩出露不好的地区，除了应对重要界线和关键地段进行人工揭露外，还需借助其他标志或方法来确定。

①在已确定标准地层剖面，并对主要界线性质和构造状况都基本查清的情况下，利用残坡积物中低处分布的某种岩石的岩块和碎屑的最高出现位置划定。

②在腐殖层较厚、岩层很少的情况下，可以根据穴居动物洞口、倒伏树木的根部、电线杆和路基附近人工挖掘点等处见到的岩屑作旁证。

③特殊的微地貌特征、土壤的颜色等间接标志。

④个别界线可利用物化探资料来划分。

（二）地质界线的标绘

（1）地质体标绘精度，在地质图上只填绘比例尺折算直径大于 2 mm 以上的闭合地质体或宽度大于 1 mm，长度大于 3 mm 以上的线状地质体的界线。对于有特殊意义的地质体，可按图比例尺夸大到宽（厚）1 mm、长 1 mm 表示在图上，并应真正反映其平面形态和产状。

（2）野外连图应注意的问题：

①必须现场及时连图，不允许在室内回忆勾绘。

②注意地形与地质体的关系（V 字形法则）。

③注意标志层的选择。

④连图时要有地层的概念。

⑤连接断层要注意序次。

⑥被断层错开或错断的地质界线不要跨断层对接，而要按实际情况勾划。

⑦花岗岩按单元勾图，复式岩体要圈出不同脉动期次形成的岩体界线。

⑧大构造线在大面积内易查明，小面积中不易查明，它们往往是由若干小断层或裂隙组成的大断裂。

⑨连图时要注意三大岩类区不同的地质特征。

⑩连图时不能仅凭一点之见，要联系地看问题，要有整体概念。

⑪界线不清或呈过渡关系、缺乏截然界线时，在野外要力求将界线通过部位压缩到最小范围，并结合岩矿鉴定及化验成果，进行确定。

七、室内整理及填图文字总结

室内整理及填图文字总结详见 1:2000 地质测量。

第四章　探矿工程地质编录

一、探矿工程符号及编号

探矿工程的符号是以探矿工程名称的第一个字和最后一个字的汉语拼音的头一个字母（印刷体大写）组合而成，当该字的声母为复合声母时（SH、CH、ZH）则采用其复合声母，详见表4－1。

表4－1　常用探矿工程符号

序号	符号	名称	序号	符号	名称	序号	符号	名称
1	TC	探槽	8	YK	样坑	15	CHK	冲击钻孔
2	BT	剥土	9	PD	平硐	16	SHK	水文钻孔
3	QJ	浅井（包括小圆井）	10	YD	沿脉平硐	17	CZ	采样钻
4	XJ	斜井	11	CD	穿脉平硐	18	CK	采坑
5	SJ	竖井	12	LD	老硐（窿）	19	PX	平巷
6	TJ	天井	13	ZK	钻孔	20	SM	石门
7	AJ	暗井	14	QZ	浅钻			

上表为中华人民共和国国家标准（GB 958—89），工作中都要按规定严格执行。当使用上表以外的工程时，其代号按上述规则进行编定。

探矿工程的编号，是由探矿工程符号加上数字而成的。

例如 CD15 代表 15 号穿脉平硐；YD3 代表 3 号沿脉平硐；YD3－CD15 代表 3 号沿脉平硐中的 15 号穿脉平硐。还有采用探矿工程符号加数字加勘探线号，例如 ZK1502 表示为第 15 号勘探线，2 号钻孔；也有用 $\frac{ZK2}{XV}$ 表示的，但无论如何在一个单位或一个矿区必须统一。

二、工程素描图比例尺的选择及基本要求

素描图的比例尺是根据地质条件和任务需要而定，一般采用 1∶50～1∶200。探矿工程（槽、井、硐）的素描图的比例尺一经选定，要自始至终保持统一。在素描图上，凡厚度（或宽度）大于 1 mm 的地质体均需表示，矿体或重要地质现象虽不足 1 mm，但应适当放大表示，并加以说明。

三、探矿工程素描图的基本内容

（一）素描图

为了便于作图和装订成册，素描图要绘制在 19 cm×27 cm 的计算纸上（也可另行统一规定），若是硐、井探素描图可按长（深）度逐页素描，若是探槽素描图时长度作法同前，高度不

够时可分段垂直上下移动,并注明分段高程(见图4-2)。

当一个地区的工作告一段落时(按年度、勘探线或单工程)需按原始资料归档,按规定进行整理并装订成册,需有下列内容:

(1)封皮上要写图名和单位,例如:

×××矿区×××素描图　　　××队××分队(或工区)

(2)装订成册的素描图在扉页中绘制统一图例。

(3)素描图的比例尺都是一样时,在图册封皮上加注比例尺即可。

(4)每个工程素描图都需有:

①工程的方位角、水平长度,如果是槽、井探工程素描图还需有高差或深度尺。

②工程起点坐标。

③样品分析结果表。

④责任栏:内容包括制图、清绘、审核和制图日期。

(二)文字描述

和素描图一样,均从零点开始,逐段记录在专门的探矿工程(槽、井、硐)地质记录表中(或野外地质记录本中,要求格式统一)。同时要注明样品、标本等的相对位置及相应内容,并及时填写记录人、记录日期,参加人等内容。

第一节　探槽及剥土

一、探槽

(一)布置原则

探槽是用于揭露地质体(矿层、矿脉、地层、构造及岩性等)为目的,一般垂直矿体(层)走向(或构造线的走向),按一定间距布置,与勘探线要一致,探槽一定要贯穿矿体厚度(或主要构造)。

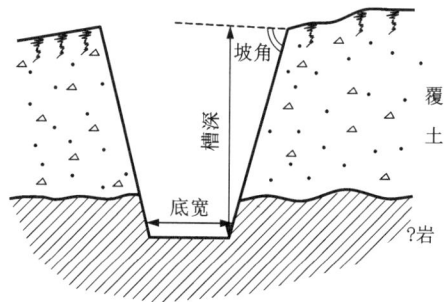

图4-1　探槽横断面图

(二)规格

槽底宽不小于0.6 m,深度不大于3 m,槽壁需见基岩0.3~0.6 m。探槽壁的坡度角视覆盖层的坚固程度而定,见表4-2。

探槽横截面规格示意图见图4-1。

表4-2　探槽壁坡度角选取参考表

槽深/m	槽壁坡度角	覆盖层结实程度
<1	80°~90°	一般土层
1~3	75°~80°	结实土层
	60°~70°	松软土层
	<55°	潮湿松软土层

（三）编录及要求

一般情况下只作一壁一底的展开图，若在同一矿区内应尽量规定素描同一方向的槽壁，这样便于资料的使用，若矿体（脉）沿走向地形变化很大，无法统一时，则另当别论。编录工作中常遇到一些具体问题讨论如下：

（1）当探槽较长而坡度又较大时，可采用槽壁分段素描，槽底连续素描，此时应注意各段之间的地质现象和探槽轮廓要严格扣合，并要标明分段之间高差关系，见图 4-2。

（2）当探槽拐弯时，要标明方位，如拐弯方位角差值小于 15° 时，槽壁、槽底连续素描，拐点要作标记，并注明方向。如拐弯方位角差值 ≥15° 时，素描图有两种作法：

①不论拐弯的方向如何，槽壁都是连续素描，拐点处标明方向，槽底按方向拐弯，见图 4-3。此法一般不常用或在探槽较短而且拐弯较小时使用。

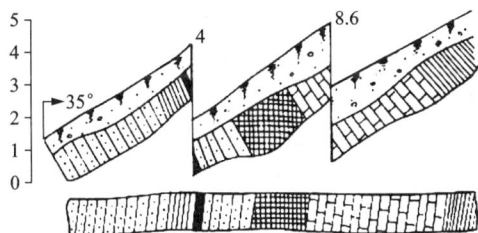

图 4-2　槽底连续而槽壁分段错动

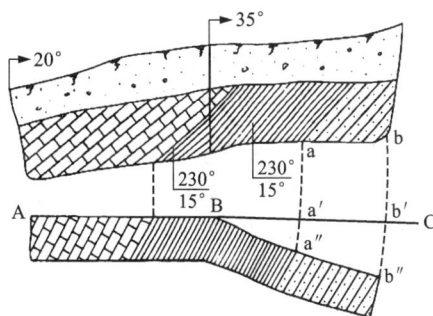

图 4-3　拐弯探槽的画法

②当探槽拐弯等于或大于 15° 时，采用裂开法。裂开壁或底视探槽拐弯方向而定，当拐弯方向背离素描壁时，槽底裂开，槽壁连续［见图 4-4（a）］：若向着素描壁弯转时，槽壁、槽底同时都要裂开［见图 4-4（b）］。

（3）素描图用坡度展开法，槽壁、槽底素描图都用自然法展开（见图 4-5）。另一种为槽壁用自然展开法，槽底为规整法（见图 4-6）。后一种方法一般不常用。

（4）若为一系列平行探槽，且只编一壁一底时，原则上素描同侧壁，一般南北向槽绘东壁；东西向绘北壁；北东向绘北西壁；北西向绘北东壁。

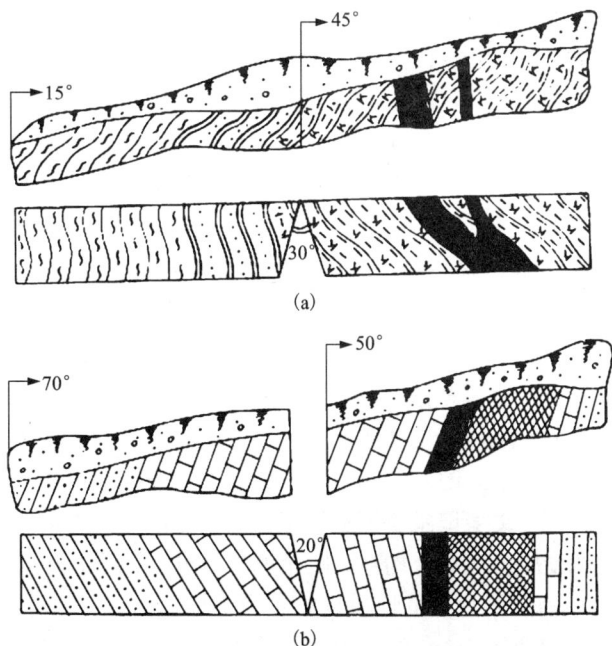

图 4-4　拐弯探槽裂开画法

（5）探槽起点习惯上放置于探槽一个角上或探槽一个槽头壁的地表中间，但无论如何使用都要在地质编录时注明探槽起点与槽底的一个角在平面上的相对位置(见图4-7),并在实地作出探槽起始标志。

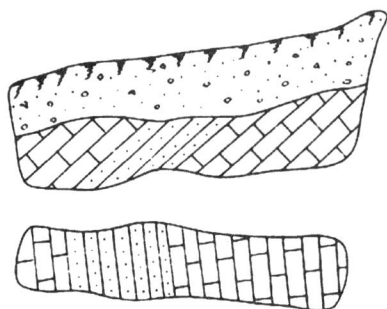

图4-5 槽底自然形态法

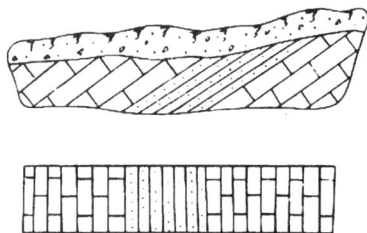

图4-6 槽底规整法

(四)素描图作图方法及步骤

(1)参加编录人员2~3人为宜,首先是共同观察、统一认识,采集标本,确定样品位置等,然后着手编录(关于是先刻槽取样再作地质编录,还是先地质编录然后刻槽取样没有统一规定)。

(2)用皮尺设置编录基线,一般是从探槽一端到另一端,当探槽过长或有拐弯时,可分段设置基线。然后用罗盘测量皮尺的方位角及坡度角。

(3)按坡度角在计算纸上轻轻画出基线,并在计算纸上预先计划好槽壁、槽底及图名等的相应位置,准备作图。

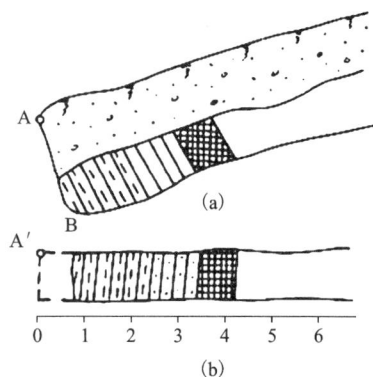

图4-7 探槽工程起点表示方法
(a)工程起点A(A'为A在水平面上的投影);
(b)槽底实际起点

(4)测量人员在皮尺的不同位置,用钢卷尺测出特征点(地质界线、构造线、地形变化点等)的相对位置,同时参看地质体实际出露形态,然后联结成图。例如在基线0.1 m处,基线下0.5 m为槽底壁交点,又是探槽底的起点,在平面上槽底上限与基线一致,向下0.6 m为槽底下线;在基线1 m处,基线下0.7 m处的底壁交界处为矿层下界面;在基线0.7 m处,基线下0.4 m处为基岩与残坡积层交界处,也是矿层下界面点;在基线的0.9 m处,在平面上基线上0.1 m为底壁交界处,基线下0.55 m为槽底下限,也是矿层下界面,以此类推。将这些测点按自然形态相连即可成图。

(5)测量地质体产状,标注于相应的位置,并注意产状的代表性。

(6)采集的各种标本、样品标于素描图上,并注明编号。

(7)文字记录要记述探槽位置、方位、长度、坡度角等,并总述其地质概况,然后再从零米开始,按岩性、构造、矿体等分段进行记录,并要记录所采集标本、样品、各种产状等。对一些有重要意义的地质现象要写小结。

(8)上述工作结束后进一步检查各种产状是否文图相符、素描图上走向线垂直槽底时槽壁以真倾角表示,否则用假倾角表示。

(9)及时进行室内整理和图面修饰,使图面清晰,内容齐全,如图名比例尺、起点坐标、图例、样品分析结果表、编录、审核、日期等,如图4-8。图上的编录基线室内整理后可不予保留。

　　室内整理过程中若发现图上的界线与注记有矛盾时,应到实地核对,决不允许在室内靠回忆修改。

　　对于有些重要地质体(矿体、构造等)遇到探槽拐弯时建议:

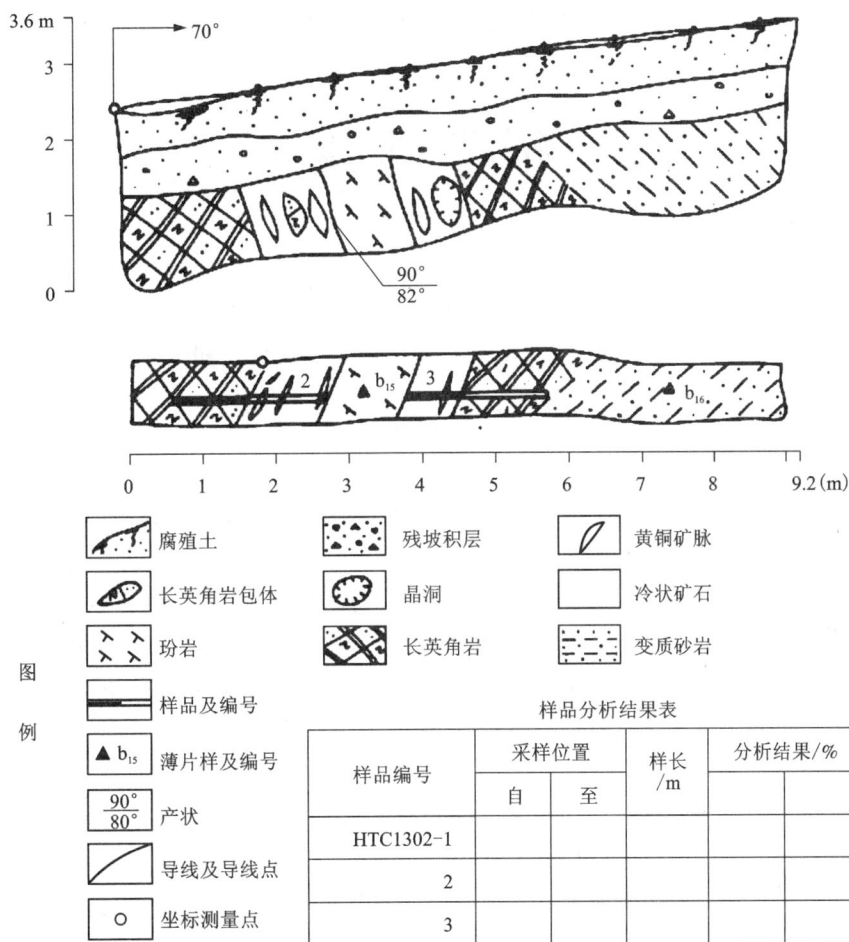

图例

样品分析结果表

样品编号	采样位置		样长 /m	分析结果/%
	自	至		
HTC1302-1				
2				
3				

附注:原始图件将基线和基线点保留,复制时应予删去,刻槽采样不限槽底
编录:×××年　　月　　日
审核:×××年　　月　　日

图4-8　××矿区 TC1302 素描图(比例尺1:100)
起点坐标:X=78247.67;Y=07354.43;H=302.70

　　①重新施工该段取直。
　　②局部使用槽壁连续编录,槽底拐弯。
　　③只要拐弯等于或超过15°时都采用裂开法作素描图,以保证作地质图的精度和使用方便。

二、剥土

剥土一般有点状剥土,面状剥土及沿构造带、沿地质体走向的沿脉剥土。前一种一般是为了解岩性或作地质填图的地质点用;后两种一般用作解剖或重点研究某些特殊地质现象。前一种一般情况不作素描图;若是窄而长的沿脉剥土的编录只相当槽底拐弯编录方法,只编槽底,按自然形态编录;面状剥土编录比较复杂,若其剥土工程正处于一个形态比较简单而稳定的斜面上,可注明方向、坡度角,绘制成斜面图,若是地形复杂时可分段素描或按水平投影图来素描。

第二节 井 探

一、布置原则

在普查勘探过程中,为了解矿体深部变化情况,而且地形比较平缓不能使用硐探工程探矿时才使用井探,或者是探槽的深度达不到时使用浅井。在普查和勘探过程中一般只使用浅井和竖井,暗井等很少使用。

二、规格

这里只介绍浅井和竖井,其余的在野外工作中一般涉及不到。

(一)浅井

深度一般不超过 20 m,根据开口形态不同可分为矩形开口(通称浅井),圆形开口(小圆井)。

(1)浅井:浅井断面面积一般为 $1.2 \sim 2.2$ m^2。具体规格是以设计深度和使用条件而定,表 4 – 3 为浅井断面经验尺寸表,供使用时参考。

表 4 – 3 浅井断面经验尺寸表

深度/m	断面(长×宽)/m²	使 用 条 件
<10	1.1×0.7	辘轳提升
0~20	1.2×0.8~1.0	辘轳或机械提升、涌水量不大、吊桶提水
<10	1.3×1.1	砂矿中、吊桶或一台水泵提水、辘轳或机械提升
0~20	1.7×1.3	涌水量大、两台水泵抽水、辘轳或机械提升

(2)小圆井:井的横截面为圆形,其直径多采用 $0.8 \sim 1$ m,深度一般不超过 5 m。因为圆形抗压力强,不用支护,但因规格小提升排水有些困难,所以一般设计不深,只在岩石比较稳定、水很少时使用。因小圆井不用支护、比较经济,也见有小圆井施工深达十几米者,但必须是岩石稳定无水的条件下使用,并且小圆井的直径必须大于 1 m,便于施工与提升。

(二)竖井

勘探竖井多用矩形断面,木架支护,按《坑探规程》规定(见表 4 –4)。

表 4 - 4　勘探竖井规格

深度/m	净面积(长 × 宽)/m²	使　用　条　件
小于 50	1.6 × 1.0 = 1.60	不设梯子间　单吊桶提升
	2.1 × 1.2 = 2.52	设梯子间　单吊桶提升
小于 100	2.1 × 1.2 = 2.52	设梯子间　单吊桶提升
	3.0 × 2.0 = 6.00	设梯子间　双吊桶提升

三、编录及要求

（一）浅井

（1）随工程进展每掘进 1～2 m，必须及时编录，以免因过高不易观察或对取样工作造成困难，或因支护而影响地质观察。

（2）浅井编录一般采用四壁逆时针平行展开法［见图 4 - 9(b)］，也有用十字展开法，见图 4 - 9(c)。前者常用，后者少用，或者仅数米深的浅井，只在工程结束后一次性编录使用。如果地质现象简单，也可只作两壁甚至一壁素描，但同一个矿区内必须统一。编录时井壁按规则的垂直壁素描，一般不素描井底，如需要时，将井底绘制于第一壁下方［见图 4 - 9(b)］。

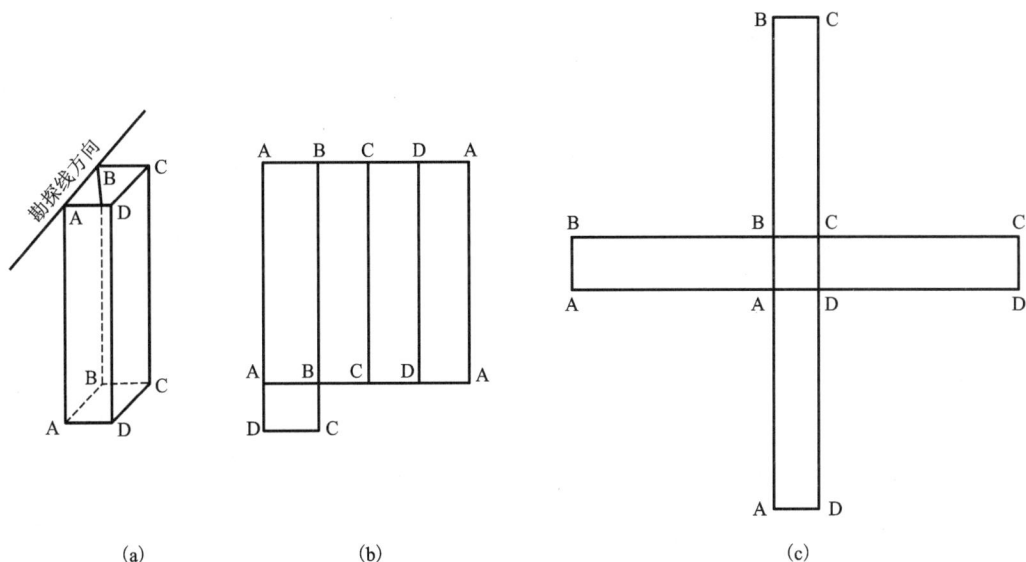

图 4 - 9　浅井素描图的展开方法
(a)浅井立体图；(b)平行展开法；(c)十字展开法

（3）浅井长壁要与勘探线方向一致［见图 4 - 9(a)］，第一壁规定为：面对编录的长壁与勘探线剖面图一致的即为第一壁。第一壁左上角标方位，其他三壁注明是哪一方向的壁。如图 4 - 10。并应规定第一壁左上角为井口坐标。

（4）编录时以第一壁的井口坐标作为工程起点，将皮尺零点与该点重合，使皮尺在井口处呈铅直状态。有用一条皮尺编录的，也有在对壁再挂一条皮尺编录的，但必须注意二者的深度必须对应一致。

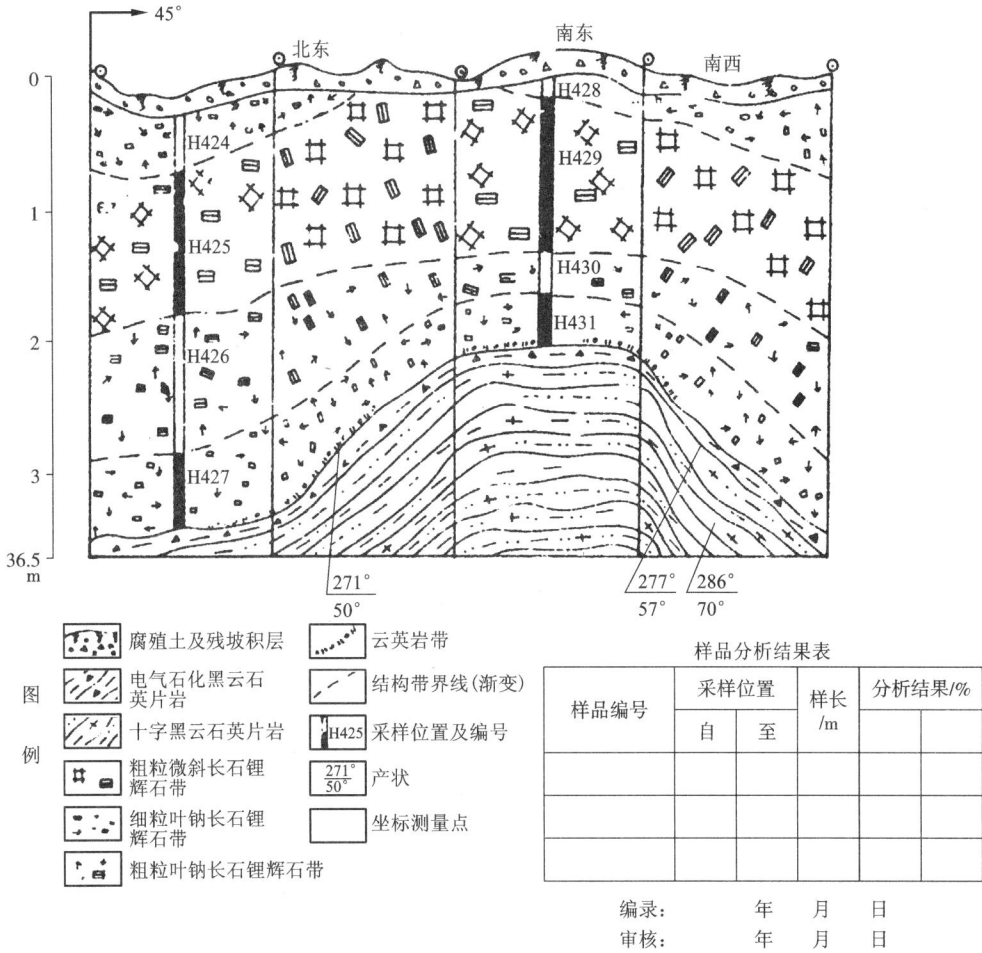

图例

| 样品分析结果表 | | | | |

样品编号	采样位置		样长/m	分析结果/%
	自	至		

编录：　　　年　　月　　日
审核：　　　年　　月　　日

图 4-10　××矿区 QJ1503 素描图(比例尺：1:150)

井口坐标：X=3747.50；Y=4175.40；H=2342.00

(5)测量井壁方位，丈量各井壁宽度(若与设计宽度、长度误差不大时，应尽量用设计的长宽)。然后在计算纸上设计好各壁的位置。用皮尺作为垂直标尺，钢卷尺作为水平标尺，从上到下逐一测量各壁地质界线出露位置，绘制于图上。

(6)采集标本、样品并按实际位置绘在图上。关于刻槽取样一般情况下是一壁取样，因矿种不同或其他原因也有对壁取样或四壁取样的。

(7)测量地质界线、构造、矿体、片麻理等的产状，并按实际测量位置标于图上，见图 4-10。

(8)文字描述要求基本同探槽，前者是自左而右描述，后者为自上而下描述。

(9)室内整饰(参看图 4-10)要求基本同探槽(叙述从略)。

(二)圆井

圆井素描图作法有三：正方形展开法、圆周展开法及剖面法。

1. 正方形展开

通过圆井中心作一平行勘探线的直径，然后旋转90°，再作一垂直此直径的直径，在圆井壁上有四个交点，联结四个点即成理想的正方形井，编录要求同浅井，不同的地方就是把四个圆弧上的地质现象按地质体的产状投影法分别投影到四个理想的井壁上。

2．圆周展开法

作图与正方形展开法基本相同，不同点为：

（1）正方形展开法四壁水平长度总和等于其中正方形四边长之和；圆周展开法四壁水平长度总和等于圆井的圆周长。

（2）正方形展开法，四壁按产状投影作图，圆周展开法按实际出露来作图。

以上两种方法编录时，需要在浅井四个交点上打桩，并要悬挂四条皮尺工作，否则四个角无标志，第一壁的确定与浅井同。

3．剖面法

（1）通过圆井中心作一平行勘探线的直径，交圆周于两点，此两点连线也即为剖面线的方向。在此两点打桩并悬挂皮尺即可编录。

（2）把所有的地质现象，按产状投影法投影到这一理想剖面上。

（3）把所有样品、标本、产状等按投影后的相对位置标于剖面上。

（三）竖井、暗井、天井等

竖井、暗井、天井等与浅井编录相同。

第三节　硐　探

硐探是用坑道工程探测地下矿产的一种方法，它包括平硐（平窿）、穿脉平硐、沿脉平硐、斜井、石门等。

平硐：一端在地表有直接出口的水平坑道。

穿脉平硐：地表无直接出口，垂直矿体方向掘进并穿过矿体的水平坑道。

沿脉平硐：地表无直接出口（有些情况下有出口），沿矿体走向掘进的水平坑道。

石门：在围岩中掘进的水平坑道。

斜井：地表有直接出口的倾斜坑道。

一、布置原则

上述硐探工程中平硐、石门和斜井都是以最少的工作量达到见矿为目的，另一个作用为运输巷道，只有沿脉坑道或穿脉坑道才是直接探矿用的。沿脉坑道使用时主要有两种情况：

（1）当矿体厚度大于坑道宽度，矿体走向比较稳定，一般把沿脉坑道布于矿体下盘附近，然后再定距离开掘穿透矿体的穿脉坑道，见图 4－11（a）。此时坑道事先定向（称定向沿脉坑道）。

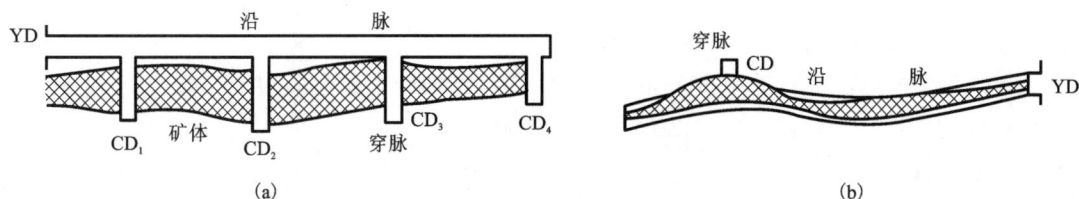

图 4－11

（a）定向沿脉坑道；（b）不定向沿脉坑道

（2）当矿体厚度较小，坑道可完全或基本完全控制时使用不定向沿脉坑道［见图 4 － 11（b）］，这种随矿体走向变化而变化的沿脉平硐，其优点是节省工作量，缺点是对地质编录、施工、刻槽取样等工作带来一些困难和麻烦。

二、规格

坑道横截面规格因机械化程度和不同用途而有所变化，一般情况下高 1.8 ~ 2.0 m，顶宽 1.8 ~ 2.0 m，若是沿脉坑道中的穿脉坑道或是手掘坑道规格可适当缩小，若是机械化程度高而且又是作主要施工中运输坑道，规格可增大，但同一矿区内须有统一规定。

三、编录及要求

（一）要求

（1）通常编录两壁一顶，地质情况简单时可编一壁一顶，一个矿区应有统一规定。

（2）在坑口顶板中点打桩（用铁钉、油漆等也可）作为工程起点，也应是坑口坐标点。当工程为平巷内的穿脉或沿脉时，其工程起点与素描图顶板中点并不重合，要注意两者关系。如（图 4 － 12）的 A 点，为沿脉坑道中穿脉工程起点。石门中的沿脉坑道等的工程起点的确定也应以此类推。

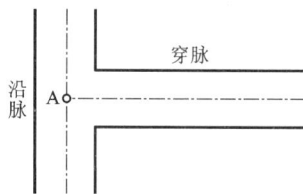

（3）当坑道拐弯的方位角差值小于 15°时，只在

图 4 － 12　穿脉工程起点的确定
点画线为坑道顶板中线；A 为穿脉工程起点

拐点处标明方位即可，如差值大于 15°时用顶壁裂开法（方法参照探槽编录的裂开法。若裂开位置正处于矿体上时，处理办法参考"探槽"一节最后的建议）。展开后形态如图 4 － 13 所示。

（二）坑道素描图形态

（1）自然形态法：编录时与探槽编录近似，不过基线都是水平设置，坑道壁按高低变化，坑道顶按宽窄变化，按自然变化形态描绘出来，此法应用得较少。

（2）规整法：因为坑道掘进时其断面规格及形式总是要有变化的，但编录是按设计的断面规格进行，其形态见图 4 － 13。这种编录必须注意的是当坑道掘进时，因炮眼布置、地层软硬、易破程度不同等原因，造成坑道断面时大时小，例如当坑道顶板及壁因坍塌出现较大的拱形、弧形，如图 4 － 14 所示，素描时应将所看到的地质现象顺其产状投影到素描图上，不能按直接所见到的地质现象照相一样地素描下来。若规格小于设计规定时，按同样的方法进行投影。

（三）展开方法

（1）压顶法：即顶向下压，两壁向外掀起展开成图，此法比较常用，阅图也比较方便，见图 4 － 15（a）。此法也叫压平法。

（2）旋转法（翻转法）：以坑道壁底线为轴，将坑道两壁及顶翻转过来，水平铺开［见图 4 － 15（b）］，此法因画图及阅图不太方便，故少用此法。

（四）作图步骤

1. 水平坑道编录

（1）素描前检查坑道内是否安全，然后对地质情况作总体了解，需要时清洗坑道壁，然后即可开始工作。

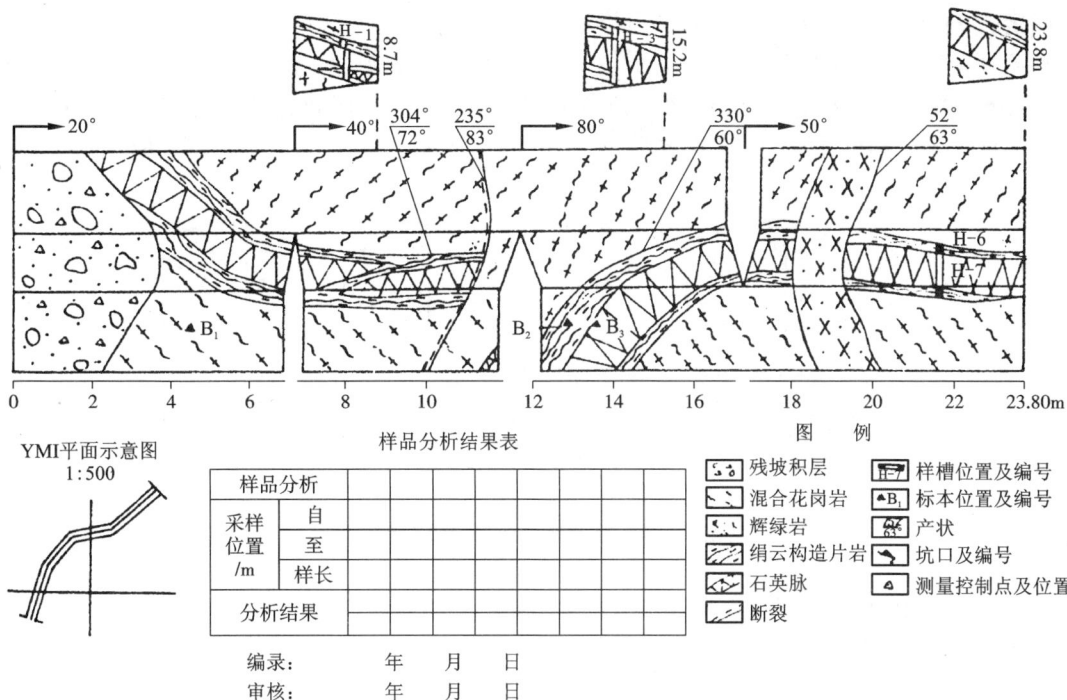

图 4 – 13　××矿区 YMI 素描图(比例尺 1:100)

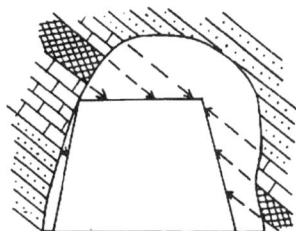

图 4 – 14　坑道弧形部位在规整图上表示法

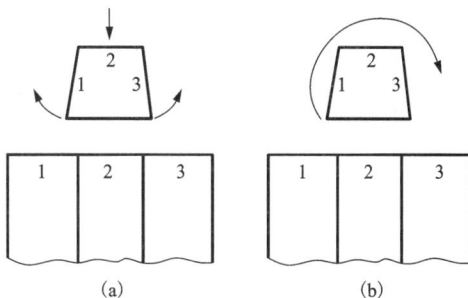

图 4 – 15　坑道素描图的展开方法
(a)压顶法；(b)旋转法

(2)确定坑道工程起点(注意与测量工作结合)，并标注于素描图上。

(3)设置基线：一般设置于坑道前进方向的右壁，高度以 1 m 左右为宜，但必须保持一定的高度，并注意与测量点及距离相互对应(基线也可设在顶、一壁或两壁，以方便准确为原则)。

(4)从零点开始用钢卷尺沿基线逐段丈量坑道顶、壁地质现象并绘于图上。

(5)标注产状、标本、样品等，然后进行文字描述。

(6)样品(刻槽)布置：

①穿脉坑道中最好布于同一个方向壁，水平取样，保持一定高度(60 cm 左右为宜)。

②沿脉坑道中，在施工过程中尽量能使矿层出现于一顶、一壁，或出现于两壁，根据产

状而定,取样时只在壁上作垂直取样。若矿体产状很陡(近于直立)只能出现在顶时,那也只好在硐顶取样,或者掌子面取样(这时必须有掌子面素描图),掌子面素描图展布形式见图4-16。关于素描图是一顶、一壁一顶或两壁一顶,一个矿区要有统一规定。掌子面素描图应与坑道素描图放在一起,并在素描图上引出一条直线,以表示掌子面的具体位置。

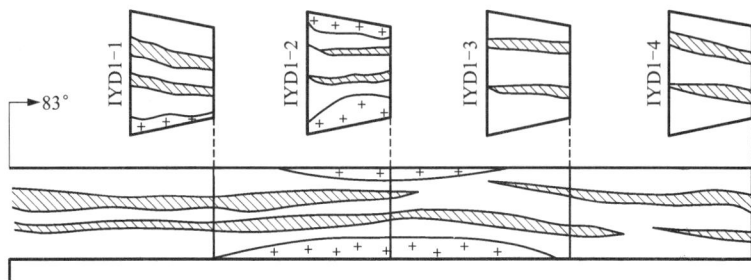

图4-16　掌子面素描图的展布形式

(7)素描图修饰内容与槽、井探的要求基本相同,参看图4-13。

(8)为使编录格式规范化,或为输入计算机作图,需填写坑探工程记录表(表4-5)和坑探工程采样记录表(表4-6)。

2. 斜井地质编录

一般情况下素描两壁一顶,其展开方法有两种:

(1)坡度展开法:坑道壁按实际坡度素描,顶板作水平投影图,此法与探槽编录类似。

(2)压顶法,画法与坑道编录完全一样,只是基线设置是倾斜的,素描图中只需注明斜井坡角即可。

(3)其他工作方法等要求同水平坑道编录(略)。

3. 老硐地质编录

(1)老硐的形态比较规则时,编录可采用坑道编录中的自然形态法绘制图件。

(2)文字记录,除按坑道编录文字记录外,还要记录老硐形态、大小,废石堆大小、位置及体积,并与老硐容积作对比,老硐的展布情况,积水情况,推断(或了解)开掘目的,开采程度、停采原因等。

(3)老硐中采样,应清除风化面,采集新鲜岩石。当仅能见到残留的废石(矿石)堆时,可用拣块法取样。若系硫化矿床,硐内又有积水时,应采水样以便对比确定开采对象。

(4)当见到有较大规模的古采硐时,无法按坑道编录,可测制采空区投影图。

①采空区水平投影图的测制:当矿体倾角比较缓时使用。其测法与在野外圈定一个地质体的平面图方法相同,可用皮尺由硐口向硐壁各变化处作放射状距离测量,如图4-17(a),再按各测线不同的坡角换算成平距,有些点可在某一尺的距离处再次测量,然后联结各点成图。

②采空区(矿体)垂直纵投影图的测制:用于陡倾斜的矿体。首先由硐口向硐内设置一条基线,然后在不同的位置,测量各地形变化点(高度大时可先用斜距,然后换算成垂距),联结成图[见图4-17(b)]。

表4-5 坑探工程地质记录表

工程编号

层号	起		止		岩(矿)石名称	花纹代码(词表16)	地层单位或期次(词表4)	层位(词表17)	地质描述	接触关系	其他	标志面产状				
	基线编号	基线读数	基线编号	基线读数								名称(词表8)	基线编号	基线读数	倾向	倾角

检查： 日期： 记录： 日期： 接触关系(词表17)

表4-6 坑探工程采样记录表

矿区编号　　　　　　　　　　工程编号　　　　　　　　样品种类

样品编号	起				止				岩(矿)石名称	位置	样长/m	原始重量/kg	采样方法	采样规格
	基线编号	基线读数	垂距/m	平距/m	基线编号	基线读数	垂距/m	平距/m						

采样： 采样日期： 采样方法(词表10)

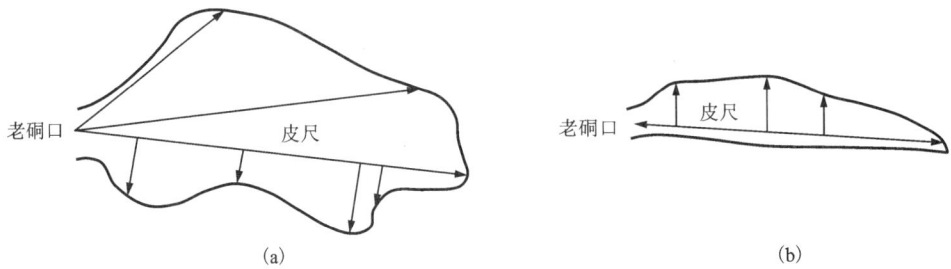

图 4 - 17　采空区投影图测制法

(a)采空区水平投影图测制法；(b)采空区垂直纵投影图测制法

第四节　钻　探

钻探分为冲击钻进和回转钻进两大类，下面只介绍在固体矿产普查勘探中所涉及的岩心钻探编录工作和砂矿普查勘探中涉及的冲击钻探编录。

一、布置原则

为了合理的对矿床进行普查与勘探，必须与槽、井、硐探等工程密切配合，其目的是为了解矿体深部变化情况，配合上述工程圈定矿体，计算储量。布置勘探线时应尽可能的垂直矿体走向（或矿体平均走向）。布置勘探网时所设置的基线应尽可能与矿体走向一致。

二、钻探种类及应用范围

（一）回转钻进

此类有岩心钻进和无岩心钻进两种，在固体矿产普查勘探中只用岩心钻进。其中又可分为：钢砂钻头钻进，合金钻头钻进和金刚石钻头钻进。目前后者应用比较广泛。

（二）旋转冲击钻进

在固体矿产普查勘探中适用于未成岩的砂矿，并在埋藏不太深的情况下使用。

三、编录及要求

（一）要求

（1）开孔前编制钻孔地质技术设计书的地质部分，内容包括：预计钻孔穿过的地层，见矿部位，岩石风化、破碎及裂隙发育程度，可钻性等级等。按设计填写对钻孔弯曲度的测量要求，对岩、矿心采取率的要求，对简易水文观测的要求以及其他要求，并注明钻进中应注意的事项。

（2）施工前现场检查，由地质、测量、钻探等技术人员、机长等其他有关人员共同到机场检查安装质量（包括钻孔孔位、方位、倾角等）是否合乎设计要求，并检查所需之岩心箱、岩心牌、简易水文观测工具、油漆及各种所需之表格是否齐全，检查合格后填写施工通知书，通知开工。

（3）在施工过程中地质情况若有变化，孔深需加深或减少，需下达任务变更通告书。

（4）钻孔达到设计要求并满足地质需要时，下达终孔通告书，然后封孔，并组织有关部门进行质量验收，填写钻孔质量验收报告。

（5）岩心处理：岩心箱上应注明矿区名称、钻孔编号、钻孔起止标高、孔深、岩心编号、岩心箱编号（按顺序号编），见图4－18。最后一箱要写上"终孔"二字。然后填写"岩心移交清单"，并护送入岩心库。如岩心不需保留，则需报批、缩减、掩埋（地下储藏）工作，并绘制埋藏位置示意图和实地标志，以便需要时寻找。

（二）岩心钻探地质编录

（1）首先检查班报表填写是否完整、准确，是否按规定作了孔深、孔斜测量及简易水文观测和登记。然后检查岩心箱、岩心牌、岩心编号是否齐全、正确。凡长度大于5 cm（或不足5 cm，但较完整的岩（矿）心要用油漆编号（编号格式：例如：$10\frac{1}{8}$其中10表示回次，分母8表示该回次岩心总块数，分子表示总块数的顺序号）。每个回次用岩心牌隔开，未取上岩心的回次也要放置岩心牌，若是专门捞取岩心时，应再填写一个岩心牌，并在岩心牌背面加以说明。

（2）按回次进行编录，并检查每回次的岩心采取率是否正确，若发现不正确时要予以修正。

（3）对岩矿心进行观察描述，记录在专用的"钻孔地质编录表（本）"中。其主要内容有：岩（矿）石名称、颜色、结构、构造、矿物成分、构造破碎情况及次生变化等。对有意义的地质现象要作大比例尺素描图或照相。

（4）对采集的标本、样品应注明采样位置、长度。对采集样品是全心取样或是二分之一取样等应注明；如果是半心取样，对剩下的矿心应重新用油漆编号，妥善保管。

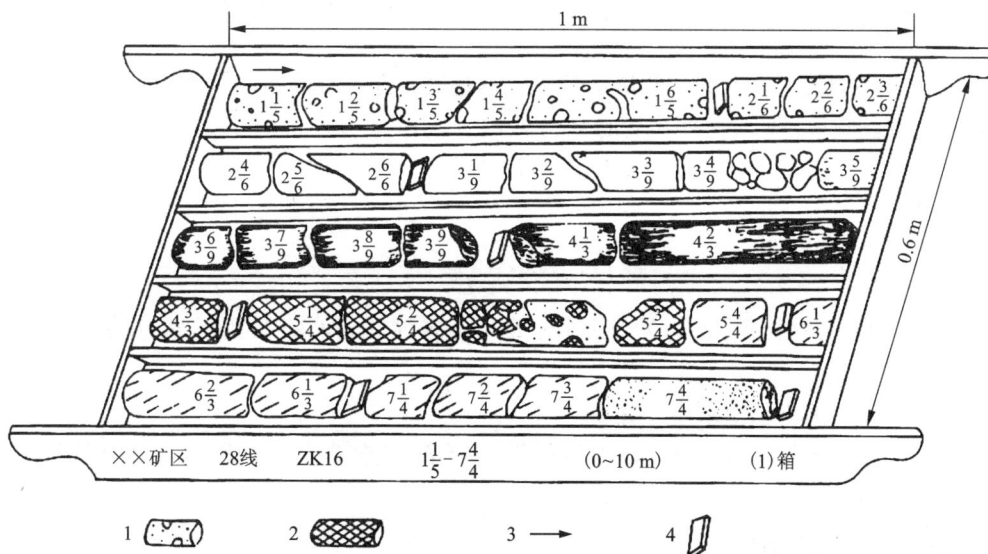

图4－18　岩心排列顺序示意图

1—岩心；2—矿心；3—岩心排列方向；4—岩心隔板

（5）标志面与岩心轴夹角的测量：岩心轴夹角是了解地质构造、地层、矿层的倾角，编制地质剖面和计算地层和矿层厚度的基础数据，其方法有：

①直接测量：

a. 用量角器测量轴夹角，首先找出所要测量的标志面在岩心上形成的最远两点，然后在两点中间（二分之一处）用铅笔画一直线，使其与岩心轴线一致（投影重合），该线与标志面在岩心的交线有一交点，使量角器圆心与上述交点重合，再以量角器的直线边（或90°线）与铅笔线重合，这时标志面与岩心交线所对的刻度数即为岩心轴夹角。此法应用方便，但误差较大（此法在上述原则下，量角器可灵活运用）。

b. 专用岩心量角器，是用透明可弯曲的材料制成，如图4-19。使用方法与量角器测量法相同，但能弯曲，提高了精度（见图4-20）。

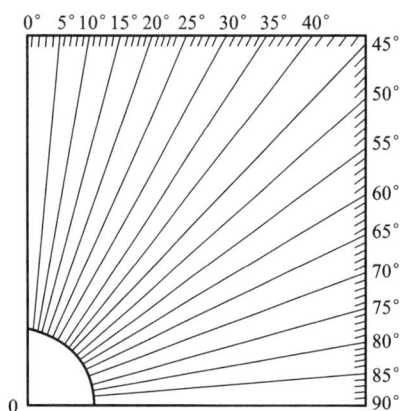

图4-19

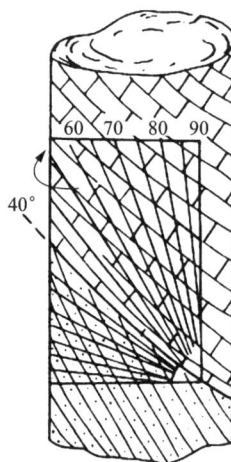

图4-20　用软透明量角器丈量岩心层面倾角法

c. 用罗盘测量岩心轴夹角，此法用于垂直钻进时，方法与测量断层产状一样（把岩心垂直立起再测量其倾角，其余角即为岩心轴夹角）。

②利用计算求出岩心轴夹角。在计算器普及的今天用计算法也很方便，准确度也较高。其公式是：

$$\tan\alpha = \frac{d}{L}$$

式中：α 为岩心轴夹角；d 为岩心直径；L 为标志面在岩心上最远的两点所控制的岩心长度。

利用公式中 α 的正切值求出 α 角。

以上情况只有在垂直钻进时才可直接利用，斜钻时应根据各方面因素经计算后，方可在综合图件上应用。

（6）检查孔斜测量情况：

①是否按设计间距测量孔斜。

②如超差应采取防斜措施。

（7）校正孔深：

在班报表上，孔深为上一回次孔深加上本回次的进尺数。一般要求直孔每百米、斜孔每50 m校正一次孔深，允许误差1‰，即每100 m孔深误差不得大于10 cm。如果发现超差，则按算术平均法求出造成换层误差的孔段内每米平均误差，再分配到该段中去。如果是含矿孔段，则应分配到每一个回次中去，以免影响样品误差。

（8）常用的计算公式。

①计算岩矿心采取率。

对于地层，一般计算分层采取率，矿（化）层及其顶底板岩石则计算回次采取率。其计算公式为：

$$分层采取率 = \frac{分层岩心长}{分层进尺（分层底板孔深 - 分层顶板孔深）} \times 100\%$$

$$回次采取率 = \frac{本回次岩心长 + 本回次残留岩心长 - 上次残留岩心长}{本回次进尺} \times 100\%$$

若因残留岩心影响，使岩心长度大于进尺时可用以下办法处理：

a. 岩心完整时，以本回次岩心采取率为100%，将超出岩心向上回次连续上推至分配完，但上推不能超过五个回次。如五个回次后继续超出，应寻找原因处理。

b. 若岩心破碎成碎块、砂状和粉状等，以及在同一岩性层中钻进，或用反循环取心时，则不能向上回次推。

c. 同一岩性段五个回次之内进尺长度大于或等于相应段内岩心长度之和时，可以计算回次平均采取率。

②孔深计算。

$$孔深 = 钻具总长 - 机上余长 - 机高$$

$$钻具总长 = 主动钻杆长度 + 立根钻杆长度 + 岩心管长度 + 钻头长度$$

丈量钻具长度发现误差是上次丈量钻具后在这次丈量钻具之间钻进过程中出现的误差，因此平差要在这段钻程内进行，一般按回次分配法平差。

计算公式：

$$\pm \Delta m_i = \frac{\Delta x}{M_2 - M_1} m_i$$

$$X_i = m_i \pm \Delta m_i$$

式中：Δx 为本次丈量钻具发现的孔深误差值；M_2 为本次丈量钻具前记录的孔深；M_1 为上次丈量钻具时的孔深；m_i 为平差前回次进尺长度；Δm_i 为回次误差改正数；X_i 为平差后回次进尺长度。

平差后各回次进尺总和，应等于它所在孔段丈量钻具后的进尺长度。平差后要相应地改正钻探班报表和岩心牌。

③换层孔深计算。

计算公式：

$$H = H_2 - S_2 + \frac{m_2}{n} \tag{1）式}$$

或

$$H = H - S_1 - \frac{m_1}{n} \tag{2）式}$$

式中：H 为分层孔深；H_2 为本回次终止孔深；S_2 为本回次残留岩心长度；m_2 为分层界线以下的岩心长度；H_1 为上回次终止孔深；S_1 为上一回次的残留岩心长度；m_1 为分层界线以上的岩心长度；n 为本回次采取率。

换层孔深计算见图 4 – 21。当本回次采取率为 100% 时，其换层孔深公式可化简为：

$$H = H_1 - S_1 + m_1$$

（9）钻孔弯曲及校正。钻孔在施工过程中，由于地质现象不同，钻机性能及技术等因素，往往使钻孔的倾角、方位角发生偏离原设计的位置，斜孔更容易发生，所以钻孔需进行校正。为了使工作紧密的衔接，这一部分准备在综合图件编制部分详细介绍。

（10）钻孔验收：每一个钻孔完工后，要根据钻孔开孔位置、岩矿心采取率、钻孔弯曲度、简易水文观测、孔深验证、原始记录报表、封孔等指标，按规范、设计要求进行验收。

（11）室内整理：是根据钻孔野外记录内容，按统一格式编制钻孔柱状图。柱状图的比例尺一般为 1∶50 ～ 1∶200，以能清楚的表示地质内容为准。柱状图的内容见图 4 – 22，作图过程中为了减少图幅长度，可对岩性单一的厚度大的岩层用缩减法表示。

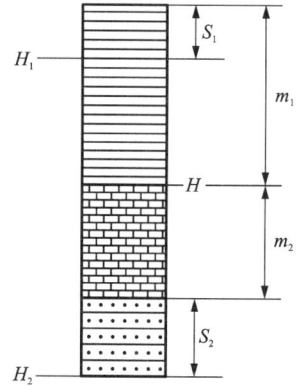

图 4 – 21　换层孔深计算式示意图

为了利用计算机作图，在整理过程应填写表 4 – 7 ～ 表 4 – 10。

开孔日期：　年　月　日　　　　　　勘探线号：_____ 孔口坐标：X=　Y=　H=
终孔日期：　年　月　日　　　　　　孔　号：_____
终孔深度：_____m　　　　　　　　　　　钻孔倾角：_____　钻孔方位：_____

回次	回次进尺/m			岩心采取率			分层厚度/m	换层深度	层位	柱状图 (1:200 1:500)	地质描述	标志面与岩心轴的夹角	弯曲度及方位	岩石及化石鉴定	含矿带柱状图 (1:50 1:200)
	自	至	进尺	岩矿心长度/m	回次采取率/%	分层采取率/%									
1	2	3	4	5	6	7	8	9	10	11	12	13	14	15	16

采样情况		采样位置/m			岩矿心长/m	采取率/%	分析结果					备注
样品编号	分析编号	自	至	样长								
17	18	19	20	21	22	23	24	25	26	27	28	29

钻孔弯曲度测量结果表
（用　　　　测斜仪测量）

深度/m	倾角	方位角	深度/m	倾角	方位角

附注：根据需要，可增加简易水文、测井结果、放射性检查结果等内容。
编录　年　月　日
编图　年　月　日
审核　年　月　日

图 4 – 22　×××矿区钻孔柱状图

（三）冲击钻探地质编录

冲击钻探是砂矿勘探的主要手段，故亦称砂钻，其编录步骤如下：

（1）检查班报表、孔深、丈量套管长度、砂心长度等。

（2）检查含矿层采取率是否合乎要求，合格后方可编录。

（3）记录内容：孔号、勘探线号、钻头内径、编录日期。含矿砂砾颜色、成分粒度、磨圆度、分选性、重矿物和所探采的矿物（例如砂金）的形状、颜色、大小、粒度、表面特征等。

（4）编录与钻进同时进行，若是泵筒取样则按回次编录，若是一管到底则采用分层编录。

（5）采样一定要深入基岩（底板），并记录其名称及风化破碎程度。

（6）记录钻孔水位。

（7）封孔、埋设标志。

（8）编制钻孔柱状图（见图4-23）。

表4-7 钻孔记录表

矿区编号：　　　　　　　　　剖面线号：□□□　　　　　钻孔编号：□□□□□□

钻孔坐标　X□□□□□□□□□□

　　　　　Y □□□□□□□□□

　　　　　H 　　　□□□□□□

开孔日期□□□□年□□月□□日　　　　　终孔日期□□□□年□□月□□日

设计方位角□□°□□′　　　　　　　　　实际方位角□□°□□′

设计倾角□□°□□′　　　　　　　　　　实际倾角□□°□□′

设计孔深(m)□□□□□□　　　　　　　终孔孔深(m)□□□□□□

施工质量类别□　　A-优质　　　　　　编录质量类别□　　A-优级品

　　　　　　　　　B-合格　　　　　　　　　　　　　　B-良级品

　　　　　　　　　C-报废　　　　　　　　　　　　　　C-合格品

施工单位　□□□□□□□□□
　　　　　□□□□□□□□□

编录单位　□□□□□□□□□
　　　　　□□□□□□□□□

探矿技术员□□□□　　　　　　　　　　地质编录员□□□□

水文编录员□□□□　　　　　　　　　　质量检查员□□□□

记录　　　　　　　　　　　　　　　　　　　　　　　　　日期

勘探线号　BI线　　　　　　　　　　　　　　　　　　孔口X=3622053.89
钻头内径　117 mm　　　　　　　　　　　　　　　　　Y=36579138.83
水位　40.3 m　　　　　　　　　　　　　　　　　　　坐标H=269.34

回次						分层				层位	柱状图 1:50	沉积物描述	样号/Z	取样位置			样长/m	样品体积/m³	鉴定结果	
编号	自/m	至/m	计/m	砂心/m	采取率/%	深度/m	层厚/m	砂心/m	采取率/%					自/m	至/m	计/m			Au/(g·m⁻²)	FeTiO₃/(kg·m⁻³)
人工掘进											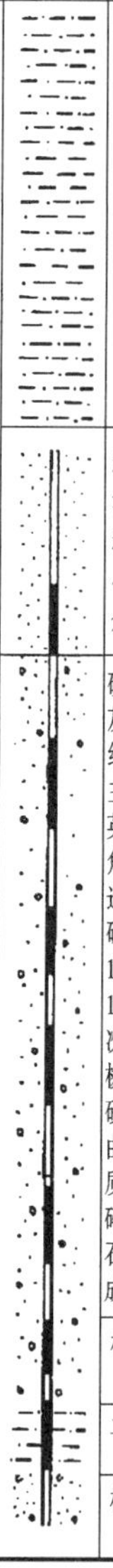	粉砂质黏土层，土黄色，粉砂含30%~35%，具黏性，具可塑性								
						2.80	2.80	2.80	100											
	0.00	0.37	3.70	3.70	100							粉细砂层，浅黄灰色，粉砂约25%~30%，其余为细砂	9152	2.80	3.70	0.90	0.90	0.01425		
						4.15	1.35	1.20	88				9153	3.70	4.15	0.45	0.30	0.00323		0.04954
										Q		砂砾层：浅灰色，砾石约60%，主要为石英、硅质岩、角斑岩，分选性较差，砾径一般1~8cm，大者11cm×17cm，次圆状、次棱角状。砂：粗中粒、由石英、硅质岩、火山碎屑岩、长石等碎屑组成。	9154	4.15	4.68	0.53	0.35	0.00376		0.03457
													9155	4.68	5.28	0.60	0.40	0.00430		0.09302
													9156	5.28	5.83	0.55	0.37	0.00398		
													9157	5.83	6.25	0.42	0.28	0.00301		0.02658
													9158	6.25	6.52	0.37	0.25	0.00269		0.00148
													9159	6.62	7.07	0.45	0.30	0.00323		0.05573
													9160	7.07	7.59	0.52	0.35	0.00376		
													9161	7.59	8.09	0.50	0.33	0.00355		0.28732
													9162	8.09	8.46	0.37	0.25	0.00269		0.23792
						8.84	4.69	3.13	67			橘黄色砂砾层	9163	8.46	8.84	0.38	0.25	0.00269		2.79182
						8.99	0.15	0.10	67				9164	8.84	8.99	0.15	0.10	0.00108		0.12037
	3.70	9.39	5.69	3.81	67	9.45	0.46	0.33	71.7	N₂		土黄色黏土层	9165	8.99	9.45	0.46	0.33	0.00355		
	9.39	9.83	0.44	0.35	7.89	9.83	0.38	0.30	78.9			橘黄色砂砾层	9166	9.45	9.83	0.38	0.30	0.00323		0.03406

拟编：×××　　　　　　　清绘：×××　　　　　　　顺序号：　190
审核：×××　　　　　　　日期：×××　　　　　　　图号：　95

图4-23　××砂金矿床ZK8124钻孔柱状图

表4-8　钻孔弯曲度测量记录表

钻孔编号：

测量次序	弯曲度测量			测量次序	弯曲度测量		
	测量位置/m	实测顶角	实测方位角		测量位置/m	实测顶角	实测方位角
					实测次数	应测次数	超差次数

检查：　　　　　日期：　　　　　记录：　　　　　日期：

表4-9　钻孔地质记录表

钻孔编号：

回次					分层					岩（矿）石名称	花纹代码	地层单位或期次	层位	野外地质描述	综合分层描述	接触关系	其他	标志面与轴心夹角		
编号	孔深	岩心长	残留岩心	采取率	序号	孔深	层厚	岩心长	采取率									名称	孔深	夹角

检查：　　　　　日期：　　　　　记录：　　　　　日期：　　　　　＊孔深等统计单位为m　　　＊采取率单位为%

表 4 - 10　钻孔采样记录表

矿区编号：　　　　　　　　　　钻孔编号：　　　　　　　　样品种类

样品编号	起孔深	止孔深	岩(矿)石名称	位置	样长/m	矿心直径/mm	样品重量/kg

采样：　　　　　　　　采样日期：

第五章 采样工作

在地质普查勘探工作中，采样是一项重要的基础工作。样品采集质量好坏，直接影响对矿床的正确评价和工业利用。为此，必须对采样工作加强管理。

一、常用样品代号

岩矿石标本	B	原生晕样	Y
薄片	b	水化学样	SH
光片	g	分散流样	FS
单矿物分析样	DF	化学分样（基本分析样）	H
岩石全分析	YQ	组合分析样	ZH
硅酸盐样	GS	化学全分析样	HQ
重砂样	ZY	光谱全分析样	CP
人工重砂样	RZ	相分析样	X
化石标本	HS	外检分析样	WJ
孢粉样	BF	小体重样	XT
同位素组成测定样	TZ	煤岩样	MY
同位素年龄测定样	TW	大体重样	DT
次生晕样	C		

工作中如用到上述以外的样品，可按上面的方法（汉语拼音字代替）自行编制。

二、样品编号

一个地质大队，下属有不少的分队（或工区），为了避免编号混乱，可使编号由三个部分组成：第一部分为分队（工区）代号，第二部分为样品代号，第三部分为样品编号。例如：

ⅢH001 其中Ⅲ代表三分队（或三工区），H 为化学分析，001 为第 1 号样品。第三部分中也可加入工程编号或年代，例如：ⅢHZK001-1，其中：ZHK001 为第 1 号钻孔，最后的 1 为第 1 号样，再如：ⅢH91-001，其中 91，代表 1991 年度，最后的 001 为第一号样品。但无论如何一个地质大队必须统一。

三、样品种类

样品种类很多，这里只介绍工作中常用及必用的样品的采样，对于不常用或专业性很强的矿种的取样这里不一一赘述。根据上述原则把样品归并为：①化学分析采样；②岩矿、标本采样；③重砂采样；④稳定同位素及同位素年龄采样，包体样；⑤技术取样；⑥矿石加工技术试验采样等。

第一节　化学分析采样

化学分析采样,是为测定矿石的有益、有害元素成分及其含量,并要了解这些物质成分在矿床中的分布规律,为圈定矿体提供依据。在露头及坑探工程中常用刻槽法,其次有刻线法、剥层法、全巷法、网格(打块)法、打眼(炮眼)法、拣块法,在岩心钻探中用岩心劈心法或全矿心法。

一、采样方法

(一)刻槽法

1. 布样与采样

①样槽延长方向要与矿体厚度方向(或探矿工程方向)一致,并要穿过矿体全部厚度。

②对不同矿体区别不同矿石类型和品级,分段连续取样,认真确定围岩、矿体、夹石的界线,避免人为的贫化,甚至使矿体贫化而变成非矿体。

③采样时样品粉屑不得散失,亦不得有外来混入物,并保证样槽规格和样品重量。

④在能保证质量的前提下,尽量把样槽布置于易采的地方,能水平取样时尽量水平取样。例如:在坑道中取样,能布置壁上就不要布置顶上;能布于坑道壁 1 m 以下的部位就不要布于 1 m 以上。因为样槽布置得愈高,取样工作时难度就愈大,样品粉屑也就易于散失,有时还影响坑道施工。

2. 样槽规格的选择

刻槽取样的样槽断面及取样长度,主要根据矿产种类、矿化均匀程度、矿体厚度、矿石的结构构造等来确定。可用类比法(经验法)选择样槽规格(见表 5 – 1),也可用试验法及优选法综合考虑选择。

(二)刻线法

刻线法有三种情况:

(1)取样地点,平行刻取 3 ~ 6 条线沟,断面规格为 2 cm × 1 cm(宽 × 深),其断面为三角形,见图 5 – 1。

(2)直线刻槽法:是在取样地点刻取宽 × 深都是 1.5 ~ 2 cm 的断面,样长 0.5 ~ 1 m,此法是一种简易的刻槽法,适用于普查阶段,优点为简单、快速、成本低,但需在正规刻槽样校正条件下,并能保证其可靠性方可使用。

(3)点线刻取法,也有称为连续拣块法,其方法是沿矿(化)体厚度方向,均匀地打取小矿石合并成一个样,可连续打取,也可隔一定距离打取,视矿化均匀程度而定。此法迅速,经济成本低,但精度也低,适用于矿点检查或踏勘阶段使用。

(三)网格法

在矿(化)体出露部位,按一定的网格打取若干碎块合成一个样。网格边长 10 ~ 25 cm,形状有正方形、菱形、长方形(见图 5 – 2)。在网边交结处采取,碎块大小应近似相等,一个样由 15 ~ 50 个点的碎块合成。布置网格时,应考虑矿体变化特征,矿体变化的方向应与网格交点的边一致。

（四）剥层法

剥层法相当于断面加大了的刻槽法，其样品布置原则和刻槽法相同，剥层宽度一般为 20 ~ 50 cm，深度 5 ~ 15 cm，它适用于矿体厚度较小，有用组分分布极不均匀的网脉状的矿床（如伟晶岩矿床或贵金属矿床，刻槽法不能保证精度时使用）和矿石加工技术试验采样。本法精度高，但成本高，效率低，采样和样品加工时工作量大。

剥层法采样可以沿矿体走向，按一定的间距采样（见图 5 - 3）。也可以沿走向连续分段采样。

（五）全巷法

全巷法采样是在坑道掘进一定进尺范围内采取全部或部分矿石作为样品的一种取样方法，其规格和坑道一致，样长通常为 2 m。

具体取样方法是：根据取样任务和所需样品重量，将 2 m 距离（样品长度）内爆破下来的全部矿石作为一个样品，或部分矿石作为一个样品，即装矿车时，每隔一筐或若干筐取一筐作为样品，然后合并为一个样；或每隔一矿车或若干矿车取一矿车作为样品，最后合并成一个样品。全巷法采样时要求坑道必须在矿体中掘进，以免围岩落入样品而使样品贫化。

本法主要用于岩石物理力学性能试验采样及矿石加工技术试验采样。另外还用于剥层法不能提供可靠的评价资料的矿化极不均匀的矿床中，例如压电石英、光学材料和一些宝石等矿床中。

表 5 - 1 主要金属、非金属矿产常用的采样规格参考表

矿种	采样方法	采样断面规格 宽×深/cm×cm	采样长度/m	备 注
铁矿	刻槽	5×2 ~ 10×3	1 ~ 2	矿层厚度大而稳定的矿体，采样长度可适当放长
锰矿	刻槽	5×2 ~ 10×5	0.5 ~ 1	锰帽矿床 5×10 ~ 20×5（cm），堆积、残积淋滤矿床 20×15 ~ 25×25（cm）
铬	刻槽	5×2 ~ 10×5	1 ~ 2	
铜铅锌	刻槽	5×2 ~ 10×3	1 ~ 2	细脉浸染大型铜矿床，采样长度可以适当放长
钼	刻槽	5×2 ~ 10×3	1 ~ 2	细脉浸染大型矿床，采样长度可以适当放长
硫化镍	刻槽	5×2 ~ 10×3	1 ~ 2	硅酸镍为 5×3 ~ 10×5（cm）
铝土矿	刻槽	5×2 ~ 10×5	0.5 ~ 2	
锑汞	刻槽	5×3 ~ 10×5	0.3 ~ 1	
钨锡	刻槽	5×3 ~ 10×5	1 ~ 2	
脉金	刻槽	10×3 ~ 20×5	0.5 ~ 1.5	特殊情况下采样长度可小于 0.2 m
钴土矿	刻槽	10×5 ~ 20×20	0.5 ~ 1	
铍	刻槽	10×3 ~ 20×5	0.5 ~ 2	
铌钽	刻槽	5×3 ~ 20×5	1 ~ 2	
磷	刻槽	5×3 ~ 10×5	1 ~ 2	结核状磷矿先求出结核的含量，再对磷矿结核进行 P_2O_5 分析
	剥层—全巷	50 ~ 100×20 ~ 100（用于团块状松散不均匀的矿床）		

矿种	采样方法	采样断面规格 宽×深/cm×cm	采样长度/m	备　注
硫	刻槽	硫铁矿 10×5 ~ 5×3	1 ~ 2	厚度巨大矿化均匀可适当放长
		自然硫 10×5 ~ 8×3	0.5 ~ 1	
	剥层—全巷	50 ~ 100×10 ~ 100	不大于开采厚度或矿层厚度	用于结核状黄铁矿矿化不均匀的自然硫
明矾石	刻槽	10×5	0.5 ~ 2	
砷	刻槽	10×5	1 ~ 2	结构复杂时 0.5 m
	剥层	50 ~ 100×10 ~ 20		
硼	刻槽	10×5 ~ 5×3	0.5 ~ 1	用于内生硼矿床
	剥层—全巷	50 ~ 100×10 ~ 100	不大于开采厚度或矿层厚度	呈结晶团块沉积硼矿
石灰岩	刻槽	10×3 ~ 10×5	2 ~ 5	组合样长 5 ~ 10 m
白云岩	刻槽	10×5 ~ 5×2	0.5 ~ 2	
菱镁矿	刻槽	10×5 ~ 5×2	0.5 ~ 1	
	剥层—全巷	50 ~ 100×10 ~ 50	用于次生菱镁矿	
石英砂石英岩	刻槽	10×5	1 ~ 2	
蛇纹岩	刻槽	10×5	2 ~ 4	
重晶石	刻槽	10×5 ~ 5×3	0.5 ~ 2（层状矿）0.25×1（脉状矿）	
	剥层—全巷	50 ~ 100×20×50		砂矿
石墨	刻槽	10×5	0.5 ~ 1	
高岭土黏土	刻槽	10×5 ~ 10×10	0.5×1	
萤石	刻槽	10×5	0.25 ~ 1	需要统计剔除夹矸率的矿床，应进行刻槽规格试验
	剥层—全巷	50 ~ 100×20×50		
长石	刻槽	10×3	0.5 ~ 2	当刻槽样所含 Fe_2O_3，大于拣块样中 Fe_2O_3 含量的 0.1%，其他成分相近则可用拣块法代刻槽法
	拣块	每相隔 10 ~ 20 cm 拣一块		
	全巷	同伟晶岩白云母采样规格		含工业白云母伟晶岩型，以手选分出，手选块度不小于 5 cm
滑石	刻槽	10×5	0.5 ~ 1	需统计剔除夹矸率的矿床应进行刻槽规格试验
	剥层—全巷	50 ~ 100×20×50		

矿种	采样方法	采样断面规格 宽×深/cm×cm	采样长度/m	备 注
石膏	刻槽	10×5	0.5～2	
盐类矿床	刻槽	10×5～3 7×3	芒硝0.3～1,最大至2；石盐0.3～0.5；天然碱0.5～1	石盐当厚度大、成分均一、质量稳定时,长度可放大至2.5 m

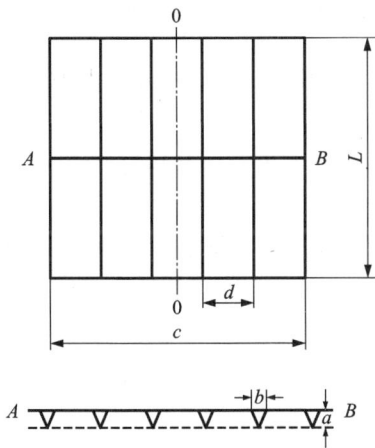

图 5 - 1 线形样槽的分布

L—样品长度；OO'—样品中心线；

$a = b = 2$ cm；$c = 50$ cm；$d = 10$ cm

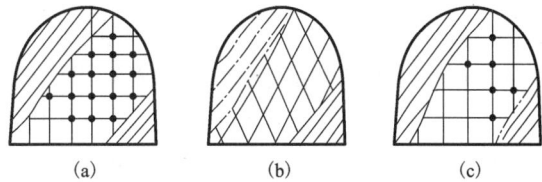

图 5 - 2 网络法取样

(a)正方形网；(b)菱形网；(c)长方形网

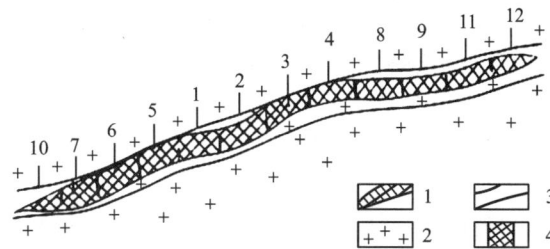

图 5 - 3 探槽中矿化极不均匀的伟晶岩脉上连续剥层分段取样

1—矿化伟晶岩脉；2—花岗岩；3—探槽底界；4—剥层样品及编号

（六）攫取法

攫取法也叫拣块法,其方法是用绳编制成网复在矿石堆上或矿车上,按一定网格检取矿石的一种采样方法,每格中所取重量近乎相等,但所拣块数、重量与矿石中有用组分的均匀程度有关,常用数值见表5－2。

表 5 - 2 攫取法样品规格

矿化特点	水平坑道中放一次炮后矿石堆上要攫取的碎块数目	每一网格中所拣碎块的重量/g	一个样品的重量/kg
极均匀和均匀	12～16	50	0.6～0.8
不均匀	20～25	100	2～2.5
极不均匀	36～50	200	7.2～10

攫取法取样的坑道必须在矿体中掘进,以保证样品不被围岩所贫化。此法操作简便,效率高,有些矿种和矿区在检验的基础上可代替刻槽法取样。在某些汞矿和金矿床所作试验表

明与可靠采样方法比较,其结果不超过10%,在矿山地质工作中此法应用普遍。

(七)打眼法(炮眼法)

打眼法是在坑道掘进的过程中,利用炮眼钻进所产生的矿石碎屑和粉尘作为样品的一种采样方法,样品可以是一眼一样,也可以是数眼合并为一个样。此法代表性比较强,不需专门取样,省工省时,成本低。但使用时局限性较大,只适用于矿化均匀的块状或浸染状的矿体,而且矿体厚度大时才适合。

(八)岩心钻探取样

岩心钻探取样包括矿心、矿屑和矿粉三部分,但以矿心为主,只有当矿心采取率达不到规定要求时,才用矿屑、矿粉以补其不足。

1. 矿心采样

(1)劈心法:将矿心沿长轴方向用劈开机劈成两等份或四等份,然后取其中一份作为样品,剩下的部分保留,以备观察、研究、检查等用。

(2)全心法:目前国内推广小口径钻进,所取岩矿心直径均小,为使样品具有代表性,将全部矿心送作样品。

(3)刻槽法:国内尚未使用,此法是用一种专门的盘形铣刀装置,在矿心上刻小槽,采集岩粉作为样品,样槽可以是一个、两个或多个,视矿体情况而定。

矿心采样要求:

(1)矿心采取率要达到设计要求,否则,则需采取相应孔段的矿粉、矿屑进行化验,以弥补不足,或补取矿心。

(2)劈心法取样时,要沿主要标志面(矿脉、层理、片理等)的倾斜方向劈开,要使劈开后的两部分的重量、矿化情况近似相等。

(3)采样要及时,特别是易潮解、失水、易风化的矿产更要及时采样和送样。

2. 矿粉(屑)采样

当矿心采取率达不到规定要求时,可采取矿粉(屑)以补不足。当钻进过程中颗粒较细的岩(矿)粉被冲洗液带出钻孔而沉淀于沉淀箱里。颗粒较大的岩(矿)屑因体积较大不能被冲洗液带出钻孔而沉淀于岩心管内。由于种种原因,矿屑与矿粉部分的矿化往往不同,所以要将二者合并为一个样。

注意事项:

(1)当钻探是钢粒钻进,且又是磁性矿石时,不宜(或不能)采用矿粉样;若矿石无磁性时,则用磁铁吸出钢粒磁屑方可作为样品。

(2)不同回次的矿屑、矿粉分不清时不能作为样品。

(3)回次虽然能分清楚,但该回次钻进中,既有矿心又有岩心时,不能用矿粉矿屑作为样品。

(4)当钻孔中井壁坍塌掉块严重时,不能采用矿屑、矿粉为样品。

二、采样方法的选择

各种采样方法对于不同地质特征的矿床有着不同的适应性,实际工作中对采样方法的选择参看表5-3。要尽量通过试验再确定采样方法,随着工作深入采样方法亦可改变。

表5－3 对不同地质特征的矿床不同采样方法的适应性

适应性\方法 / 矿体特征		刻槽法	剥层法	全巷法	刻线法	方格法	攫取法	打眼法	钻探采样
矿石结构构造特征	致密块状矿	1	1	1	1	1	1	1	1
	浸染状矿体	1	1	1	1	1	1	1	1
	条带状矿体	1	1	1	1	1	1	△	1
	细脉状矿体	1	1	1	1	×	1	△	1
	小矿囊	1	×	1	×	1	1	×	△
矿化特征	矿化均匀	1	1	1	1	1	1	1	1
	矿化极不均匀	×	1	1	1	1	1	△	1
矿体厚度特征	中厚矿体	1	×	1	1	1	1	1	1
	薄矿体＜0.15 m	×	1	△	×	×	1	△	△

1 适应　　　×不适应　　　△在一定条件下适应

三、采样间距的确定

确定采样间距的方法有三种：类比法、数学法、试验法。

（一）类比法

类比法是参考已勘探的相似矿床的经验数据而确定的，常见矿种取样间距参看表5－4。

表5－4 常见矿种取样间距

矿产	勘探坑道/m	回采坑道内/m
铜·铅·锌	2～4	5～10
钼·钨·锡·金(脉)	1.5～2	4～6
硫化镍	1.5～2.5	4～8
铝土矿	10～20	
汞·锑	1.5～2.5	

（二）数学法

数学法有两种：

（1）根据品位变化系数确定采样间距，用法见表5－5。

（2）根据平均品位的相对误差确定采样的间距。

计算公式：
$$N = \left(\frac{tv}{P}\right)$$

式中：N 为必须的采样个数；P 为平均品位相对允许误差；v 为取样地段的品位变化系数；t 为概率系数（据所示可靠程度，查概率积分表而得）。

$$L = \frac{S}{N}$$

式中：L 为样品间距；S 为取样地段总距离；N 为必须取样数。

（三）试验法

此法也叫减稀法，就是在矿床上选一具有代表性地段，用初步选定的最小采样间距，计算有用组分的平均品位，然后依次减稀一个样品再计算平均品位。以减稀前的为准，对比所有历次减稀后的计算结果，在允许误差范围内，以采样间距是最大的距离为准，具体方法见表 5－6。

四、样品合并

样品合并方法有野外合并与室内合并两种，野外合并是把野外取的原始样品进行合并，此法使用时一般是发现所取样品的品位近似，而且取样长度较小才合并的，一般不常用；室内样品合并应用较多，其方法是按长度加权合并，或重量加权合并，样品合并与取样间距见表 5－7。

合并时应注意的问题是：

(1)其采样方法，矿石类型和品级相同方可合并。

(2)用肉眼能辨别品位高低的样品不能合并。

(3)合并的样品间距应该相等。

样品合并可减省样品的数量，节约工时，但改变了原有的原始面貌，不利研究，也往往给矿体圈定造成误差。

表 5－5　品位变化系数与取样间距之关系

矿床类型	有用组分分布均匀程度		沿脉坑道取样间距/m	矿 床 举 例
	特征	变化系数/%		
Ⅰ	极均匀	<20	50～14	最稳定的铁及锰的沉积矿床及变质矿床，块状钛磁铁矿、铬铁矿的岩浆矿床
Ⅱ	均匀	20～40	15～4	铁及锰的沉积变质矿床，风化型铁矿床，铝土矿床，某些矽酸盐类及硫化物的镍矿床
Ⅲ	不均匀	40～100	4～2.5	铜及多金属的接触交代矿床、热液矿脉和交代矿床、硅酸盐及硫化物类型的镍矿床。金、砷、锡、钨、钼等热液矿床，铜矿及铬铁矿的浸染矿石
Ⅳ	很不均匀	100～150	2.5～1.5	不稳定的多金属、金、锡、钨、钼等矿床
Ⅴ	极不均匀	150 以上	1.5～1.0	某些稀有金属矿床、纯橄榄岩中的铂矿

表 5－6　试验法采样间距的对比选择

区段	南区	中区	北区	
脉号	286	195	298	299
坑道及分巷名称	一坑五分巷	七坑三十分巷	六坑五分巷	五坑十六分巷
计算长度/m	390	222	180	299

区段			南区	中区	北区	
平均品位/%		1 m 组	1.540	0.410	4.224	1.443
	2 m	单号(1·3·5…)	1.681	0.482	4.397	1.443
		双号(2·4·6…)	1.400	0.212	4.053	1.857
	3 m	1 号组(1·4·7…)	1.247	0.565	4.565	0.862
		2 号组(2·5·8…)	1.125	0.307	3.945	1.710
		3 号组(3·6·9…)	2.266	0.358	4.350	2.322
相对误差/%	2 m	单号组	+9.1	+17.5	+0.41	12.5
		双号组	-9.1	-17.5	-4.00	+12.5
	3 m	1 号组	-17.3	+37.7	+3.7	-47.8
		2 号组	-27.8	-25.0	-6.6	+3.9
		3 号组	+47.1	-12.7	+0.3	+4.07

表 5 - 7 取样间距与样品合并数量

矿床类型	有用组分分布特点	取样间距/m	样品合并数量
Ⅰ	极均匀	50 ~ 15	不合并
Ⅱ	均匀	15 ~ 4	一般不合并,间距为 4 m 时,每两样合并为一
Ⅲ	不均匀	4 ~ 2.5	2
Ⅳ	很不均匀	2.5 ~ 1.5	2 ~ 3
Ⅴ	极不均匀	1.5 ~ 1	3 ~ 4

五、样品分析种类

化学分析的种类有基本分析、组合分析、全分析、物相分析、岩石化学全分析等。

（一）基本分析（普通分析）

基本分析是分析矿石中一种或几种主要有益和有害组分的含量,是圈定矿体、划分矿石类型和品级以及储量计算的主要依据。

（二）组合分析

组合分析是了解矿体具有综合回收利用的有益组分,或影响矿产选冶性能的有害组分含量,其分析项目一般是根据光谱全分析、化学全分析并结合元素共生组合规律来确定。样品是由几个或十几个基本分析的副样组合而成,通常用样品长度加权或原始重量加权进行组合。

（三）化学全分析

化学全分析是为了解各矿石类型中各种元素及组分含量而进行的,一般每种矿石类型作 1 ~ 2 个。

（四）物相分析（合理分析）

物相分析是研究某些矿床的自然分带和确定矿石的自然类型。金属矿石自然类型划分标准见表 5 - 8。本类样品可以抽选基本分析样品或专门采集,但分析必须及时进行,以免影响质量。

表5-8　一般有色金属矿石自然类型的划分标准表

矿石自然类型	$\dfrac{硫化物中金属含量}{总金属含量}\%$	$\dfrac{氧化物中金属含量}{总金属含量}\%$
氧化矿	<70	>30
混合矿	70~90	10~30
硫化矿	>90	<10

（五）岩石化学全分析（硅酸盐分析）

通过分析岩石中硅酸盐含量确定岩浆岩种类，样品采集可用拣块法，重量一般500~2000 g即可，视岩体均匀程度而定，要求样品新鲜，应为无矿化、无蚀变、无叠加作用的岩石。

（六）腐殖酸类肥料用煤取样

取样主要对象是泥炭、褐煤和风化的烟煤，用于制造腐殖酸类肥料，一般样重100 g即可。

六、样品整理

（1）首先对所取样品进行称重，特别是对刻槽法和剥层法的称重，还要对取样的质量进行检查。关于取样的实际重量与理论重量的误差，现在还没有统一规定，有些单位采用不大于±10%的误差作为检查标准，可供工作中参考。

（2）检查样品号，在样袋上用防水墨汁编号，并注明是第几袋，例如VH8031-1为第1袋，VH8031-2为第2袋。样袋内也要有用纸写成与样袋上的同样编号样品签，然后把样品袋口扎紧，以防样品散失。

（3）填写送样单，样单除有正常的送样编号、分析项目外，还要说明样品重量、袋数、送样批号、送样人等。

（4）按采样登记本内容要进行登记，然后把样品送入实验室。

（5）注意事项：

①采样使用旧样品袋时，事先要把样品正反面反复洗净，特别是曾装过重矿物的样品袋更应如此，例如金矿，还有易污染的矿种也要特别注意，例如放射性样品。新样品袋要求都是净边缝制。

②送样单要一式三份，一份小组保留，另两份由整理样品人员签字加盖公章（分队的或工区的）后随同样品送往实验室。实验室收样人查收无误后，一份送样单留实验室，另一份由收样人签字加盖公章返回送样单位，交综合组专人保管。

七、化学分析结果检查

（一）内部检查

目的是检查基本分析的偶然误差，一般由原实验室进行。当对某些分析质量怀疑时，可指定一定数量样品重新分析。

（二）外部检查

目的是了解基本分析单位在工作中有无系统误差。其数量为基本分析样品总数的3%~5%，但小型矿床不得少于30个。可分期分批指定外检样号。当外检结果证实与基本分析有系统误差时，双方协商各自认真检查原因，若无法解决，则报主管部门批准作仲裁分析，若证实基本分析有误, 则应详细研究原因, 若无法补救, 应全部返工。

平均误差简单计算方法如下列所示(附平均误差简单计算表):

原分析样品平均含量为 $92 \div 4 = 23$;

两次分析所得含量平均误差数 $6 \div 4 = 1.5$;

相对误差为 $1.5 \div 23 = 0.065 = 6.5\%$。

上述计算之相对误差 6.5% 已超过最大平均允许误差(锰矿相对误差按规定, 当品位大于 20% 为 2%), 说明化验质量超差。

平均误差简单计算表

样品号	原分析样品中锰的含量/%	检查分析样品中锰的含量/%	误差绝对值	误差相对值/%
1	25	24	1	
2	24	25	+1	
3	23	20	3	
4	20	21	+1	
总计	92	90	(绝对值)6	6.5

第二节 岩矿、标本采样

一、各类标本的采集

(一)采集标准标本

在一个地区开展地质工作的初期, 需要采集一套标准标本, 包括工作区所见到的具有代表性的地层、岩石、矿物、矿石标本, 以便统一认识和命名。这类标本随着工作的进展逐步充实完善。对于标准标本, 多数情况下应有相应的薄片或光片鉴定资料。

(二)岩石标本的采集

岩石标本采集时, 要对不同的地层、岩性、不同岩石相带、不同变质带岩石和构造岩等分别采集。标本采集应尽量丰富, 工作区内分布要广, 并要具有代表性, 也就是说基本上能达到室内看过标本, 如同到野外工作见到所有的岩石和分布状况。采集的小标本以能说明问题为原则, 如系定向标本时, 标本上要画出走向线, 走向线两端要画上铅

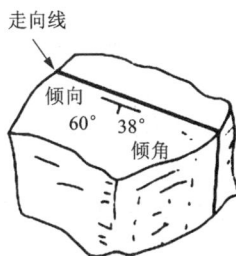

图 5-4 定向标本上产状要素表示法

垂线(见图5-4)。标本还要注明倾向、倾角等数据, 以便实验室能恢复产出原貌。

(三)采集矿石标本

矿石标本要根据矿石的自然类型、工业类型、矿物组分、结构构造、蚀变强弱、变质程度、矿石和围岩的关系等特征进行采集。

（四）采集岩、矿石研究标本

这类标本是针对问题而有选择地采集，还可作系统的剖面采集，以研究矿物变化规律，这类标本一般都要取详细的光、薄片鉴定样品。

二、采集标本的规格

陈列标本的规格一般为 3 cm×6 cm×9 cm 或 3 cm×6 cm×12 cm。矿物标本不受规格限制，视具体情况而定。采集的手标本和岩矿鉴定标本可适当减小，规格也无须像陈列标本那么规整。

三、样品整理及送样

（1）对陈列标本、标准标本、光、薄片和副本，必须要涂漆编号。对于手标本要求可以降低。

（2）对所有标本必须填写标本签，用麻纸连同标本标签一起包装，并在标本登记本上进行登记。

（3）对于一些易潮解易氧化的特殊标本，可用塑料袋等密封包装，并在包装箱（或袋）上详细注明。

（4）填写送样单一式三份，注明采样地点、野外定名、岩矿层产状、鉴定要求，必要时附剖面图或柱状图。送样时送样单的存留同化学样。

第三节　重砂采样

一、自然重砂采样

按重砂取样种类可分为：路线重砂测量，区域重砂测量和详细重砂测量。按取样地点不同可分为河流重砂采样，阶地重砂取样，残、坡积层重砂取样，沼泽发育区洪积层重砂取样，滨海地区重砂取样等。在地质工作的不同阶段对采样的繁简程度也有区别。

（一）河流重砂采样

（1）幼年河流由于河谷狭窄，重砂搬运条件较好，容易在以下有利条件富集（见图5－5）：

①河流突然变宽的地方。

②河流转向的凸岸靠上游部位。

③支流汇入主流部位。

④浅滩头部。

⑤河流巨大砾石等障碍物的后方。

⑥冲积堆的下层。

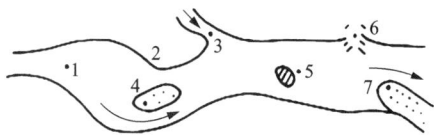

图5－5　重砂样点位置示意图（A）

⑦沙咀的前缘，尤其是外突部位的边沿。

⑧河床坡度由陡变缓的地方［见图5－6（a）］及河床基底凹陷地方［图5－6（b）］。

（2）壮（老）年期河流，河谷较宽，河滩、河漫滩较发育，重砂搬运条件不好，取样可在河谷横断面急剧变宽处，或与较大支流汇合的上部；若在深层取样时可采用浅井或浅钻进行采样，采样应布于基岩之上或"假基底"（冲积层中的泥土夹层）中采取。

▲ 重砂取样点

图 5 - 6　重砂样点位置示意图(B)

（二)阶地重砂取样

阶地发育地区，重矿物主要富集于松散沉积物底部及基岩上部，也有的富集于原生阶地脚下。采样时要布于河流冲刷出的上述部位。

（三)残、坡积层重砂取样

(1)坡积层重砂取样一般选择干谷、洼地、谷口、谷底的坡积层中。

(2)残积层重砂取样一般都是按一定的测网进行的，因为重矿物的分散晕与母体出露范围往往大体吻合，但要考虑到地形影响，在母体附近的下凹地方易于重矿物富集。

（四)沼泽发育区洪积层重砂取样

首先找到沼泽出水口，然后在出水口以下的有利部位采集，如倒木或大转石后面、地形由陡变缓地方树木丛集处、积水坑等地方。

（五)滨海区重砂取样

滨海区重砂常富集于古沙堤、滨海阶地前缘、海潮区、海湾两侧弯曲处。也可富集于砂石与砂层交界处。采样时应布于这些地方。

（六)重砂取样深度及重量

采样深度应根据试验或不同层位的特点予以确定。一般来讲河流重砂采样深度为 20 ～ 50 cm；残积层采样一般见到基岩为准；坡积层重砂取样一般在腐殖层以下采取；阶地取样应在阶地底部或中间泥质隔挡层之上分选性不好的层位采集。

原始采集重量一般为 15 ～ 30 kg，按体积计算时取 0.1 或 0.2 m³，淘洗后灰色重砂重量不少于 10 ～ 15 g 为原则。需要注意的是同一地区工作时重砂的原始重量必须大致相等。以便进行重砂含量的对比。

二、人工重砂采样

人工重砂应用很广，它可以配合自然重砂追索原生矿，也可以研究矿石中的含矿性、矿物来源、含量、有用组分的赋存状态，分布规律以及岩体中副矿物特征等等。还可以恢复古地理、划分和对比地层等，在提取同位素年龄样和稳定同位素的单矿物时也用人工重砂。

人工重砂采样一般用剥层法或大断面的刻槽法，也可用拣块法。样品原始重量一般 20 ～ 30 kg。根据采样的目的不同还可增大或减少原始重量。人工重砂在加工时只能用机械破碎，不能研磨，加工后的粒度一般为 0.5 ～ 1 mm 为宜，也可根据需要提出要求。

三、砂矿采样

是指砂矿床上的采样工作，其目的是确定砂矿中有用矿物的含量，分布规律，圈定矿体、计算储量，确定其加工性能和开采技术条件，从而对矿床作出工业评价。

（一)采样长度要求

砂矿采样是根据不同矿层进行分段连续采集的，样品长度根据矿化均匀程度而定，一般含矿较均匀者，矿层较厚者样长 1～2 m；矿化不均匀而且矿体厚度较小时样长一般小于 50 cm。采样到基岩时必须沿裂隙灌入基岩 30～50 cm，这个部位易于重矿物富集。

（二）砂矿采样种类及要求

（1）浅坑采样：适用于河床的沙滩、沙滩冲积层以及残坡积层中或海滨冲积层中。

（2）简口锹采样：与浅坑适用条件基本相同，但采样深度较大，可采 2 m 以下的砂矿样。

（3）浅井中砂矿采样：浅井中砂矿采样可使用刻槽法、剥层法和全巷法，其断面规格见表 5－9。

刻槽法：一般一壁取样，如重砂分布不均匀时可两壁刻取合并为一个样。

剥层法：适用粗砂层及少量砾石的砂砾层。

全巷法：它主要用来检查钻孔和刻槽法的正确性。

（4）钻探中砂矿取样。

①旋转冲击钻取样：孔口 1～2 m 内采用简口锹采样，再向下采用泵筒采样。

②黄铺钻采样：是从孔口至孔底一次将孔内物质全部取出，然后取下钻头，打开瓣合管，然后分段采样。此种样品能保持原来砂层结构构造。

（5）坑道中砂矿采样：坑道中砂矿采样可用刻槽法，剥层法，也可用全巷法。

表 5－9　砂矿采样断面规格参考表

采样方法	采样规格（宽×深）/m×m	备　　注
刻槽法	0.2×0.1 0.1×0.05	
剥层法	0.5×0.05 0.5～1×0.1	在两壁开一壁剥采
全巷法	2.8×2.4 2.3×1.9 2×1.5	大规格样
	2.1×1.3 2×1.2 1.7×1.3 1.6×1.2	中等规格样
	1.6×1 1.5×1 1.4×1	小规格样

四、各种校正系数的测定

（一）淘洗系数的测定

（1）回收尾砂法：将淘洗过程中的粗砂尾砂和精洗尾砂保留起来，然后再到室内进行精淘对比（此法低品位砂矿不适用）。淘洗系数 N 的计算公式：

$$N = \frac{G + g_1 + g_2}{G}$$

式中：G 为野外淘出的矿物重量；g_1 为粗砂中淘得的矿物重量；g_2 为尾砂中淘得的矿物重量；N 为淘洗系数。

（2）基本淘洗（野外粗淘）与检查淘洗（室内精淘）对比法：取样（$0.02 \sim 0.04$ m³）缩分为四份，其中一份进行野外正常的基本淘洗，一份进行检查淘洗，剩下两分作副样。此方法简单，应用较广。公式：

$$N = \frac{G_2}{G_1}$$

式中：N 为淘洗系数；G_1 为基本淘洗（野外粗淘）矿物量；G_2 为检查淘洗（室内精淘）矿物量。

（3）化学分析检查。

将所取的样品晒干后缩分为四份，一份送化学分析，一份进行淘洗（按野外生产的基本方法淘洗），其余两份作副样。此法只适用于某一元素呈单矿物存在，而且只形成一种时适用。求淘洗系数是先将原样的化学分析结果换算成目的矿物品位，再与淘洗所得的目的矿物品位进行对比。淘洗系数公式：

$$N = \frac{C}{Cn}$$

化学分析换算成目的矿物品位的公式：

$$C = \frac{C_1}{C_2} \times \frac{T}{V}$$

式中：N 为淘洗系数；C 为化学分析换算成目的矿物品位；Cn 为淘洗所得目的矿物品位；C_1 为砂矿原样化学分析品位；C_2 为目的矿物化学分析品位；T 为原样重量；V 为原样体积。

（二）松散系数测定

（1）不注水测定：

一般是在浅井中采出实际体积 $0.5 \sim 1.0$ m³ 的样品体积 V_1；然后用量筒测量松散体积 V_2。其计算公式为：

$$K = \frac{V_2}{V_1}$$

（2）注水测定：

与不注水测定松散系数公式全部一样，只是此法用于钻孔中测定，其中 V_1 为砂钻中砂心实际体积（为实际砂心长乘钻具内径面积）；V_2 仍为松散体积。

（三）砾石度校正系数测定

含砾石的数量和大小是评价砂矿床的基本因素之一。砾石大而多不但影响取样品位，也影响矿床开采，所以砾石度校正系数测定十分重要，砾级的测定一般是按 1，5，10，…（cm）来分的，分离时是以不同孔径的铁丝筛进行筛分。

砾石度（含石率）公式：

$$L_s = \frac{V_g}{V} \times 100\%$$

砾石度校正公式

$$L_j = \frac{V_b}{V}$$

式中：L_s 为某砾级砾石度（含石率）；V_g 为某砾级的砾石体积，m^3；V 为样品总体积，m^3；L_j 为某一砾级砾石度校正系数；V_b 为大于泵筒内径砾级的砾石体积，m^3。

第四节 同位素样及包体样的采集

同位素地质的采样，其中包括年龄样及稳定同位素样品的采集两部分。两者的采样有共同的地方又有不同的地方，相同的地方是两者都取单矿物样品，粒度要求大都在 0.2 ~ 0.5 mm 之间，送样重量要求在 0.5 ~ 1 g 之间。纯度要在 98% 以上；不同处是稳定同位素样品是只取单矿物。两者虽然取样目的各异，但有的样品还可一样两用。如铷锶法的样品和普通铅法的样品，既可作为年龄样也可用于物质来源的研究。

一、年龄样品

测定同位素年龄的方法很多，本文只介绍 Rb – Sr 法、K – Ar 法、U – Th – Pb 法和普通铅法及 C^{14} 法等。

（一）采样及送样要求

采送样要求见表 5 – 10。在取等时线样品时每组不少于 6 个，Rb – Sr 法取样时每组可取十几个，经草测后挑选 6 个送往实验室。等时线年龄样采样时必须在同一个单层采集，若是岩浆岩必须在同一相带内采集，若按目前的分类法分类时必须在同一单元内采集，同时要注意采集薄片样品。取样重量尚无统一规定，据以往经验，全岩样一般取 2 kg 即可，若是单矿样参看表 5 – 10 内的各类送样要求重量。若岩石内单矿物含量较少时，可用人工重砂获取。取样时必须取新鲜岩石，不能有风化现象。

表 5 – 10 同位素年龄样品采集送样要求一览表

样品名称		采样对象	送样粒度 /mm	送样重量 /g	备 注
铷锶法	单矿物样品	云母类矿物、钾长石、天河石、铯榴石、海绿石、磷灰石	>0.25	1	一般实验室要求都大于 1 g
	全岩等时线样品	含有 Rb、Sr 的岩浆岩、沉积岩、变质岩	过 200 目筛	>0.25	送样前要进行草测
	全岩—矿物等时线样品	为以上两种采样对象的综合			
铀钍铅法	单矿物及单矿物等时线样品	晶质铀矿、钍铀矿、钍石	>0.25	0.5	
		独居石、褐帘石、磷钇矿、易解石、黑稀金矿、锆石		1	
		磷灰石、锆石		2	
	单矿物一致年龄样品	采样对象同上，但必须在同一地质体内采 5 个以上相同矿物或不同矿物	>0.25	同上	此法也适用于单矿物等时线年龄
	全岩等时线样品	同 Rb – Sr 法全岩样要求			

样品名称		采样对象	送样粒度 /mm	送样重量 /g	备 注
普通铅法	单矿物样品	方铅矿	>0.25	0 ~ 1	
		黄铁矿		>2	
		钾长石		>3	
	全岩样品		过 150 目筛	15 ~ 17	
钾氩法	单矿物样品	黑云母、白云母、铁锂云母、金云母、单斜晶系钾长石、角闪石、辉石、海绿石、伊利石、霞石、火山玻璃等	>0.25	3 ~ 4	太古宙
				5 ~ 6	元古宙
				10 ~ 15	古生代
				20 ~ 30	中生代
				>40	新生代
	全岩样品	同 Rb - Sr 全岩样，送样前不作草测			

送样时除满足送样重量外，单矿物的纯度必须在 98% 以上，送样单要求见表 5 - 11，并要有附图等加以说明。单矿物挑选过程只宜用淘洗、重选、磁选和镜下挑选，不宜用化学浮选法，以免污染，引起同位素组分改变。单矿物烘干时，温度也不能高于 80℃。

表 5 - 11　同位素年龄样送样说明书

样品编号		样品名称		送样重量/g	
采样地点	省　　　县　　　乡			经度	L:
				纬度	B:
采样日期		采样者		测定方法	
样品加工流程					

地质简况：（附相应的地质简图或剖面图）

采样目的：（推测地质时代及依据）

岩性描述及岩矿鉴定、化学分析资料

送样单位：　　　　　　　　　　　送样人

送样日期：　　　　　　　　　　　联系地址及邮政编码

（二）适用范围

（1）Rb – Sr 法：可测定从中生代到古老的含有 Rb、Sr 的岩浆岩、沉积岩和变质岩的岩石、矿物年龄和变质年龄。

①单矿物或岩石的模式年龄：用单个的单矿物或岩石的样品所计算的年龄值，称为模式年龄。

②全岩等时线年龄：这种等时线的最大优点能测定没有变质的和变质的或热事件影响的原岩成岩年龄。

③全岩—矿物等时线年龄：这是由岩石和该岩石中选出的含铷锶的单矿物组合而成的全岩矿物等时线年龄，它可反映两种地质作用：

a. 如果所有的矿物样品全落在全岩 Rb – Sr 等时线上，表明岩石未经受后期地质作用的影响或热事件的干扰。

b. 如果所有的矿物样品与全岩样品不在同一等时线上，而分别为两条等时线时，这反映了岩石经受了后期地质作用，全岩等时线年龄代表原岩年龄，而全岩矿物等时线年龄代表变质作用或热事件年龄。

（2）U – Th – Pb 法：此法主要适用于中生代到古老的岩浆岩和变质岩，也适用于某些沉积岩，可测定成岩年龄、变质年龄或热事件年龄。

①单矿物年龄：单矿物样品，一次测定可得到四组年龄值。即$^{206}Pb/^{238}U$、$^{207}Pb/^{235}U$、$^{208}Pb/^{232}Th$、$^{207}Pb/^{206}Pb$ 的年龄，只有四组年龄一致时，或$^{206}Pb/^{238}U$ 和$^{207}Pb/^{235}U$ 的两组年龄值在实验误差范围内相吻合时，作为矿物形成时间是可信的。上述条件一般情况难以满足，据实际经验，显生宙的锆石和磷灰石选用$^{206}Pb/^{238}U$ 一组年龄，元古宙、太古宙的锆石和磷灰石常选用$^{207}Pb/^{206}Pb$ 一组年龄，独居石不受时间限制，一般用$^{208}Pb/^{232}Th$ 一组年龄。当四组年龄不一致时，应采用单矿物一致曲线法取得年龄，最好不用单矿物年龄。若各样品线性关系很好时，可用等时线法处理。

②全岩等时线年龄：对于岩浆岩、变质岩和沉积岩都能作 U – Th – Pb 等时线年龄处理，不过全岩样品中 U、Th、Pb 含量很低，样品的分析测定都比较困难，所以应用不广。

（3）普通铅法：普通铅法样品易于采集，它主要采集方铅矿、闪锌矿、黄铁矿、钾长石等。样品测定比较快，也比较经济，因为它不需要测定铅的含量，也不需要测定同位素组成，只需测定铅同位素比值即可。它同 U – Th – Pb 法一样可得到几组年龄值，可互相校正。此法不仅可以计算年龄，而且可作为矿床成因和物质来源的示踪剂。此法的最大缺点是计算的年龄误差较大，样品越年轻，误差就越大。不过对于大于 10 亿年的样品年龄值一般认为是比较可靠的，所以这种方法主要用于测定金属矿床和某些岩石年龄。

（4）K – Ar 法：K – Ar 法适用范围较广，它可测定新生代至古老的岩浆岩、变质岩和沉积岩的年龄。此法最大缺点是精度较低。

（5）C^{14}（碳法）年龄样：该法测定 200～60000 年间含碳物质的年龄，是获得最新年龄较好方法。

样品采自泥炭、动植物化石、陶瓷文物等。

样重 0.5 g。

二、稳定同位素样品

用于地质上的稳定同位素主要有氧、氢、硫、碳和铅。根据这些稳定同位素组成特征可研究成岩、成矿的物理化学条件，探讨岩石、矿床成因及物质来源，并可用于成矿温度的计算。铅同位素组成除可用于成矿物质来源和矿床成因研究外，还可用于年龄的计算。

稳定同位素样品采集与年龄样要求基本相同（见表5 - 12）。送样的纯度也为98%，送样单见表5 - 13、表5 - 14。

表5 - 12　稳定同位素、包体样品采集送样要求一览表

样品名称		采样对象	送样粒度/mm	送样重量/g	备注
氧同位素样品	矿物 $\delta^{18}O$ 测定	石英、白云母、钾长石、钙长石、钠长石、方解石、白云石、重晶石、磁铁矿、燧石、金红石、菱铁矿、硬石膏、辉石、橄榄石、角闪石、黑云母、石榴石、绿泥石、蛇纹石等	>0.25	0.5	
	包体水 $\delta^{18}O$ 测定	不要含氧矿物，而用氟化物、硫化物，如萤石、方铅矿、闪锌矿等	0.2~0.5	>100	不要有次生包体
氢同位素样品	矿物 δD 测定	白云母、黑云母、角闪石、蛇纹石	>0.25	0.5	
	包体水 δD 测定	不含氢元素的矿物，如石英、萤石、黄玉、磁铁矿、黑钨矿、硫化物、硫酸盐	0.2~0.5	20	非金属矿物
				100	金属矿物
				40~50	沉积岩花岗岩矿物
硫同位素样品		方铅矿、闪锌矿、黄铁矿、磁黄铁矿、辉钼矿、辉铜矿、辉银矿等	0.25~0.5	0.5~0.7	
碳同位素样品	单矿物及碳酸盐样品	碳酸盐，含石墨变质岩、石墨、含碳矿物、方解石、含碳的地下水及卤水	0.25~0.5	0.5~0.7	水样用磨口瓶采集
	包体水 $\delta^{13}C$ 样品	主要为石英及硫化物	0.25~0.5	150	
铅同位素样品		参考年龄样普通铅法：方铅矿、闪锌矿、黄铁矿等			
包体测温样品	爆裂法	金属非金属矿物均可	0.25~0.5	0.7	
	均一法	与取薄片样相同			
包体成分分析样品		热液脉体，最好是石英	0.2~0.5	20~50	
包体测压样		与取薄片样相同			

表5－13　稳定同位素全岩及单矿物样送样单

送样单位：　　　　　　　　　　　　　　　　　　　　　　　通讯地址：

矿区(岩体) 名称			地理位置	省　县　乡　村	经度： 纬度：
矿区《岩体》 地质情况简述			矿石(岩石)结构构 造、矿物共生组合 关系及蚀变特征		拟解 决的 问题

顺序 号	样品 编号	矿(岩) 石名称	单矿物 名称	样品在地质 体中的位置	单矿物间的关系	分选 方法	样品 纯度	样品 粒径	测试项目

送样人：　　　　　　　　　　　送样日期：　　　年　　月　　日
收样人：　　　　　　　　　　　收样日期：　　　年　　月　　日

表5－14　稳定同位素水样送样单

送样单位：　　　　　　　　　　　　　　　　　　　　　　　通讯地址：

顺序 号	样品 编号	取样 地点	地质概 况及围 岩性质	取样深度/m		水样形态 (冰、雪、 雨、泉水、 井水)	物理状况			水温 /℃	气温 /℃	取样 日期	测试 项目
				地面 下	水面 下		色	味	透明 度				

送样人：　　　　　　　　　　　送样日期：　　　年　　月　　日
收样人：　　　　　　　　　　　收样日期：　　　年　　月　　日

上述取样方法中，注意：

(1)等时线一般不少于6年，且须在同一单层或同一相带内。

(2)全岩样一般2 kg即可，单矿物样不少于0.3 kg，若是取气液包体同位素测定成分分析，野外取样重量一般不低于0.5 kg，若其中需要的单矿物含量较少，要加大重量取，或用人工重砂法获取。

(3)若要取年龄样及同位素样测定都要光片和薄片。

(4)单矿物纯度都要在98%以上。

(5)常用氧同位素矿物对有：

石英—长石　　　　　石英—辉石　　　　　石英—橄榄石

石英—白云母　　　　石英—黑云母　　　　石英—磁铁矿

石英—钛铁矿　　　　石英—石榴子石　　　石英—绿泥石

石英—蛇纹石　　　　石英—方解石　　　　斜长石—磁铁矿

白云母—方解石

(6)常用硫同位素矿物对：

闪锌矿—方铅矿　　　　黄铁矿—闪锌矿

黄铁矿—黄铜矿　　　　磁铁矿—磁黄铁矿

闪锌矿—黄铜矿　　　　辉钼矿—方铅矿

辉钼矿—闪锌矿　　　　辉钼矿—黄铁矿

重晶石—闪锌矿

三、包体样品

这里所指的只是包体测温、包体测压、包体成分样三部分。顾名思义这些样品可测定包体形成温度、压力、包体内气液相的成分。同时还可以计算出包体液体(成矿溶液)的 pH，E_h 值等有用数据，从而为研究成矿溶液的性质、物质来源、成矿机理、溶液成分的演化规律提供依据。样品的采集及送样的要求见表 5 – 12。

第五节　技术取样

技术取样是测定矿石及近矿围岩(矿体顶底板岩石)的物理性质，为计算储量、矿山建设和开采提供必要的参数和资料。这类样品种类也较多，下面介绍常用的取样。

一、矿石体重采样

(一)小体重测定——涂蜡法

按不同品级采集，样品直径 5～10 cm，采样还应考虑不同类型，不同深度，均匀分布。在 1978 年颁布的《金属非金属矿产地质普查勘探采样规定及方法》中要求每类型采样不少于 20～30 个。本《手册》认为主要类型不少于 20～30 个，规模大的矿床数量还要增加，其他类型采样数量按占矿石量的比例多少而决定(按百分比法)为宜。这类样品采回后立即称重，然后及时涂蜡，因为这里测定的是湿体重。测定方法是根据阿基米德定律采用涂蜡排水法求得体积进行计算，计算公式：

$$D = \frac{W}{V - \dfrac{W_1 - W}{d}}$$

式中：D 为矿石体重；W 为样品在空气中称得重量；W_1 为样品涂蜡后称得重量；V 为样品涂蜡后体积(即排水体积)；d 为蜡的比重(一般 d：0.93)；$\dfrac{W_1 - W}{d}$ 为样品上所涂蜡的体积

(二)大体重测定

在坑道、探槽、浅井或采场采样，采样前先将矿体表面铲平，尽量凿取一个正方形或矩形体积，规格不小于 0.125 m³。取下矿石称重，体积测量有两种：当取样的几何图形很规整时用丈量法求得，若规格不规整时用注沙法求得体积。计算公式为：

$$D = \frac{P}{V}$$

式中：D 为矿石体重；P 为所采矿石重量；V 为所采矿石体积。

二、矿石湿度采样

湿度样品要求与小体重样在同一地点采集或就用小体重样品测定湿度。因湿度与矿石的孔隙度、季节、地下水面、取样深度有关。所以采样要在不同的矿石类型、不同深度、不同季节来采集，样品重 300 ~ 500 g。每种类型矿石不少于 15 ~ 20 个，湿度的测定方法是把所取样品及时称重(P_1)，然后烘干（温度不宜超过 105℃），再称样品干体重(P_2)，按下列公式求得湿度(W)。

$$W = \frac{P_1 - P_2}{P_1} \times 100\%$$

因为前面所求的体重都是湿体重 D，其干体重 D_i 计算公式为：

$$D_i = D \times \frac{100 - W}{100}$$

当矿石致密，湿度不大时就不必作此项校正。

三、矿石孔隙度采样

对疏松的盐类矿床和氧化的多金属矿床（如铁帽）必须测定孔隙度。孔隙底就是矿石中所有的孔洞的体积与矿石总体积之比，一般按百分数表示。其测定方法有三种：

（1）根据矿石体重和比重计算求得

$$K = \left(1 - \frac{D}{d}\right) \times 100\%$$

式中：K 为矿石孔隙度，%；D 为干的矿石体重；d 为干的矿石比重。

（2）将保持原有状态的干燥样，切成规则的形状，量其原有体积(V_1)，用蜡封好，留一缺口，注入煤油，到样品内空气排空为止，所用煤油的体积即为孔隙体积(V_2)，按下式求得：

$$K = \frac{V_1 - V_2}{V_1} \times 100\%$$

（3）测量样品原体积(V_1)，然后破碎成细块，全部注入煤油中，量筒中煤油增长的体积即为矿石的实际体积(V_2)，用下公式求出：

$$K = \frac{V_1 - V_2}{V_1} \times 100\%$$

四、矿石松散系数采样

矿石松散系数是指矿石由天然状态到爆破之后的松散程度。

测定方法：先量出松散矿石的体积(V)，再量出松散前的原体积(V_1)。原体积的测量与大体重测量体积的方法相同。此工作也可与测大体重样同时进行。计算公式如下：

$$K（松散系数）= \frac{V}{V_1}$$

五、矿石块度采样

按不同矿石类型和品级采集，或者利用工艺样品，或利用全巷法、剥层法采集的化学样进行测定而不单独采样，一般与测定松散系数同时进行测定。

测定方法：将破碎后的矿石碎块中大于 50 mm 的用手选出进行分级，小于 50 mm 的各级用筛子分选,然后称重。块度级别的划分应根据不同矿石类型与工业部门商定,一般分为七级,见表5-15。每种类型的块度测量不得少于5次,然后取平均值。计算公式如下:

$$K = \frac{P_1}{P} \times 100\%$$

式中:K为某一块度矿石重量百分比;P_1为某一块度矿石重量;P为试样矿石总重量。

表5-15 块度级别

级别	Ⅰ	Ⅱ	Ⅲ	Ⅳ	Ⅴ	Ⅵ	Ⅶ
块度直径/mm	<5	5~10	10~25	25~50	50~100	100~200	>200

在取样及测试过程中,常常发生矿石的散失或围岩的混入,故对所求得的数据要进行校正。

$$P_i' = P_i(1 \pm K')$$

$$K'(修正系数) = \frac{P - (P_1 + P_2 + P_3 + \cdots + P_n)}{P_1 + P_2 + P_3 + \cdots + P_n}$$

式中:P为试样总重量;P_1,P_2,$\cdots$,P_n为试样的各级块度矿石的重量;$P_i' = P_i(1 \pm K')$;P_i'为修正后的某一块度矿石的重量;同前;K'为修正系数。

六、抗压、抗拉、抗剪强度试验样

(一)采样要求

(1)取样应具有代表性。

(2)现场用油漆在样品上标定方向、产状(层理、线理、片理等)。

(3)样品数量及规格,见表5-16。野外采样应大些,以保证切制成测试样规格标准。

表5-16 力学试验样规格要求表

试验项目	样品规格/cm	样品数量
抗压试验	圆柱体:直径3,高5,或长方体:5×5×10	3块
抗拉试验	圆柱体:直径3,高5,或立方体:5×5×5	3块
抗剪试验	立方体:5×5×5	12块
备注	表中样品数量,指作一种状态(天然、风干、烘干、绝水),一个受力方向(垂直、平行、斜交产状)所需数量。如作多种状态或多个受力方向试验,则样数要相应倍增。	

(二)送样要求

(1)填写送样单,欲作多项试验时应填写清楚,一式两份;一份留试验单位,一份由收样人签字盖公章后作存根备查。

(2)附取样点的地质剖面图,并对样品作简单描述。

七、土样的采取

(一)原状土

1. 取样方法

在露头及槽、井、硐壁上取样时，先选好位置，再按一定规格(一般圆形直径 8～10 cm 或边长为 18～20 cm 之立方体)掏空四周，套入取样器，切断相连部分后轻取出。在无取样器的情况下，可选一木板置于毛样下部，切断相连部分后用木板托出；在平面上取样时，取样器由上部套入，切断根部取出样品或用木板托出。

在钻孔中取样时，取样前的一次钻进不宜过深，以免下部土受扰。取样时，取土器入土一般不超过孔径的 4 倍，土样长度为孔径的 1.5～3 倍。轻取轻放，保持原结构。

对取出的毛样，现场修整成试样规格，用麻纸(或纱布)和矿蜡密封，标明上下方向，贴上标签，登记装箱，并用锯末式砂土填实空隙，以防送样途中震坏。

2. 测试项目

测试项目见表 5-17。还可以根据取样目的而增减某些项目。

表 5-17　岩土试样分析项目表

工程名称编号：　　　　　　　　　　　　　　　　　　送样日期：
送样单位：　　　　　　　　　　　　　　　　　　　　要求完成日期：

野外编号	室内编号	取样深度/m	物理及力学性质										
			天然含水量 w/%	容重		比重 G	天然孔隙比 e	孔隙度 n/%	饱和度 S_r/%	液限 W_L/%	塑限 W_P/%	塑性指数 I_p	液性指数 I_L
				天然状态/$(kN\cdot m^{-3})$	干燥状态/$(kN\cdot m^{-3})$								

物理及力学性质									
压缩系数 d/(kPa^{-1})		压缩模量 E_s/kPa	自重湿陷性		湿陷系数 δ_s	湿陷起始压力 P_{sh}/kPa	剪力试验		含水比
100～200	2～3		自重压力 P_Z/kPa	湿陷系数 δ_{ZS}			凝聚力 C/Pa	内摩擦角 φ	

收样单位：　　　　　　　收样人：　　　　　　　　送样人：

(二)扰动土

1. 取样方法

直接从露头或工程中采取，装入布袋或木箱(如需测定天然含水量时，须用蜡封)。砾石及砂类土应用四分法缩分取样，一般样重 0.5～1 kg。如需击实试验，取样重 25 kg。

2. 分析项目

土化学成分分析 SiO_2、Fe_2O_3、TiO_2、Al_2O_3、FeO、CaO、MgO、MnO_2、SO_3、P_2O_5、Na_2O、

烧失量等。

土可溶盐分析 pH、易溶盐、中溶盐、难溶盐、全盐量、有机质等。

（三）送样

装好样品的样袋或木箱上应写上样品号，附有标签，送样单上写明分析项目要求，采样时间、地点等，并附有采样位置的地质剖面图。岩土试样标签格式如下。

土、岩试样标签

```
┌──────────────────────────────────────┐
│  工程名称及编号_____   │
│                                        │
│  钻孔及探井编号_____   │
│                                        │
│  取样深度/m _____  已、未扰动  │
│                                        │
│  试样描述_____   │
│                                        │
│  取样人            取样日期            │
└──────────────────────────────────────┘
```

第六节　技术加工采样

一、矿石技术加工采样的目的

目的是研究矿石的选矿（冶炼）性能、选矿方法、矿石矿物的物理机械性能、加工方法和步骤，为矿山设计提供技术经济指标，为矿床的技术经济评价提供可靠资料。

二、矿石技术加工采样的种类

据 1988 年《金属非金属矿产地质普查勘探采样规定及方法》，技术加工试验分为：

（一）实验室试验

（1）初步可选性试验

（2）详细可选性试验

（3）扩大试验

（二）半工业试验

（三）工业试验

（四）建筑材料和冶金辅助原料的加工技术试验

三、矿石技术加工试验采样的原则和要求

（1）所采样品应有代表性，要充分考虑到不同品级、不同类型矿石和在矿体中分布情况。矿石的有益有害组分、品位、结构、构造要与矿体基本一致。对不同矿石类型是分别采集还是混合采集，根据具体情况和目的而定，要求混合样时要考虑各类型所占比例。

（2）为满足试验要求，应采取地质队、生产设计部门、负责试验单位"三结合"的办法，共同商定采样重量、原则及要求，由地质勘探单位编制采样设计，经上级主管部门同意后再进行采样。

（3）采样重量和主要试验目的：见表 5 – 18。

（4）建筑材料及冶金辅助原料技术加工试验样的要求和试验项目：见表 5 – 19。

表 5 – 18　矿石技术加工采样要求一览表

种类		试验目的	取样重量
试验室试验	初步可选性试验	①研究矿石物质组成和化学成分 ②提出初步选矿结果资料	$n \times 10 \sim n \times 100$ kg
	详细可选性试验	①详细研究矿石中物质组成 ②提出合理的选矿方法及流程和综合利用	$0.n \sim 1$ t（±）
	扩大试验	为确定较合理的技术经济指标和选矿工艺流程提供依据	一般为 1 t，还要参考试验设备及工艺流程
半工业试验		为确定合理选矿工艺流程和技术经济指标提供依据	据实验单位的设备及能力而定
工业试验		同上，但试验时要在工业试验厂或投产的工厂中进行试验	视工厂生产规模及试验时间而定

表 5 – 19　主要建筑材料和冶金辅助原料的试样要求和试验项目参考表

矿种及用途		试验种类	规格（重量）	备　注
石灰岩	水泥用	（1）实验室规模易磨试验 （2）实验室规模煅烧试验 （3）用立波窑制选水泥时作实验室规模成球试验	100 ～ 150 kg 800 ～ 1000 kg	制造普通水泥如果石灰石、黏土质纯，配料简单，可不做工业规模的煅烧试验。如制造新品种水泥需作工业规模试验时与工业部门商定
	熔剂用	简项物理机械试验（耐磨强度、耐压强度）	5 cm×5 cm×5 cm	按矿石自然类型分层分品级凿取，应尽量保持岩石自然状态
白云岩	耐火材料用	实验室规模制耐火材料样品或试块的试验（耐火度、普通收缩和残余收缩、瞬时耐压强度、高温荷重软化点）	50 ～ 100 kg	按矿石自然类型分层分品级采取
	熔剂用	简项物理机械试验（瞬时耐火性、耐磨强度）	5 cm×5 cm×5 cm	
	玻璃用	实验室规模熔融试验	50 kg	同石英砂、长石等配料
石英砂	玻璃用	（1）筛分析 （2）不纯的石英砂作选矿试验 （3）实验室规模的熔融试验	每个工程内分层取样 1 ～ 2 t 200 kg	
	型砂用	（1）筛分析；（2）黏土质量；（3）颗粒形态；（4）碳酸盐定性测定；（5）实验室规模的工艺性能试验（温度、黏土含量、筛分、透气性、不同湿度的耐压强度、耐火度、矿物成分、颗粒形态）	所采集的全部样品均作测定 2 ～ 10 kg	

矿种及用途		试验种类	规格(重量)	备注
石英岩	玻璃用	(1)筛分析 (2)不纯的石英砂岩作选矿试验 (3)实验室规模的熔融试验	每个工程内分层采取 1~2 t 200 kg	样品煅烧至600℃经水淬后,轻轻碾碎,松散其胶结物,保持石英原颗粒作筛分析
	硅砖用	(1)耐火度;(2)实验室规模的制砖试验	均作测定所采集全部样品5 t	
蛇纹岩	耐火材料用	实验室试块试验或实验室规模制耐火材料样品试验	50~100 kg	按矿石自然类型分块段采取
高岭土	陶瓷电瓷用	(1)实验室物性试验(耐火度、粒度组成,可塑性、结合力、干燥收缩、烧成收缩、烧结温度和范围、白度等) (2)实验室规模制陶样品试验 (3)不纯高岭土选矿试验	10~15 kg 100~500 kg 50~100 kg	按矿石自然类型采取
	吸附过滤触煤等用	(1)实验室规模试验 (2)不纯高岭土选矿试验		
黏土矿	耐火黏土	(1)耐火度测定 (2)实验室物性试验(矿物成分、粒度、含水量、干燥收缩度、可塑性、黏结力、烧成后总收缩率、吸水性)	10~15 kg	所采的全部样品均作测定,按矿石自然类型分块段采取
	水泥用	(1)筛分析 (2)实验室规模煅烧试验 (3)湿法制造水泥时作淘泥试验 (4)用立波窑制造水泥时作实验室规模成球试验	200~300 kg 同工业部门商定 同工业部门商定	按每一工程分层采取
菱镁矿	耐火材料用	同白云岩		
长石矿(伟晶花岗岩)	电瓷陶瓷用	(1)矿物分析 (2)拣选试验 (3)耐火度测定 (4)实验室规模焙烧试验(斑点试验)	2~5 kg	每个工程测定
滑石		(1)不纯的滑石作可选性试验 (2)白度测定 (3)磁性铁含量测定 (4)可溶于盐酸的氧化铁含量 (5)不溶于盐酸的灼残渣含量		按矿石自然类型品级用组合样测定

第七节 水 样

一、样品种类及取样容器

1. 原水样

原水样为不加保护剂的水样,用硬质玻璃瓶或聚乙烯塑料瓶盛装。测定硼时,必须用聚乙烯塑料瓶装样。

2. 碱化水样

碱化水样指 pH 为 9 以上和加碱、碱化的水样。用聚乙烯塑料瓶装。测定酚、氰和硫化物的水样,要用硬质玻璃瓶装。

3. 酸化水样

酸化水样为水样中加酸酸化的水样,用硬质玻璃瓶或聚乙烯塑料瓶盛装。

使用新瓶时,必须先用 10% 硝酸溶液浸泡一昼夜,装样前再用 10% 的盐酸洗涤(聚塑瓶也可用 10% 硝酸或 10% 氧化钠,或 10% 碳酸钠洗涤),然后清水洗净,并用蒸馏水冲洗三次;在取样现场,先用待取水样冲洗三次(细菌水样可直接装瓶),再取样。

二、各类水源采样

1. 露天水源(泉、河、湖、水库)取样

瓶口于水下 10~30 cm 处再拉开瓶塞,使水缓缓流入。严防混水及泥、砂粒、污物、有机物带入。泉水可在出水处或水流汇集处采取。

2. 沼泽取样

在推断地下水流量大,贮水深又隐蔽的地方采取。

3. 抽水井中取样

先开泵排出管子中的积水,再用新鲜水冲洗 2~3 次后取水样。

4. 水井和竖井中取样

如井内的水没有明显的停滞现象时,可直接取样,否则,应先抽出 1~2 倍水柱体积的水后再取样。

5. 专门钻孔中取样

在钻进时用过冲洗液的孔,必须先抽水,待水位和水的化学成分稳定后再取样(化学成分稳定否,可定时测氧离子含量来确定)。

三、送样要求

(1)水样距容器塞应留不少于 2 cm 的空隙,用纱布和矿蜡封口,贴上标签(格式见表 5-20)并放在阴凉处待送。

(2)对需加入保护剂的样品,要严格遵守规定的加入试剂的剂量、浓度、纯度、顺序、方法等。

(3)在送样过程中,要严格防震、防冻、防晒。

(4)详细填写送样单,格式见表 5-21。

四、水样分析种类

1. 水质简项分析

分析项目有：pH、游离二氧化碳、氯离子、硫酸根、重碳酸根、碳酸根、氢氧根、钾离子、钠离子、钙离子、镁离子、总硬度及总矿化度等。采样量 0.5~1 L。

2. 水质全分析

表 5 – 20　水样标签

孔(泉)号		样品号	
取样地点			
取样深度		水源种类	
岩性		浊度	
水温		气温	
取样日期		取样人	
化学处理方法			
分析要求			
备　注			

表 5 – 21　水样分析送样单

委托单位：　　　　　　　　　　　　　　　　　　　送样日期：
　　　　　　　　　　　　　　　　　　　　　　　　取样日期：

分析编号	水样编号	取样地点	水样体积 /L	水源种类	水样物理性质			分析项目	备注
					透明度	颜色	气味		

收样日期：　　　　　　　　送样人：　　　　　　　　收样人：

其项目除简项分析项目外，另增加铵离子、全铁(二价、三价铁离子)、亚硝酸根、氟离子、磷酸根、可溶性二氧化硅及耗氧量等。采样量 1~2 L。

3. 专项分析

根据需要而提出的除金分析以外的其他项目，如气体成分、微量元素、同位素等。

常用的一些测定项目的水样采样量和保存方法。见表 5 – 22。

生活饮用水水质标准，见表 5 – 23。

饮用矿泉水，特殊化学成分标准。见表 5-24。

表 5-22　水样常用测定项目、采样量表

测定项目	量少采样量/mL	盛样容器	保存方法	允许保存时间/d	备　注
E_h	100	G,P	4℃	2	最好现场测定
NO_2^-	100	G,P	原样保存	1/3	最好现场测定或开瓶后立即测定
PH、NH_4^+	100	G,P	原样保存	3	
K^+、Na^+、Ca^{2+}、Mg^{2+}、SO_4^{2-}、Cl^-、HCO_3^-、CO_3^{2-}、F^-	500	G,P	原样保存		对矿化度高的重碳酸型水、HCO_3^-、Ca^{2+}、Mg^{2+}、游离CO_2 应现场测定
Fe^{3+}、Fe^{2+}	250	G,P	加入硫酸—硫酸铵	30	现场固定
侵蚀性 CO_2	250	G,P	加入碳酸钙	30	现场固定
磷酸盐	100	G	加硝酸酸化，使用 pH < 2	10	现场固定
可溶性硅酸	100	P	含量 < 100 mg/L 时，原样保存；> 100 mg/L 时，酸化，使 pH < 2	20	现场固定
NO_3^-	100	G,P	原样或 pH < 2	20	
总铬	100	G,P	加硝酸酸化，使 pH < 2	30	现场固定
六价铬	100	G,P	原样保存	30	
Mo、Se、As	100	G,P	原样或加酸 pH < 2	15	
Li、Rb、Cs、Ba、Sr	200	G,P	原样或加酸，使 pH < 2	30	
微量金属	1000	G,P	加硝酸使 pH < 2	7	现场固定
硫化物	500	G	加醋酸锌	7	现场固定
溴	100	G	原样保存	10	
碘	100	G	原样保存	10	
耗氧量（COD）	100	G,P	原样或 4℃ 保存	3	
硼	100	P	原样保存	30	
挥发性酸、氧化物	1000	G	加 NaOH 使 pH > 12，或 4℃ 保存	1	现场固定
有机农药残留量	5000	G	加硫酸，使 pH < 2	7	现场固定
铀、镭、钍	1000	G,P	加硝酸，使 pH < 2	7	现场固定
氡	100	G	原样保存	1	
$_1^2H \cdot {}^{18}O$	100	G	原样保存		
$_1^2H$	1000	G	原样保存		

注：G 为硬质玻璃瓶；P 为聚乙烯塑料瓶

表5－23　生活饮用水水质标准

编号	项　目	标　准
感觉性状和一般化学指标		
1	色	色度不超过15度，并不得呈现其他异色
2	浑浊度	不超过3度，特殊情况不超过5度
3	嗅和味	不得有异嗅，异味
4	肉眼可见物	不得含有
5	pH	6.5～8.5
6	总硬度（经 $CaCO_3$ 计）	450 mg/L
7	铁	0.3 mg/L
8	锰	0.1 mg/L
9	铜	1.0 mg/L
10	锌	1.0 mg/L
11	挥发酸类（以苯酚计）	0.002 mg/L
12	阳离子合成洗涤剂	0.3 mg/L
13	硫酸盐	250 mg/L
14	氧化物	250 mg/L
15	溶解性总固体	1000 mg/L
毒理学指标		
16	氟化物	1.0 mg/L
17	氰化物	0.05 mg/L
18	砷	0.05 mg/L
19	硒	0.01 mg/L
20	汞	0.001 mg/L
21	镉	0.01 mg/L
22	铬（六价）	0.05 mg/L
23	铅	0.05 mg/L
24	银	0.05 mg/L
25	硝酸盐（以氮计）	20 mg/L
26	氯仿	60 μg/L
27	四氧化碳	3 μg/L
28	苯并芘（a）	0.01 μg/L
29	滴滴涕	1 μg/L
30	六六六	5 μg/L

编号	项　目	标　准
	细菌学指标	
31	细菌总数	1 mL 水中不超过 100 个
32	大肠菌群	1 L 水中不超过 3 个
33	游离性余氧	在接触 30 min 后应不低于 0.3 mg/L，集中或给水应符合上述要求外，管网末梢水不低于 0.05 mg/L
	放射性指标	
34	总 α 放射性	0.1 Bq/L
35	总 β 放射性	1 Bq/L

引自：1986 年《生活饮用水水质标准》GB5749—85，试行标准。

表 5 – 24　饮料矿泉水特殊化学成分标准（1986 年地矿部《试行》标准）

化学成分	饮料矿泉水标准/（mg · L^{-1}）	备　注
游离二氧化碳	>250	命名标准 >1000
氡	>3.5	命名标准 >5.5
偏硅酸	>25	命名标准 >50
二价铁和三价铁	5 ~ 10	命名标准 >10
锂	0.2 ~ 2	
锶	0.2 ~ 4	
氟	1 ~ 2	
溴	0.2 ~ 1	
偏硼酸	1 ~ 5	以 H_3BO_3 计
碘	0.2 ~ 1	
钼	0.05 ~ 0.5	
锌	0.2 ~ 5	
硒	0.01 ~ 0.1	

第八节　地球化学土壤、岩石测量样

一、地球化学土壤测量样

（一）目的

通过测量样品中某些微量元素和化学组分含量及其变化，了解土壤中化学异常特征、变化规律，以提供找矿依据，也可为农、林、牧业规划和环境治理、地方病防治等提供基础资料。

（二）采样要求

（1）找矿样品，按设计的测网点位布置，应采自残、坡积物的淋积层（B 层）或母质层（C 层）中。一般为细砂土、粉砂土、砂质土、黏土等。

（2）其他目的之样品，按设计要求取。

（3）采样的同时，进行详细地质记录，其内容格式如下表（表 5 − 25）。

表 5 − 25　土壤测量采样登记表

图幅：　　　　线　距　　　m　　　年　月　日　天气　　　比例尺：
　　　　　　　点　　　　　m

控制 点号	样品号	袋号	描述				取样位置 或深度	样品 重量	松散物 厚度	地形 特征	地质矿 产概述	备注
			颜色	粒度	土性	成因						

（三）样品的加工

在每一加工程序中，均应严防样品污染，加工流程如图 5 − 7 所示。

（1）干燥：可晒、晾、烘烤，但烘烤时切忌高温；

（2）过筛：一般过 60 目（应经过试验）；

（3）送样质量：不少于 60 g。有特殊要求者按设计执行。若样品较多，可按四分法对角线缩分，最后装袋送出。

二、地球化学岩石测量样

（一）目的

根据某些元素的含量，编制地球化学图件，研究元素的变化规律，为寻找隐伏矿体和解决某些基础地质问题提供资料，同时，划分成矿区带，进行矿产资源预测。

（二）采样要求

（1）一般均要采自新鲜基岩。研究不同时代和火成岩的样品，则按地层、岩石单元采取，并避开矿化、蚀变带等部位；为了发现异常、寻找矿化时，则尽量在矿化蚀变岩石、铁帽、裂隙细脉、破碎带上采样。

（2）每个样品由周围数小块岩石合并而成。矿化不均匀时，也可用刻线法采取。

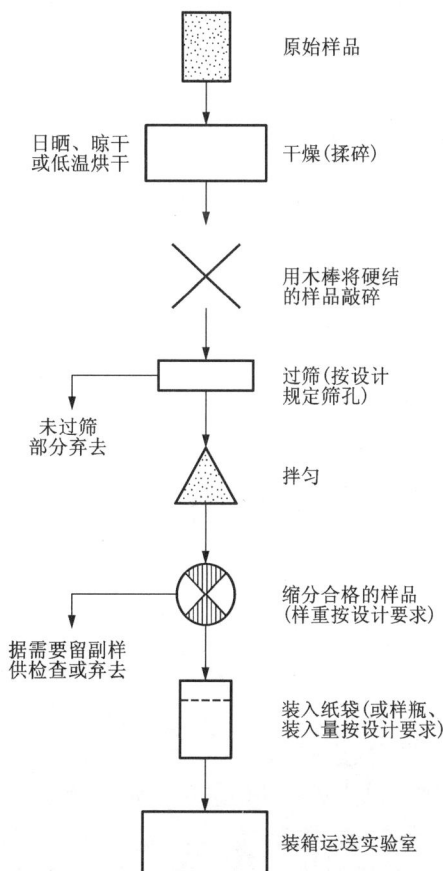

图 5 − 7　野外加工流程图

（3）样品重量应不少于150 g，分析金、铂族、汞等特种元素，应酌情多采，及时送出。

（4）采样时即进行地质记录。

第九节　石材取样

作为饰面用的石材，首先应是具备满意的色泽，然后按其用途不同，以非爆破的方式采取新鲜样品测试其物理化学性质。

一、装饰工艺样

（一）标准样

一般按矿体(层)的厚度方向采取，每一品种最少一件。规格30 cm×30 cm×30 cm，单色块状岩性时可小些，10 cm×8 cm×2 cm即可。经加工、抛光，显示其花纹颜色，作为品种、品级的标准。若花纹颜色各向异性，则按不同方向，各取等数量和规格的样品作为标准样。

（二）基本样

一般与标准样同时采取，以便进行对比。每一品种取1～3件，规格为10 cm×8 cm×2 cm。当一个品种矿层厚度较大时，可每隔5～10 m采取一件，以控制其变化。

钻孔中，取新鲜岩(矿)心15～20 cm长，沿长轴对称劈开，取一份作基本样。

在一般情况下，岩石经过湿水后，其花纹颜色比较清晰，因此基本样不必全部加工，只选10%具代表性样品加工抛光，即可与标准样对比。

二、石材的其他采样

（一）岩石鉴定样

按矿体(层)，每一品种采有代表性的岩矿样3件以上送鉴。要求及采样方法与其他岩矿鉴定样相同。

（二）化学分析样

按矿体(层)，每一品种用拣块法采取有代表性样品3件以上作化学分析，了解其化学组成、含量及综合利用的可能性。

（1）大理石，一般分析CaO、MgO、SiO_2、Al_2O_3、Fe_2O_3、烧失量等。

（2）花岗石，一般分析SiO_2、TiO_2、MnO、Fe_2O_3、CaO、MgO、K_2O、Na_2O以及根据需要及增加光谱分析中异常元素。

（三）光谱分析样

每一品种中用拣块法取1～3件，了解石材中是否存在可综合利用的，或更有价值的元素。

（四）放射性测量

用辐射仪对物性样进行γ强度测量，花岗石勘探矿区，也可在野外沿地质剖面测量。

（五）小体重样

按矿体(层)采，每一品种不少于5件，测定方法同前述小体重测定。

（六）吸水率样

按矿体(层)采，每一品种3～5件，规格10 cm×10 cm×10 cm。且两个面平行于石材层理。试验时，将样品直立于 15～25℃ 纯净蒸馏水的槽中，底面用不吸水的垫块垫起，浸 48 h 后取出称重(G_1)，在 105～110℃ 烘箱中烘干冷却后再称其重量(G_2)，二者之差与干样重量之比即为吸水率。公式为

$$A = \frac{G_1 - G_2}{G_2}$$

（七）光泽度样

一般是在规格为 300 mm×300 mm 的板材上，用光电光泽计测定板材中心和 4 个角，同一品种各试样所测光泽度的算术平均值即为该样的光泽度。无光电光泽度时，可与已标定光泽度的板材对照，在 1 m 远处目估测定。

（八）耐磨率样

按矿体（层）采样，不同品级各采 2～4 件，样品规格为无裂纹、无损伤的，直径 25 cm、高 6.0 cm 的圆柱体，先在 105～110℃ 烘箱中干燥 4 h，冷至常温称重 G_1，然后在道端式石料硬度机上测试，按下式计算

$$M = \frac{G_1 - G_2}{A}$$

式中：M 为耐磨率，g/m^2；G_1 为试样烘 4 h 后的重量，g；G_2 为试样磨过 1000 转后的重量，g；A 为试样受磨面积，cm^2。

（九）抗冻样

当矿石吸水率大于 0.5% 时才作坑冻性试验。按矿体（层）取 5 cm×5 cm×5 cm～10 cm×10 cm×10 cm 的试样，一组样 3 件，将其浸水饱和称重，然后放入 20℃ 的冷冻箱中冷冻 3 h，再放入 +20℃ 温水中融化 3 h 后称重。如此冻、融 25 次，最后测其抗压强度和重量损失率。具体要求目前尚无统一规定，就大理石而言，抗压强度的降低不应大于 25%，重量损失率不应大于 2%。

（十）抗压强度样

按矿体，每一品种采取两组（6 件），保证切割成 10 cm×10 cm×10 cm 的规格。样品上下两个受力面（与石材层理平行的两个面），必须研磨成相互平行的平面。测试方法是在压力机或万能材料试验机上进行。一组测风干强度，一组测饱和强度，按算术平均值计算：

$$R_{压} = \frac{P}{A}$$

式中：$R_{压}$ 为抗压强度，kg/cm^2；P 为试件破坏时的荷载，kg；A 为试件横断面面积，cm^2。

（十一）抗折强度样

按矿体，每一品种采取一组三件，保证切割成 12 cm×4 cm×2 cm 之规格。样品不得有肉眼可见的裂纹。受力面必须互相平行，在万能材料试验机上测试，以两件抗折强度较大的算术平均值为准计算，公式如下：

$$R_{折} = \frac{3PL}{2BH^2}$$

式中：$R_{折}$ 为抗折强度，kg/cm^2；P 为试件的破坏荷重，kg；L 为支点跨距，10 cm；B 为试件断面宽度，cm；H 为试件断面高度，cm。

第十节　宝石采样

目前宝玉石采样，尚无成熟的统一规定，根据不同的工作阶段可采用以下方法：

一、普查阶段

（1）在1:20万，1:5万调查时，用重砂法取样，其要求同相应比例尺之要求。唯其样品体积可达1 m³。

（2）当重砂取样发现矿化异常，或在已知矿点、矿化区内工作时，则应加密采样间距到100~200 m左右，取样体积1 m³以上，并利用地表工程采取拣块样品。

二、评价阶段

视宝石在矿体中的分布特点、质量变化、矿体规模、形态、产状复杂程度可按以下方法采样：

（1）各类脉岩中的晶洞状、囊状矿床，在地表布置大型样坑或探槽，矿体薄时，可沿走向布置，采样体积50~150 m³。一个矿体要有1~3个采样工程。

含矿性好的大型矿床，要用少量钻孔了解深部延伸情况，并用井硐了解其含矿性，则用钻孔在矿体中所取得的全部岩心、井硐在矿体掘进中的碴石作为样品。但绝大多数矿区及小型矿床，只在地表采样就可以了。

（2）产于脉状、筒状、透镜状和似层状矿体中的浸染状矿床，地表仍以探槽和样坑揭露取样，矿化好时，深部以钻探和坑探控制。当宝石粒度较小，采样体积10~30 m³；粒度愈大，品位愈低，如大粒度宝石级玛瑙矿床，采样体积50~100 m³。

该类的残坡积砂矿床，用探槽揭露采样，体积100 m³；冲积砂矿采样体积50~100 m³。且均需采至基岩。

（3）产于透镜状、似层状和层状矿体中致密块状宝石矿床，地表用探槽、浅部用带岔子的浅井，深部用钻探，矿化好的地段，投入一定量的坑探工程以取评价大样，大样体积50~100 cm³左右。取样时严禁破坏性爆破，以保护宝石的完整性和减少裂纹。

三、样品的分选

（1）块度较大的玉石、雕刻面及单晶宝石，用手选，按规定的标准分级；

（2）包含于岩石中的浸染状小粒宝石，一般用人工分离法将宝石选出来，当宝石十分细小又很分散时，可用机械选矿法分离，但必须最大限度地保护宝石的完整性，然后再用手选分级；

（3）砂矿中的宝石样，用人工淘洗或用跳汰、磁选等法使宝石富集，再用手选分级。

（4）宝石分级标准：因矿种不同而差别很大，应由有关单位下达，亦可与商业、外贸部门协商确定。

四、送样鉴定

根据分级后的宝石即可得到各级宝石的含量及其所占的比例，然后送专门的宝石研究所作进一步核实,根据其核实情况,即可对该宝石矿床作出经济评价。

第十一节　石棉采样

一、含棉率样品采集

（一）采样方法

根据矿床类型、棉脉类型、纤维长度、矿化均匀程度、矿样重量和工业指标等因素分别选用刻槽法、剥层法、全巷法和矿心法取样。其中刻槽法应用最广。

（二）采样规格

（1）刻槽法：垂直矿体走向、分层、分段连续采取。在镁质碳酸盐岩蚀变类型矿床中,断面为 $10 \sim 15$ cm $\times 10 \sim 15$ cm;在镁质超基性蚀变的横纤维型矿床中为 $20 \sim 30$ cm $\times 20$ cm;在镁质超基性蚀变的纵纤维型矿床中为 30 cm $\times 30$ cm。

（2）剥层法：用于不均匀的网脉状和纤维很长的纵棉矿体,断面为 $50 \sim 150$ cm $\times 20$ cm。

（3）全巷法：多用于检查其他采样方法,断面 1.8 m $\times 2.0$ m。

（4）矿心法：采样孔径不小于 91 mm,除留 $10 \sim 20$ cm 代表性矿心外,其余矿心全作样品。不同孔径、采取率相差较大（ $>20\%$ ）及选择性磨损差别较大的矿心应分别组样。

（5）样品长度：根据矿化特征确定。一般样长 $1 \sim 4$ m,白云岩型 $0.5 \sim 2$ m;超基性岩性 $2 \sim 4$ m;矿心中 $2 \sim 20$ m。保证样重 40 kg 即可。

二、含棉率样品野外加工

即通过人工及机械把石棉从矿石中分选出来。再按石棉纤维长度进行分级。

先手选,把样品分为富矿组和贫矿组,关键是从样品中手选出含杂质很少的长纤维石棉（特级）和块状石棉,包装后送室内加工;后者是所剩的全部样品,其重量不大时,直接包装送室内加工,若重量超过 100 kg,则需进行野外缩分,根据 $Q = Kd^2$ 进行。

式中：Q 为要求矿样的重量,kg;K 为系数,取 0.2（改变时需经试验）;d 为粒径,mm。

野外加工流程,见图 $5 - 8$。

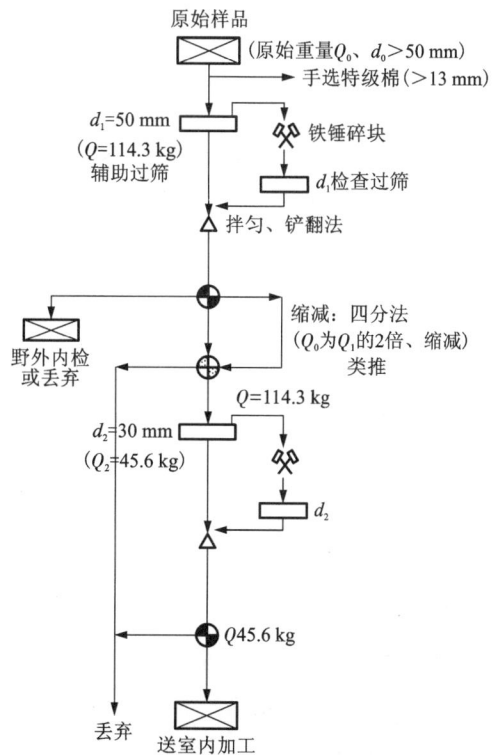

图 $5 - 8$　野外加工流程图

三、石棉纤维化学样和其他性能测试样的采取

（一）石棉纤维化学分析样

（1）按纤维的颜色、长度、劈分性能分开采集风化的及原生的纤维，分别分析。

（2）样品件数 5～10 件。

（3）分析项目：SiO_2、TiO_2、Al_2O_3、Fe_2O_3、FeO、MnO、MgO、CaO、NiO、Na_2O、K_2O、P_2O_5、Cr_2O_5、V_2O_5、H_2O^+、F^+、Cl^-、CO_3^{2-}、灼减量等。要求百分含量总和达 99.5%～100.75%。

同时，围岩也应作适量岩石化学分析，其基本分析项目为：SiO_2、Al_2O_3、Fe_2O_3、FeO、CaO、MgO、CO_2 等。对蛇纹岩作光谱半定量分析，以了解微量元素含量。

（二）石棉纤维物理性质测试样

（1）按棉脉类型分别采取原生棉，纤维长度 15～20 mm 以上。

（2）测定机械和绝缘性能样时，应采原状样，棉重 200 g。

（3）测定比重、耐酸性、耐碱性、导热性、耐热性及矿物种类的样品，应具代表性、不含脉石、泥土等杂质，为洁净的原棉。可用手选棉，样重 2000 g 左右。

（4）体重样：小体重测定，采用含棉率试样刻槽法，样槽完整，试样含棉率在边界品位以上，以矿石重量与刻槽体积之比表示。同时，应采大体重样作检查，规格为 100 cm×100 cm×50 cm，5～10 件。大小体重各自平均值之差不大于 3%，否则，应增加大体重样件数，并以其平均值作为储量计算参数。

四、石棉矿石可选性试验样

对新的矿石类型，在地勘阶段一般需作实验室规模的原矿石颗粒试验，为矿山选矿设计提供依据。样品按不同类型、品位采几到十几件，一般重 2000 kg，保证各粒级重 30 kg，获得石棉纤维 500 g 以上即可。

第十二节　麦饭石采样

目前麦饭石主要应用于医疗、保健、饮料及防腐防臭及养殖和农业增产方面。

我国对麦饭石的大规模应用研究始于 20 世纪 80 年代，采样方法尚无统一规定，现将几个麦饭石矿区的采样情况综合介绍如下，供参考。

一、样品种类

一般需采取标本、薄片、小体重、硅酸盐分析、简项溶出分析、微量元素及其溶出分析、稀土元素及其溶出分析和泉水、井水样品等。

二、采样方法及要求

（1）样品应按矿体风化程度，分别采取 1～4 件，如风化带，半风化带、弱风化带等。用网格法采若干小块，组成不同的样品。

（2）为保证样品的纯净、新鲜，取样时应取掉表层浮土、杂质等污染物。

三、样品重量及分析项目

样品重量及分析项目如表 5 - 26 所示。

表 5 - 26 麦饭石取样种类、分析项目表

样品分类	分析项目	单样重量	备 注
1. 硅酸盐分析样	同一般硅酸盐分析	2 kg	
2. 简项溶出分析样	As、Se、Hg、Cd、Cr、Pb、Ag、Cl、Al、Ra、Th、U、总 α、总 β、氟化物、氧化物	1 kg	当有害物质溶出量不超标时再作其他分析
3. 微量元素及其溶出分析样	Sr、Cd、Sc、Bi、Hg、W、Mo、Sn、L、U、Th、Zn、Co、Pb、Se、S、Ni、Ba、Mn、Cr、Nb、V、Cu、Ti、Zr、Ca、Sb、Be	2 kg	
4. 稀土元素及其溶出分析样	La、Ce、Pr、Nd、Sm、Eu、Cd、Tb、Dy、Ho、Er、Tm、Yb、Lu、Y	2 kg	
5. 水样	作水质、矿化水质全分析	500 mL	取 2 ~ 4 个以做对比。采自矿区及其附近的井、泉中

四、生化试验

麦饭石在水中的溶解度与其投放量、粒级、水温、pH、浸泡时间、搅拌程度等因素有关。故作溶出分析试样,按风化(氧化)程度每份应采 4 ~ 8 件,以作不同条件下的对比分析。并作生化试验(治病,防腐等)。选择最佳方案应用。

第十三节 饲料矿产采样

一、采样目的

饲料矿产是直接或间接作为饲料的天然矿产资源。目前分为蛋白质饲料和矿物质饲料两大类矿产。采祥测定是为了解矿物饲料的物理性质及化学成分,从而确定资源的种类、品位、规模、分布及储量大小,评价其开发利用价值和社会经济效益。

二、采样方法

(一)采样种类

(1)岩矿鉴定样品。

(2)化学分析样品:

①常量及微量元素和重金属元素分析样。

②微量元素溶出样。

③稀土元素分析样。

④稀土元素浸出样。

⑤稀土元素重金属分析样。

(3)红外光谱样品。

(4)饲喂大样。

（二）采样方法

(1)样品必须采自新鲜岩石，无任何污染。样品尽可能沿矿体(层)厚度布设，按不同矿石类型、品级分别采取，样品要具有连续性、系统性和代表性。

(2)采样可用连续拣块法或刻槽法。连续拣块法较常用，其方法有两种：一种为线状连续拣块法，即沿直线(垂直矿体厚度)连续采许多点，组合成重 1 kg 左右的样品；另一种为圆面积连续拣块法，圆的直径按矿床规模大小、品位均匀程度而定，一般为 50～100 m。一个矿床上作 2～4 个为宜。取样是在圆内互相垂直的十字形直径上(一条垂直矿层厚度)连续取拣块样：合并成不小于 1 kg 重的样品。

三、分析项目

分析项目视矿产种类不同而不同。常量元素、重金属(有害)元素及薄片均应进行分析鉴定。

（一）饲料矿产

常量元素：Ca、Mg、Na、K、P、S、Cl(单位为%)。

微量元素有：Ni、Co、Cu、Fe、Zn、Mn、Mo、Se、Al。

有害元素有：Pb、As、Hg、Cd、U、Th。

对有害元素要求，国内、国际目前尚无统一工业标准，我们沿用世界各国暂用的工业要求，有害元素最大允许量为：Pb 30 $\mu g/g$、Hg 0.1 $\mu g/g$、As 10 $\mu g/g$、Cd 10 $\mu g/g$、F 2000 $\mu g/g$。

（二）蛋白质饲料矿产(风化煤、泥炭)的分析项目

常量元素有：Ca、Mg、Na、K、P。

微量元素有：Fe、Cu、Zn、Mn、Se。

重金属元素有：Pb、As、Hg、Cd、F、U、Th。

腐植酸分析项目有：总腐植酸、无氯浸出物、粗蛋白、粗脂肪、粗纤维、粗灰分、水分、蛋氨酸、赖氨酸、苏氨酸、天冬氨酸、丝氨酸、氨酸、脯氨酸、甘氨酸、丙氨酸、胱氨酸、缬氨酸、亮氨酸、异亮氨酸、酪氨酸、苯丙氨酸、组氨酸、精氨酸、色氨酸。

（三）沸石分析的成分

化学部分：CaO、MgO、Na_2O、K_2O、Al_2O_3、SiO_2、P_2O_5、烧失量(单位为%)。

微量元素有：Ba、Be、Mn、Cr、Ni、Mo、V、Cu、Zn、Zr、Sn、S、Sr。

重金属元素有：Pb、As、Hg、Cd、F、U、Th。

（四）麦饭石分析项目

微量元素及微量元素溶出分析、稀土元素及其溶出分析、重金属元素及其浸出分析。

微量元素分析项目有：Sr、Se、Bi、Sb、W、Mo、Sn、Li、Cu、Co、Se、S、Ni、Ba、Mn、Cr、V、Ti、Zr、Zn、Ca、Be。

微量元素溶出分析项目同上。

稀土元素分析项目有：La、Ce、Pr、Nd、Sm、Eu、Cd、Tb、Dy、Ho、Er、Tm、Yb、Lu、Y，∑PEE、LREE、HREE。

稀土元素浸出分析项目同上。

重金属元素分析项目有：Pb、As、Cd、Hg、Al、U、Th、Ag、Ra、总α、总β（单位为mg）。

第十四节 其他样品

一、化石样

化石样包括大于1 cm的大化石样和1 μm至1 cm的微体化石样。用以研究古生物的分类、命名、进化与古生态，确定地层时代，恢复古气候环境等，大化石还可作陈列标本。

采样方法及分析鉴定要求，见表5-27。

二、其他样品

其他粒度分析样、X射线衍射粉末样、红外光谱分析样、穆斯堡尔普样、热分析样、发光分析样、单矿物分析样、岩石微量元素定量分析样、单矿物微量元素定量分析样、岩石稀土元素分析样、孢粉分析样等。其用途、要求及采样方法，见表5-28。

表5-27 化石采样方法及鉴定要求简表

	采样方法	鉴定要求	备 注
大化石样	1. 尽量采集整体 2. 疏松化石，先作固结处理然后采取 3. 大脊椎动物化石，先打网格编号，再作编号素描图或照相，然后按网络采集装箱	1. 定名矿种，亚种，并确定其时代 2. 形态描述	送样装订时需用棉花等软物填实，并附采样点地质图或剖面图
微体化石样	1. 研究化石随时间的演代时，需沿地层层序采样（地层采样） 2. 研究其在空间上的变化时，需沿同一地层展布方向采样（顺层采样） 3. 各种点间距大致相等，一般10~100 m 4. 有孔虫、介形虫、纺锤虫、浮游生物采泥质、泥砂质、钙质岩；牙形刺采泥质岩、钙质岩、硅质岩；放射虫、硅藻土采泥质岩，硅质岩；花粉，孢子主要采泥质岩，炭质岩及煤	1. 确定种属、时代，描述其特征（附照片，素描图） 2. 统计在样品中的出现率 3. 对地层时代及古环境作出判断	样品应采集新鲜沉积物，疏松的土质样要装袋，送样时附地质图或剖面图 小壳化石的鉴定，在野外取具代表性的标样，放入10%稀盐酸中浸泡半小时，将标本敲震，落下的粉末，用双简显微镜鉴定

表 5 - 28 一些样品的采样方法一览表

样品种类	主要用途、分析项目	采样方法、要求	样品数量	备注
1. 粒度(机械)分析样	根据沉积岩粒度大小、组成变化等,进行岩石定名和岩相学研究,划分地层	沿层面逐层采取,要求新鲜	砂质岩 200 g,泥质岩 500 g,碳酸盐 1000 g 以上	同时采薄片样以对无法分开之颗粒作粒度测定
2. X 射线衍射粉末样	测定造岩矿物成分,结构及黏土矿物的种属	一般挑几粒矿物晶体,或晶屑。研究矿物成分结构时,需在同一地质点采 3 个以上样品	黏土 100 g	
3. 红外光谱分析样	矿物鉴定,结构构造研究,如长石的有序度测定等	挑拟鉴定矿物	2 g	
4. 穆斯堡尔谱样	鉴定矿物中铁的状态(价态、配位、键等)	挑单晶或破碎的岩石矿物均可	2 g	含量万分之几亦可测定
5. 热分析样	鉴定未识矿物	岩石、单矿物或黏土	热差分析 0.5 g重热分析 5 g	
6. 发光分析样	了解矿物晶体结构及形成条件,火成岩用热发光晕指示找矿	紫外线发光矿物 1 ~ 几粒即可,常用的有方解石长石、白云石、石英、锆石、萤石等	5 g	
7. 单矿物全分析样	计算矿物实际化学式,其项目根据理论化学式确定,总和要在 99.30% ~ 100.70% 之内	挑选单矿物,且不能带有杂质及连生体,矿物纯度 98%	10 ~ 100 g	
8. 岩石微量元素定量分析样	了解岩矿石中微量元素的种类,含量及其在成岩过程中的地球化学行为,进行地质体对比,为确究岩矿石成因及温压条件提供信息	新鲜,纯净,无外来脉体及包体,每个地质体不少于 5 个样,均由数块合成	500 g	依用途确定分析项目,一般分析 Pb、Li、Be、Nb、W、La、Y、Sc、Ce、Ca、Zr、Th、Sr、Ba、V、Co、Cr、Ni、Cu、Zn、Mo、Au、As、Ag、Sn、Sb、Hg、Bi、F、Cl、B、Rb、Ta、U、Hf 等
9. 单矿物微量元素定量分析样	了解微量元素在矿物中的分配情况,为研究地质体岩石矿床成因提供信息分析项目依用途而定,了解微量元素分配的样品与岩石微量元素定量分析项目一改	挑选单矿物,不得带有包体及连生体。计算地质温度的样品,一般要求采共生矿物对分析,如方铅矿—闪锌矿中的 Se、钾长石—黑云母中的 Rb/K、金云母—透长石中的 Rb、磁铁矿中的 Ti 谱	0.2 ~ 2 g	

样品种类	主要用途、分析项目	采样方法、要求	样品数量/g	备注
10. 岩石稀土元素分析样	寻找稀土矿床，并研究其成因，计算岩浆岩体的氧逸度（f_{O_2}）等分析项目：轻稀土：La、Ce、Pr、Nd、Sm、Eu，重稀土：Cd、Tb、Dy、Ho、Er、Tm、Yb、Lu、Y	新鲜，不得有外来脉体、包体混入 样品由数块合成一个样	5000 g	采样点应同时取薄片样作对照研究
11. 孢粉分析样	确定地层时代，进行地层对比，了解成煤的原始物质组成	1. 确定时代的孢粉煤样在 1 m 以下煤层中采取 2. 岩石孢粉样在碳质页岩和含植物化石碳质页岩、砂岩及在黑色、深棕、深褐色砂、泥质岩石中垂直层理采取 3. 对比煤层的孢粉样，在煤层直接顶底板 1 m 处采取	1. 孢粉煤样 500 g 2. 坑道样层规格为 5 cm ×5 cm×5 cm 钻孔中垂直层理 5 cm 样重 200 g 3. 岩石孢粉样坑道中样槽 10 cm×10 cm ×10 cm 钻孔中 10 cm	1. 样品应自上而下，严格顺序包装 2. 样品纯净，严防外来混入物 3. 岩石孢粉样采样间距：层厚小于 1 m 间隔 20～50 cm 一块；1～5 m 时间隔 0.5 m 一块；大于 5 m 时，间隔 1 m 一块

第六章 遥感解译及地质素描方法

第一节 遥感解译方法

遥感是遥远感知的意思，"遥"具有空间概念；"感"表示信息系统。即在遥远的空间，不与目标物接触，而通过信息系统去获得有关该目标物的信息。

一、遥感图像的基本要素

色、形、坐标位置是遥感图像的三要素，其中坐标是固定的，色形二要素最重要。

色(色调、色别)：不同类型遥感图像上的色调其物理意义是不相同的，色调是区别不同地物的根本因素，但色调的影响因素很多，故其变化大，稳定性差，在地质解译中，主要是研究地质体之间的色调相对差异和相互关系。

形(形态、纹理)：主要是指不同级别的沟谷和不同形态的山体所组成的地貌形态。它决定于地物的平面投影，反映其几何性质。成像方式对形态的影响较大。

色与形两者相辅相成，构成图像全貌。

二、遥感图像成像过程及地质解译过程

(一)成像过程

地物发射或反射的电磁波谱经大气窗口，通过不同成像方式传输到不同平台的传感器内，从而获得图像底片或数据磁带，即：

```
┌──────┐ 电磁波谱  ┌──────┐ 主动  ┌──────────┐  ┌──────┐
│ 地物 │─────────→│ 大气 │──────→│ 传感器   │─→│ 图像 │
│      │ 反射发射  │ 窗口 │ 被动  │ 投影扫描 │  │ 磁带 │
└──────┘          └──────┘       └──────────┘  └──────┘
```

(二)地质解译过程

地质解译是从遥感图像中识别出地质信息，其工作顺序是：面→线→点→地质规律解译的过程如以下框图所示：

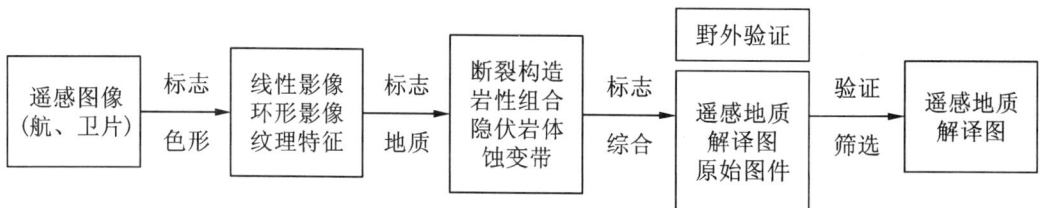

```
                                                ┌──────────┐
                                                │ 野外验证 │
                                                └──────────┘
┌──────────┐     ┌──────────┐     ┌──────────┐ ┌──────────┐ 验证 ┌──────────┐
│ 遥感图像 │ 标志│ 线性影像 │ 标志│ 断裂构造 │ 标志│ 遥感地质 │─────→│ 遥感地质 │
│(航、卫片)│────→│ 环形影像 │────→│ 岩性组合 │────→│ 解译图   │ 筛选 │ 解译图   │
│          │ 色形│ 纹理特征 │ 地质│ 隐伏岩体 │ 综合│ 原始图件 │     │          │
└──────────┘     └──────────┘     │ 蚀变带   │ └──────────┘     └──────────┘
                                  └──────────┘
```

三、遥感图像的地质解译方法

解译方法主要有三种：目视解译法；光学增强处理；数字图像处理。

（一）目视解译法

目视解译法是根据地物的影像特征，运用各种解译标志，用肉眼（包括放大镜、立体镜）从航片或卫片上直接识别和分析地质内容。目视解译经常使用直判、对比、推理三种方法。

目视解译的原则是：

（1）多种遥感图像相结合，取长补短。

（2）先整体，后局部。

（3）先易后难。

（4）先构造后岩性。

（5）先目视后仪器。

（6）图像解译与地面调查及物化探相结合。

（二）光学增强处理

光学图像增强技术是用各种光学信息处理的方法，突出某些信息或压抑某些信息，提高图像的分辨力。光学增强处理主要是用各种胶片图像，通过光学仪器进行处理。如摄影处理、光电处理、相干光学处理等。

处理的方法主要有：彩色合成法；密度分割；边缘增强等。

（三）数字图像处理

数字图像处理技术是将传感器所获得的数字磁带，或经过数字化的图像胶片处理，用多功能的电子计算机，对数字记录的辐射值或象元值进行各种运算和处理。通过运用电子光学技术、电子计算机自动标志识别和分类技术等，准确地识别遥感信息，并得出更有利于实际应用的输出图像及有关资料的技术。

四、解译举例

（一）线性断裂的识别标志

1. 色调标志

在遥感图像上存在着可识别的色线、色带。这种色带光谱标志明显，沿线性体走向各光点光谱值稳定，有时延伸很远，易于识别。人眼利用视觉惯性，对其自动连接。但横向光谱值变化较大，色带无明显边缘结构，规模大小不一，形态各异，它们在不同遥感图像上可识别程度差异很大。比例尺相同情况下，黑白（可见光）相片上模糊不清，彩红外相片或多波段合成彩色图像上则比较清楚。

在遥感图像上以色调为主显示的线性断裂有三种情况：

（1）浅色背景上的深色线性影像，有时较模糊，多为切割较深的大断裂，地形常为窄长线性山谷带，并有岩体、岩脉、水泉、植被等成带分布。

（2）深色背景上的浅色线性影像。主要发育于露头发育区，地形上表现为线性槽地，多为开口断裂。

（3）不同影像之间的分界线，通常为地貌界线和构造台阶，线性体两侧地貌景观截然不同。

2. 形态特征

(1)交叉式：

①直交式，两组断裂直交而成。

②斜交式，两组断裂斜交而成。

(2)平行式。

(3)放射状。

(4)环状。

(5)环放状。

3. 模糊断裂的标志及边界的确定

(1)成矿时期的断裂，破碎带被岩浆热液充填愈合，形态特征模糊，显示为蚀变带物征，图像上宏观特征色调明显。边界位置按色带中心或宽度确定。

(2)第四系覆盖下的隐伏断裂带，图像显示出来微弱的透露信息，宏观特征明显。按色带中心确定断裂位置。

(3)走向断层(层间断层)，航片可见断层三角面，边界按地形坐标确定。

(4)大型断裂带，长度、宽度很大，航片上模糊不清，不易辨认，在1:50万卫星图像上清晰可见，按地形水系确定边界。

4. 水系标志

水系在覆盖区和半覆盖区是构造解译的重要标志。格状水系是两组直交断裂的标志；菱形水系是两组斜交断裂的标志；平行状水系是走向断裂的标志，但应注意与层理区分；环状及放射状水系，是环放断裂的标志。

5. 综合解译标志

(1)地层：横向错位、重复、缺失；

(2)构造：中断，产状突变、牵引剪切等；

(3)地貌：断层崖、线状沟谷、窄凹地、山脊错位、线性火山口等；

(4)岩石：断层岩、蚀变带、岩体定向排列等；

(5)植被土壤异常带。

(二)环状构造

1. 环状构造的特点

形态有圆形、椭圆形、半圆形、弧形及多边形等类型。它们通过色调、地形、水系等形式表现出来。环状构造的色调常表现为色环、色斑或套环状，与背景色调相比有的略深，有的略浅，平原区有时轮廓模糊，变化较大；环状构造的地形标志为环状的山脊、沟谷，或圆形的山岳、盆地，有的则通过较大范围的水系格局显示出环状轮廓。新构造时期活动的环状构造，大多数都控制了环状水系的发育，故而环状水系的出现是其突出的活动标志。

环状构造的规模大小悬殊，成因多种多样。

2. 环状构造的地质意义

遥感图像上环状构造的信息反映的地质内容十分广泛，概括起来有下述几方面：

(1)岩体侵入形成的环状构造；

(2)火山活动形成的环状构造；

(3)前寒武纪变质岩系组成的基底穹隆构造；

（4）短轴褶皱；

（5）盐丘等底辟构造；

（6）新构造穹隆运动和凹陷运动形成的环状构造，新穹隆常是中部强烈隆起，边部较微弱，甚至发生断陷；

（7）环形断裂及弧形断裂；

（8）各种构造岩块，地块：常具有不规则圆形和多边形轮廓，它们的边界也与断裂有关；

（9）陨石坑：呈圆形，多为负地形；

（10）其他成因类型的环状构造。

（三）褶皱构造解译标志

1．色调、图形标志

遥感图像上不同深浅或不同色彩的平行状色带，呈圈闭的圆形、椭圆形、长条形的图形，或者有规律地转折为马蹄形、弧形、三角形，并具明显的对称性和图形等，都是褶曲构造最醒目的标志。

2．岩层三角面和单面山地形标志

当沿着某一界面岩层三角面出现对称或重复，也即三角面尖端相向或相背分布时，都可能说明褶皱的存在。单面山地形的对称分布也可判断褶皱的存在。

3．岩层对称重复出现

4．褶皱转折端

一般来说，正常褶皱或倒转褶皱的转折端部位，层序总是正常的，因而岩层产状总是正常的。即背斜转折端的岩层向外倾斜，向斜转折端的岩层向内倾斜。褶皱转折端的岩层产状反映到地形上，常表现为一坡陡、一坡缓的类似单面山地形，缓坡在外侧称为外倾转折端，缓坡在内侧称为内倾转折端，外倾转折和内倾转折是在遥感图像上判断背斜和向斜的重要的依据之一。

5．特殊的水系标志

向斜盆地形成向心状水系，穹窿则易形成放射状水系；正常的褶皱的两翼常有对称或相似的水系形式；转折端部位则常发育收敛状的或撒开状的水系形式，这些特殊的水系标志，一般仅作为分析褶皱存在的线索，而不能作为确定褶皱的依据。

第二节　地质素描方法

地质素描，是以野外地质物象为对象，用素描方法描绘出地质客观实体的空间形态及相互关系。如地貌景观、地质构造、岩石矿物等内容。往往用许多文字都表达不清的地质观象，而一张素描图却表达得十分清楚，这对提高工效和工作质量起着重要作用。

一、透视法在野外素描中的应用

按近高远低、近大远小、近宽远窄、近前远后、近弯远直的透视法原理，将地质景观反映到素描图面上，见图6－1。

二、块面的应用法

为了将复杂的地貌形态反映到面上，就需要先用简单的几何形体将类似的地形形态逐块

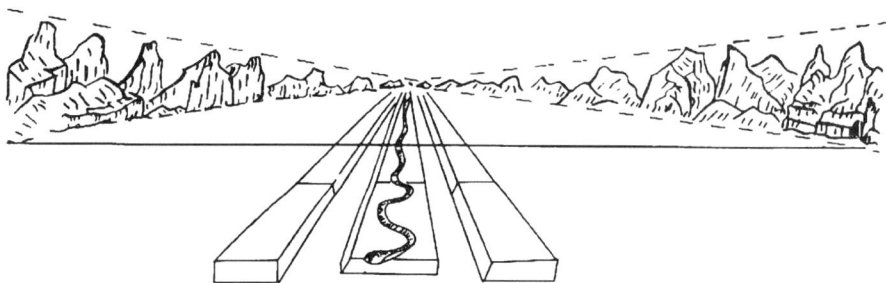

图 6-1   透视法素描地质景观

进行勾绘，构成与素描对象近似的块面，以及各部分相对大小和结合关系，组成景物的整体关系。块断面是构面形体的基本单位，不论地景形态多么复杂多变，但均可划分成理想的几何形体，有利于分析、对比和素描。块面的应用方法如图 6-2 所示。

图 6-2   块面的应用法

三、素描图中线条的运用

(一)轮廓线条

轮廓线条概括了物像外形特点，相当于逆光照片中物体周边线，如图 6-3 所示。

(二)块面分割线条

表现物像表面起伏变化的线，见图 6-4。在轮廓像中反映物体次级形态的一种线条，使物体具有立体质感，以表示物体的(竖面、平面、斜面、波状面和弧形面)五大块面。

图 6-3   轮廓线条

(三)阴影线条

用于反映物体明暗差别的线条或点，如图 6-5 所示。

运用线条时根据五大块面，可选用水平线、直立线、斜线、弧线和曲线分别表示地形、物体形态的变化。在素描中，运用各种线条要注意其反映物具体部位特征：弧线、曲线一般附合物体起伏变化特征，线条宜均匀柔滑，如缓山坡地形。而陡坡、陡崖用直竖线，线条一般平行，不要相互斜交呈网。

图 6 - 4 块面分割线条

图 6 - 5 阴影线条

四、野外常用的几种地质素描图

（一）剖面素描

野外地质工作者经常在穿越主要地质路线时勾绘地质随手剖面，以反映所观察到的各种地质现象（地层、构造、侵入岩形态及穿插关系等），但多是和平常的剖面测制图相同，没有反映路线所通过的地形地貌和在不同高程上地质现象的变化，缺乏立体感。剖面素描应画出地貌形态特征，和不同高程上的地质现象，并勾连其地质构造，标注产状要素和岩性花纹（见图 6 - 6）。

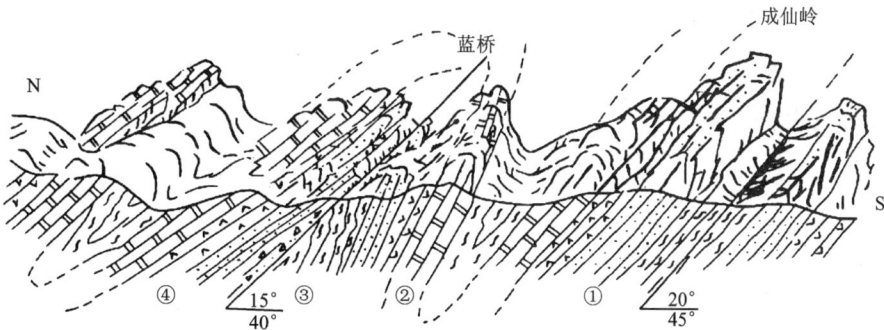

图 6 - 6 陕西蓝田、蓝桥河一带信手地质剖面素描图

（二）地景素描

地景素描主要是对地貌景观的大视域描绘，以此反映地质作用或不同性质的岩石形成的特有地形地貌特征。描绘时要认真观察地貌特征，进行块面勾绘，用透视原理及恰当的线条反映出明暗和地形陡缓变化关系（见图 6 - 7）。

（三）具有代表意义的地质现象素描

此素描选取范围不宜过大，一般常用于露头素描。用精细的描绘手法，将其地质构造特征较真实形象地反映出来。也可称作特写（见图 6 - 8 ~ 图 6 - 10）。

图6－7　陕西洛南小秦岭区太华群混合岩带形成的地貌特征

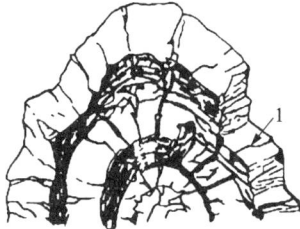

图6－8　褶皱岩层

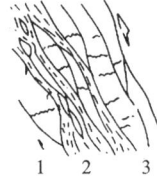

图6－9　挤压破碎带

1—三棱片理带；2—扁豆体带；3—密集节理带

五、地质素描步骤

地质素描图从取景到成图，要有一个过程和步骤，首先要目的明确，就是画这一张图时要明确它要表现什么主要地质内容（如地貌特征、褶皱构造、接触关系等），取景时要将主要反映的地质现象放置在图的中心突出部位，同时考虑图面布局的合理美观。其素描图主要步骤可分以下五个：

（一）取景

确定控制点（光灭点、最低点、最高点）、视平线、景观范围。

景观范围，初学者常用"取景框"取景框用硬纸板或塑料片，中间为正方形或长方形窗框，中间拉十字线，在图纸上也画上同样的十字线，边框上应刻上尺寸。当选好取景范围时，

图6－10　甘肃北山花岗岩的球状风化

将突出的景观轮廓线在边框上和十字线的相交点确定在图上，以免相互比例和位置关系的失调（见图6－11）。

（二）勾画大体轮廓线及主要地质界线

先画出大体轮廓再画局部，先画主要再画次要，由简单到复杂，由直线到曲线。轮廓线和主要地质界线，首先用直线进行大致勾绘，再着重对其位置和相互比例进行准确描绘（见图6－12、图6－13）。

（三）画细部轮廓线和次级地质界线

在大块面上进一步画次级和小块面，然后再按物体形态特征将大体轮廓线勾成形态曲线，并将次级界线进行形态勾绘，即成为一幅白描图（见图6－14）。

（四）画明暗以增加质感，突出地质特征，检查整饰全图

在白描图上按小块面和明暗交界线画出明暗，有些还要画阴影，从而使物象具有质感，也突出了地质体的形态特征（见图6－15～图6－17）。

（五）标明内容要素

图名、比例尺方位、主要地名、地质产状要素、地质代号、作者、日期。

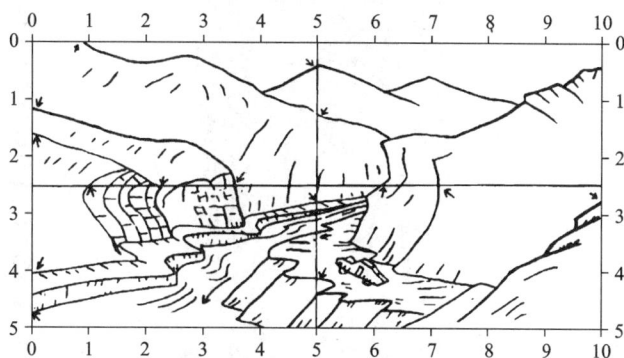

图6－11　取景框取景法

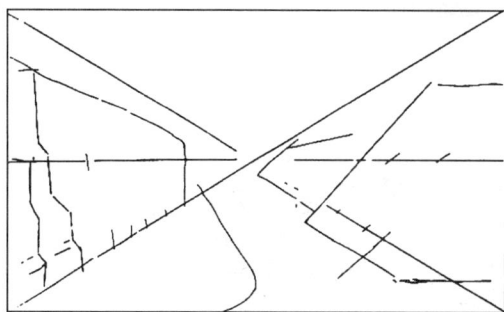

图6－12　景观素描步骤（一）

确定控制点和基准线

图6－13　景观素描步骤（二）

描绘大体轮廓和主要地质界线

图 6 – 14　景观素描步骤(三)

描绘细部轮廓线和次级地质界线

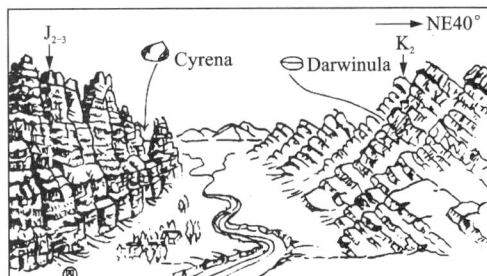

图 6 – 15　景观素描步骤(四)

描绘明暗质感，突出地质特征，检查整饰全图

图 6 – 16　陕西小秦岭板石山组矽卡岩岩石标本素描图

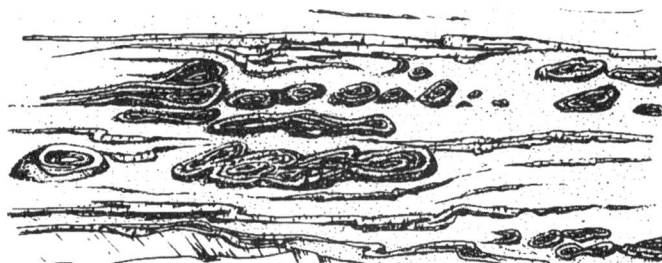

图 6 – 17　陕西小秦岭砂质白云岩中叠层石素描图

附 录

一、元素周期表

附表1　元素周期表

图例说明：

- 原子序数 —— 92
- 元素名称 注*的是人造元素 —— 铀（U）
- 外围电子层排布，括号指可能的电子层排布 —— $5f^3 6d^1 7s^2$
- 元素符号，红色指放射性元素
- 原子量 —— 238.0

周期	IA	IIA	IIIB	IVB	VB	VIB	VIIB	VIII	VIII	VIII	IB	IIB	IIIA	IVA	VA	VIA	VIIA	0
1	1 H 氢 $1s^1$ 1.008																	2 He 氦 $1s^2$ 4.003
2	3 Li 锂 $2s^1$ 6.941	4 Be 铍 $2s^2$ 9.012											5 B 硼 $2s^2 2p^1$ 10.81	6 C 碳 $2s^2 2p^2$ 12.01	7 N 氮 $2s^2 2p^3$ 14.01	8 O 氧 $2s^2 2p^4$ 16.00	9 F 氟 $2s^2 2p^5$ 19.00	10 Ne 氖 $2s^2 2p^6$ 20.18
3	11 Na 钠 $3s^1$ 22.99	12 Mg 镁 $3s^2$ 24.31											13 Al 铝 $3s^2 3p^1$ 26.98	14 Si 硅 $3s^2 3p^2$ 28.09	15 P 磷 $3s^2 3p^3$ 30.97	16 S 硫 $3s^2 3p^4$ 32.06	17 Cl 氯 $3s^2 3p^5$ 35.45	18 Ar 氩 $3s^2 3p^6$ 39.95
4	19 K 钾 $4s^1$ 39.10	20 Ca 钙 $4s^2$ 40.08	21 Sc 钪 $3d^1 4s^2$ 44.96	22 Ti 钛 $3d^2 4s^2$ 47.88	23 V 钒 $3d^3 4s^2$ 50.94	24 Cr 铬 $3d^5 4s^1$ 52.00	25 Mn 锰 $3d^5 4s^2$ 54.94	26 Fe 铁 $3d^6 4s^2$ 55.85	27 Co 钴 $3d^7 4s^2$ 58.93	28 Ni 镍 $3d^8 4s^2$ 58.69	29 Cu 铜 $3d^{10} 4s^1$ 63.55	30 Zn 锌 $3d^{10} 4s^2$ 65.38	31 Ga 镓 $4s^2 4p^1$ 69.72	32 Ge 锗 $4s^2 4p^2$ 72.59	33 As 砷 $4s^2 4p^3$ 74.92	34 Se 硒 $4s^2 4p^4$ 78.96	35 Br 溴 $4s^2 4p^5$ 79.90	36 Kr 氪 $4s^2 4p^6$ 83.80
5	37 Rb 铷 $5s^1$ 85.47	38 Sr 锶 $5s^2$ 87.62	39 Y 钇 $4d^1 5s^2$ 88.91	40 Zr 锆 $4d^2 5s^2$ 91.22	41 Nb 铌 $4d^4 5s^1$ 92.91	42 Mo 钼 $4d^5 5s^1$ 95.94	43 Tc 锝 $4d^5 5s^2$ [98]	44 Ru 钌 $4d^7 5s^1$ 101.1	45 Rh 铑 $4d^8 5s^1$ 102.9	46 Pd 钯 $4d^{10}$ 106.4	47 Ag 银 $4d^{10} 5s^1$ 107.9	48 Cd 镉 $4d^{10} 5s^2$ 112.4	49 In 铟 $5s^2 5p^1$ 114.8	50 Sn 锡 $5s^2 5p^2$ 118.7	51 Sb 锑 $5s^2 5p^3$ 121.8	52 Te 碲 $5s^2 5p^4$ 127.6	53 I 碘 $5s^2 5p^5$ 126.9	54 Xe 氙 $5s^2 5p^6$ 131.3
6	55 Cs 铯 $6s^1$ 132.9	56 Ba 钡 $6s^2$ 137.3	57-71 La-Lu 镧系	72 Hf 铪 $5d^2 6s^2$ 178.5	73 Ta 钽 $5d^3 6s^2$ 180.9	74 W 钨 $5d^4 6s^2$ 183.9	75 Re 铼 $5d^5 6s^2$ 186.2	76 Os 锇 $5d^6 6s^2$ 190.2	77 Ir 铱 $5d^7 6s^2$ 192.2	78 Pt 铂 $5d^9 6s^1$ 195.1	79 Au 金 $5d^{10} 6s^1$ 197.0	80 Hg 汞 $5d^{10} 6s^2$ 200.6	81 Tl 铊 $6s^2 6p^1$ 204.4	82 Pb 铅 $6s^2 6p^2$ 207.2	83 Bi 铋 $6s^2 6p^3$ 209.0	84 Po 钋 $6s^2 6p^4$ [209]	85 At 砹 $6s^2 6p^5$ [210]	86 Rn 氡 $6s^2 6p^6$ [222]
7	87 Fr 钫 $7s^1$ [223]	88 Ra 镭 $7s^2$ 226.0	89-103 Ac-Lr 锕系	104 * $(6d^2 7s^2)$ [261]	105 * $(6d^3 7s^2)$ [262]	106 * $(6d^4 7s^2)$ [263]	107 * $(6d^5 7s^2)$ [262]											

镧系：

57 La 镧 $5d^1 6s^2$ 138.9	58 Ce 铈 $4f^1 5d^1 6s^2$ 140.1	59 Pr 镨 $4f^3 6s^2$ 140.9	60 Nd 钕 $4f^4 6s^2$ 144.2	61 Pm 钷 $4f^5 6s^2$ [145]	62 Sm 钐 $4f^6 6s^2$ 150.4	63 Eu 铕 $4f^7 6s^2$ 152.0	64 Gd 钆 $4f^7 5d^1 6s^2$ 157.3	65 Tb 铽 $4f^9 6s^2$ 158.9	66 Dy 镝 $4f^{10} 6s^2$ 162.5	67 Ho 钬 $4f^{11} 6s^2$ 164.9	68 Er 铒 $4f^{12} 6s^2$ 167.3	69 Tm 铥 $4f^{13} 6s^2$ 168.9	70 Yb 镱 $4f^{14} 6s^2$ 173.0	71 Lu 镥 $4f^{14} 5d^1 6s^2$ 175.0

锕系：

89 Ac 锕 $6d^1 7s^2$ 227.0	90 Th 钍 $6d^2 7s^2$ 232.0	91 Pa 镤 $5f^2 6d^1 7s^2$ 231.0	92 U 铀 $5f^3 6d^1 7s^2$ 238.0	93 Np 镎 $5f^4 6d^1 7s^2$ 237.0	94 Pu 钚 $5f^6 7s^2$ [244]	95 Am 镅 $5f^7 7s^2$ [243]	96 Cm 锔 $5f^7 6d^1 7s^2$ [247]	97 Bk 锫 $5f^9 7s^2$ [247]	98 Cf 锎 $5f^{10} 7s^2$ [251]	99 Es 锿 $5f^{11} 7s^2$ [252]	100 Fm 镄 $5f^{12} 7s^2$ [257]	101 Md 钔 $5f^{13} 7s^2$ [258]	102 No 锘 $5f^{14} 7s^2$ [259]	103 Lr 铹 $(5f^{14} 6d^1 7s^2)$ [260]

电子层电子数 / 族数（0族）：

0族电子数	电子层
2	K
8, 2	L, K
8, 8, 2	M, L, K
8, 18, 8, 2	N, M, L, K
8, 18, 18, 8, 2	O, N, M, L, K
8, 18, 32, 18, 8, 2	P, O, N, M, L, K

注：1.原子量录自1979年国际原子量表，并全部取四位有效数字；2.原子量加括号的为放射性元素的半衰期最长的同位素的质量数。

二、摩氏硬度

附表2 摩氏硬度表

硬度	矿物	简易鉴别
1	滑石	能被指甲刻划
2	石膏	
3	方解石	能被铜币刻划
4	萤石	能被小刀或玻璃刻划
5	磷灰石	
6	正长石	小刀不能刻划
7	石英	
8	黄玉	小刀不能刻划,但反能刻划石英
9	刚玉	
10	金刚石	

三、常见矿物的比重(相对密度)

金 15.6~18.3　　　白云石 2.8~2.9
金刚石 3.47~3.56　　菱铁矿 3.7~3.9
方铅矿 7.4~7.6　　　苏打 1.42~1.47
闪锌矿 3.9~4.2　　　重晶石 4.3~4.7
辰砂 8.09~8.20　　　石膏 2.2~2.4
黄铜矿 4.1~4.3　　　明矾石 2.6~2.8
雌黄 3.4~3.6　　　　黑钨 7.1~7.5
雄黄 3.4~3.6
辉锑矿 4.5~4.6　　　白钨 5.8~6.2
辉钼矿 4.7~5.0　　　磷灰石 3.18~3.2
黄铁矿 4.9~5.2　　　绿柱石 2.63~2.91
毒砂 5.9~6.2　　　　海绿石 2.2~2.8
赤铁矿 5.5~6.5　　　高岭石 2.2~2.6
磁铁矿 4.9~5.2　　　萤石 3.18
锡石 6.8~7.1　　　　钾盐 1.97~1.99
软锰矿 1.7~4.8　　　褐煤 0.5~1.3
非晶 10.3~19.4　　　烟煤 1.1~1.4
铀矿 10.3~19.4
褐铁矿 3.3~4.0　　　无烟煤 1.4~1.7
硬锰矿 3.7~4.1　　　铬铁矿 4~4.8
菱镁矿 2.9~3.1

四、中华人民共和国法定计量单位

附表3　国际单位制的基本单位

量的名称	单位名称	单位符号
长度	米	m
质量	千克(公斤)	kg
时间	秒	s
电流	安[培]	A
热力学温度	开[尔文]	K
物质的量	摩[尔]	mol
发光强度	坎[德拉]	cd

附表4　国际单位制的辅助单位

量的名称	单位名称	单位符号
平面角	弧度	rad
立体角	球面度	sr

附表5　国际单位制中具有专门名称的导出单位

量的名称	单位名称	单位符号	其他表示式例
频率	赫[兹]	Hz	s^{-1}
力,重力	牛[顿]	N	$kg \cdot m/s^2$
压力,压强,应力	帕[斯卡]	Pa	N/m^2
能量,功,热	焦[耳]	J	$N \cdot m$
功率,辐射通量	瓦[特]	W	J/s
电荷量	库[仑]	C	$A \cdot s$
电位,电压,电动势	伏[特]	V	W/A
电容	法[拉]	F	C/V
电阻	欧[姆]	Ω	V/A
电导	西[门子]	S	A/V
磁通量	韦[伯]	Wb	$V \cdot s$
磁通量密度,磁感应强度	特[斯拉]	T	Wb/m^2
电感	亨[利]	H	Wb/A
摄氏温度	摄氏度	℃	
光通量	流[明]	lm	$cd \cdot sr$
光照度	勒[克斯]	lx	lm/m^2
放射性活度	贝可[勒尔]	Bq	s^{-1}
吸收剂量	戈[瑞]	Gy	J/kg
剂量当量	希[沃特]	Sv	J/kg

附表6　国家选定的非国际单位制单位

量的名称	单位名称	单位符号	换算关系和说明
时间	分 [小]时 天[日]	min h d	1 min = 60 s 1 h = 60 min = 3600 s 1 d = 24 h = 86400 s
平面角	[角]秒 [角]分 度	(″) (′) (°)	$1'' = (\pi/648000)$ rad （π 为圆周率） $1' = 60'' = (\pi/10800)$ rad $1° = 60' = (\pi/180)$ rad
旋转度	转每分	r/min	1 r/min $= (1/60)$ s^{-1}
长度	海里	n mile	1 n mile = 1852 m （只用于航行）
速度	节	kn	1 kn = 1 n mile/h = (1852/3600) m/s （只用于航行）
质量	吨 原子质量单位	t u	1 t $= 10^3$ kg 1 u $\approx 1.6605655 \times 10^{-27}$ kg
体积	升	L, (I)	1 L $= 1$ dm$^3 = 10^{-3}$ m^3
能	电子伏	eV	1 eV $\approx 1.6021892 \times 10^{-19}$ J
级差	分贝	dB	
线密度	特[克斯]	tex	1 tex = 1 g/km

注：1. 周、月、年(年的符号为a)为一般常用时间单位；

　　2. [　]内的字，是在不致混淆的情况下，可以省略的字；

　　3. (　)内的字为前者的同义语；

　　4. 角度单位度、分、秒的符号不处于数字后时，有括弧；

　　5. 升的符号中，小写字母l为备用符号；

　　6. r为"转"的符号；

　　7. 人民生活和贸易中，质量习惯称为重量；

　　8. 公里为千米俗称，符号为km。

附表7　用于构成十进倍数的分数单位的词头

所表示的因数	词头名称	词头符号	所表示的因数	词头名称	词头符号
10^{18}	艾[可萨]	E	10^{-1}	分	d
10^{15}	拍[它]	P	10^{-2}	厘	c
10^{12}	太[拉]	T	10^{-3}	毫	m
10^{9}	吉[咖]	G	10^{-6}	微	μ
10^{6}	兆	M	10^{-9}	纳[诺]	n
10^{3}	千	k	10^{-12}	皮[可]	p
10^{2}	百	h	10^{-15}	飞[母托]	f
10^{1}	十	da	10^{-18}	阿[托]	a

注：10^4 称为万，10^8 称为亿，10^{12} 称为万亿，这类数词的使用不受词头名称的影响，但不应与词头混淆。

五、地球物理常数

日地平均距离(天文单位)	149579870 km
日地最远距离	152100000 km
日地最近距离	147100000 km
月地平均距离	384000 km
地球公转的平均速度	29.765 m/s
在远日点公转的速度	29.3 m/s
在近日点公转的速度	30.8 m/s
赤道上的自转速度	465 m/s
地球公转的轨道长度	939120000 km
轨道偏心率	0.017
黄赤交角	23°26′23″
平太阳日	23h 3min 56.6s
平恒星日	23h 56min 4.1s
恒星年	363.2564 d
近点年	365.2596 d
回归年	365.2422 d
食年	346.6200 d
赤道半径 a	6378.388 km
极半径 b	6356.912 km
扁率 $(a-b)/a$	0.00336700
平均半径长度(等体积球体半径)	6371110 m
子午线周长	40008548 m
赤道周长	40075704 m
地球表面总面积	510083042 km^2
地球的海洋面积	6100 万 km^2
地球的陆地面积	14900 万 km^2
地球的重力加速度：赤道附近	978.049 cm/s^2
纬度45°附近	980.616 cm/s^2
极地附近	983.235 cm/s^2
标准重力加速度	980.665 cm/s^2
正圆速度	7.9 km/s
脱离速度	11.19 km/s
反照率	0.39
地壳平均热流	1.44×10^{-6} cal/$cm^2 \cdot$ s
地壳平均地温梯度	25 ℃/km
地壳平均地压梯度	250 atm/km
地球年龄	46×10^8 a(46 亿年)

六、地震震级、地震烈度

附表 8　地震震级、地震烈度表

震级	能量	烈度	主要标志
0	1×10^{12} erg	Ⅰ无感	只有用仪器才能记出
1	2×10^{13} erg	Ⅱ很弱	在完全静止中才感觉到
2.5	4×10^{15} erg	Ⅲ弱	类似马车驰过的震动
5	2×10^{19} erg	Ⅳ中度	地板、窗棂、器皿发出响声，类似载重卡车疾驰而过的震动
6	6×10^{20} erg	Ⅴ相当强	室内震动较强，个别窗玻璃破裂
7	2×10^{22} erg	Ⅵ强	书籍、器皿翻倒坠落，灰泥裂开，轻的家具受震移动
8	6×10^{23} erg	Ⅶ很强	旧房屋显著破坏，井中水位变化，土石有时崩落
8.5	4×10^{24} erg	Ⅷ破坏	人难站立，房屋多有破坏，人畜有伤亡
8.9	1×10^{25} erg	Ⅸ毁坏	大多数房屋倾倒破坏
注：1 erg $= 10^{-7}$ J		Ⅹ毁坏	坚固建筑亦遭破坏，土地变形，管道破裂，土石大量崩滑
		Ⅺ灾难	地层发生大断裂，景观改变
		Ⅻ大灾难	地形强烈改变，所有建筑物严重毁坏，动植物遭到毁灭

附表 9　中国地震烈度与震级对照表

震中烈度(I·)	Ⅵ	Ⅶ	Ⅷ	Ⅸ	Ⅹ	Ⅺ	Ⅻ	公式
震级(M)	5	$5\frac{1}{2}$	$6\frac{1}{4}$	$6\frac{3}{4}$	$7\frac{1}{4}$	8	$8\frac{1}{2}$	$M = 0.53I\cdot + 1.5$

七、地层分类的单位术语和等级节要

如果需要增加级别，单位术语可以冠"亚"和冠"超"。带是可以用于地层分类任何类别的一般术语。为明确起见，可以加词冠指明带的类别（岩石带、生物带、年代带、矿物带、延续时限带等）。各种标志面可以表示为岩石面、生物面、年代面等。

（一）地层分类的单位术语（国际地层分类分会，1972）

附表 10　地层分类的单位术语

类　别	主要单位术语
岩石地层	群 　组 　　段 　　　层
生物地层	生物带 组合带 延续时限带（各种） 顶峰带 间隔带 其他类生物带

类　别	主要单位术语	
年代地层	宇 　界 　　系 　　　统 　　　　阶 　　　　　…… 　　　　年代带	等列的时间术语(地质年代) 宙 　代 　　纪 　　　世 　　　　期 　　　　　…… 　　　　年代带
其他类地层 (矿物的，沉积环境的， 地震波的，地磁的等)		

(二)地层分类的等级节要(国际地层分类分会,1972)

附表 11　地层分类的等级节要

类别	术语	解　　　释
岩石 地层	群	是比组高一级的正式岩层地层单位,是具有明显一致的相同岩石特征的两个以上紧挨在一起的组的地层序列
	组	是岩石地层划分的基本单位。是以岩石为基础划分世界整个地层柱成为命名单位的唯一正式单位。是以某类岩石为主,或几类岩石联合,或以具有其他一致明显岩石特征组成的相邻地层统一起来的岩层体
	段	是组的一部分,它具有不同于组内相邻部分的岩石特征。一般情况组不必划分段
	层	是正式岩石地层表中最小的单位。可穿过段,但不能超过组。层在一个层状岩石序列内是能看见的,或物理上与其他上,下层分开的一个单位层
生物 地层	生物地层带	某一个层或层组(或伴生岩石体)和相邻地层具有关系一致的化石内容和生物特征
	组合带	是属于一个生物群落或生物共生体的地层体
	延限带	是代表从一个地层序列的全部化石中任一选出的成员出现的总延续时限的地层体
	顶峰带	是代表某一种、属和其他分类单位极盛发育的地层体
	间隔带	是代表两个明显的生物地层面之间的间隔
年代 地层	宇	级别高于界,但没有通用的地层年代术语
	界	是年代地层等级系统中最大的公认单位。界大体上假定为相当地球生命发展的重要阶段:太古(最古老的),古生(古老的),中生(居中的)和新生(新近的)
	系	是世界性的年代地层单位的一个主要级别。等级在统之上,在界之下,但系的定义是不确切的
	统	是特定地质时间段落内形成的全部岩石所代表的岩层体。统总是附属于系,但它并不总分为阶。一个系可划分为 2~6 个统,大多数系划分为三个统
	阶	阶是世界性最小的年代地层单位。阶的上、下界限是等时的,而阶的内部是连续的

八、中国地质年代

附表12　中国地质年代表

地质年代、地层单位、符号				同位素年龄 百万年(Ma)		构造阶段		生物演化阶段		中国主要地质、生物现象
字(宙)	界(代)	系(纪)	统(世)	时间间距	距今年龄	大阶段	阶段	动物	植物	
显生宇 (PH)	新生界 (Cz)	第四系Q	全新统Qₕ　Q₄　0.01	0.01	0.01	联合古陆解体	(新阿尔比斯阶段) 喜马拉雅阶段 γ₅³	人类出现	被子植物繁盛	初期开始出现人类的祖先 曾发生多次冰山作用 地壳与动植物已具有现代样子 黄土形成
			更新统Qₚ　Q₃ Q₂ Q₁　2.59	2.59	2.6			哺乳动物繁盛		
		新近系N (陆相)	上新统N₂　2.7	2.7	5.3					哺乳类继续发展、体型变大 西部造山运动、东部低平, 湖泊广布
			中新统N₁　18	18	23.3					
		古近系E (陆相)	渐新统E₃　8.7	8.7	32.0					哺乳类分化
			始新统E₂　24.5	24.5	56.5					哺乳类急速发展　蔬果繁盛
			古新统E₁　8.5	8.5	65					(我国尚无发现古新统地层)
	中生界 (Mz)	白垩系K	上(晚)白垩统K₂　31	31	96		(老阿尔比斯阶段) 燕山阶段 γ₅²	爬行动物繁盛	裸子植物繁盛	造山运动强烈、火山岩活动矿产生成我国许多山脉在这时形成、动物中以恐龙最盛、但在末期逐渐灭绝
			下(早)白垩统K₁　41	41	137					
		侏罗系J	上(晚)侏罗统J₃ 中(中)侏罗统J₂　68 下(早)侏罗统J₁	68	205					爬行动物、恐龙极盛,中国南山俱成,大陆煤田形成植物中以苏铁、银杏繁茂
		三叠系T	上(晚)三叠统T₃　22	22	227		印支阶段 γ₅¹			中国南部最后一次海侵、地质构造变化较小,岩石为灰岩和砂岩恐龙、哺乳类、甲壳类、鱼类发育
			中(中)三叠统T₂　14	14	241			两栖动物繁盛	蕨类植物繁盛	
			下(早)三叠统T₁　9	9	250					
	古生界 (Pz)	晚古生界 (Pz₂)	二叠系P	上(晚)二叠统P₂ 下(早)二叠统P₁　45	45	295	联合古大陆形成	印支—海西运动阶段 海西阶段 γ₄			世界冰山广布、新南最大海侵、造山作用强烈,地层二分性明显
			石炭系C	上(晚)石炭统C₃ 中(中)石炭统C₂　59 下(早)石炭统C₁	59	354			鱼类繁盛	裸类植物繁盛	气候温热潮湿,高大茂密植物繁盛,地形低平,爬行类、昆虫发生岩石为石灰岩、页岩、砂岩
			泥盆系D	上(晚)泥盆统D₃　18 中(中)泥盆统D₂　14 下(早)泥盆统D₁　24	18 14 24	372 386 410					森林发育,腕足类、鱼类极盛,昆虫、原始两栖类出现岩石多为砂岩、页岩等
		早古生界 (Pz₁)	志留系S	上(晚)志留统S₃ 中(中)志留统S₂　28 下(早)志留统S₁	28	438		加里东阶段 γ₃	海生无脊椎动物繁盛	藻类及菌类繁盛	腕足类、珊瑚繁荣、晚期出现原始鱼类、末期造山运动强烈
			奥陶系O	上(晚)奥陶统O₃ 中(中)奥陶统O₂　52 下(早)奥陶统O₁	52	490					地势低平、海水广布无脊椎动物三叶虫、笔石极盛岩石以石灰岩和页岩构成
			寒武系Є	上(晚)寒武统Є₃　10 中(中)寒武统Є₂　13 下(早)寒武统Є₁　30	10 13 30	500 513 543		(形成扬子地台)	硬壳动物繁盛		陆地下沉、北半球被海水淹没浅海广布　生物开始大量繁殖以三叶虫、低等腕足类为主
元古宇 (PT)	新元古界 (Pt₃)	震旦系(Z)	两分	137	680	地台形成	γ₂	裸露动物繁盛	真核生物出现 (绿藻)	地势不平、冰山广布 晚期海水加炽
		南华系(Nh)	两分	120	800		恶宁阶段			沉积深厚造山变质强烈 火山岩活动,矿产生成
		青白口系(Qb)	两分	320	1000					
	中元古界 (Pt₂)	蓟县系(JX)	两分	400	1400					
		长城系(Ch)	两分	400	1800					
	古元古界 (Pt₁)	滹沱系(Ht)	两分	500	2300		吕梁阶段 (形成华北地台)			
		五台系	一分	200	2500				原核生物出现	
太古宇 (AR)	新太古界(Ar3)		以下未细分	300	2800	陆核形成	五台运动	生命现象开始出现		早期基性喷发、继以造山作用、变质强烈 花岗岩侵入
	中太古界(Ar2)			400	3200		阜平运动			地壳局部变动 大陆开始形成
	古太古界(Ar1)			400	3600					
	始太古界(Ar0)			200	4500		迁西运动			岩石主要是片麻岩、成分复杂,沉积岩没有生物化石
冥古宇				800	4600			原核生物(古细菌、真细菌、蓝菌)出现		

注：前震旦系(Anz)　前寒武系(PE)侵入体(γ₁₋₂)

九、国际地质时代、中国地层时代

附表 13　国际地质时代表

代	亚代纪 亚纪	世		期	Ma	期名缩写
新 生 代 Cz	第四纪	全新世			0.01	Hol
		更新世			1.64	Ple
	新 近 纪 N	上新世	2	皮亚森兹期	3.40	Pia
			1	赞克尔期	5.2	Zan
		中新世	3	梅辛期	6.7	Mes
			2	托尔通期	10.4	Tor
				塞拉瓦尔期	14.2	Srv
				兰歌期	16.3	Lan
				布尔迪尔期	21.5	Bur
			1	阿启坦期	23.3	Aat
	古 近 纪 E	渐新世	2	夏特期	29.3	Cht
			1	鲁培尔期	35.4	Rup
		始新世	3	普利亚本期	38.6	Prb
			2	巴尔通期	42.1	Brt
				鲁帝特期	50.0	Lut
			1	伊普里斯期	56.5	Ypr
		古新世	2	坦尼特期	60.5	Tha
			1	丹尼期	65.0	Dan
中 生 代 Mz	白 垩 纪 K	K_2	赛诺世	马斯特里赫特期	74.0	Maa
				坎潘期	83.0	Cmp
				三冬期	86.6	San
				康尼亚克期	88.5	Con
				土仑期	90.4	Tur
				赛诺曼期	97.0	Cen
		K_1		阿尔布期	112.0	Ald
				阿普特期	124.5	Apt
				巴雷姆期	131.8	Brm
			厄欧克姆 世	欧特里夫期	135.0	Han
				瓦兰吟期	140.7	Vlg
				贝利阿斯期	145.6	Ber

代	亚代纪 亚纪	世	期	Ma	期名缩写
中生代 Mz	侏罗纪 J	麻姆世J₃	提塘期	152.1	Tth
			基末利期	154.7	Kim
			牛津期	157.1	Oxf
		道格世J₂	卡洛期	161.3	Clv
			巴通期	166.1	Bth
			巴柔期	173.5	Baj
			阿林期	178.0	Aal
		里阿斯世J₁	土阿辛期	187.0	Toa
			普林斯巴期	194.5	Plb
			辛涅缪尔期	203.5	Sin
			赫塘期	208.0	Het
	三叠纪 Tr	Tr₃	瑞替期	209.5	Rht
			诺利期	223.4	Nor
			卡尼期	235.0	Crn
		Tr₂	拉丁期	239.5	Lad
			安尼期	241.1	Ans
		斯基特世Tr₁	斯帕斯期	241.9	Spa
			那马尔期	243.4	Nam
			哥里斯巴赫期	245.0	Gri
古生代 Pz	二叠纪 P	镁灰岩世	长兴期	247.5	Cha
			龙潭期	250.0	Lga
			卡皮丹期	252.5	Cap
			沃德期	255.0	Wor
			乌菲姆期	256.1	Ufi
		赤底世	空各期	259.7	Kum
			阿丁斯克期	268.8	Art
			萨克马尔期	281.5	Sak
			阿赛尔期	290.0	Ass
	石炭纪 C	宾夕法尼亚亚纪 C₂	格泽里世	诺金期克期	293.6	Nog
			克拉次明斯克期	295.1	Kla
		卡西莫夫世	多罗格米洛未期	298.3	Dor
			沙莫夫尼奇斯克期	299.9	Chv
			柯利夫雅金期	303.0	Kre
		莫斯科世	姆雅奇科夫期	305.0	Mya
			波多斯克期	307.1	Pod
			卡什尔期	309.2	Ksk
			维列依期	311.3	Vrk

代	亚代纪 亚纪		世	期	Ma	期名缩写
古 生 代 Pz	石 炭 纪 C	宾夕法尼 亚亚纪 C₂	巴什基尔世	米列凯斯克期	313.4	Mel
				契尔木山斯克期	318.3	Che
				伊登期	320.6	Yea
				马斯登期	321.5	Mrd
				晋德斯柯特期	322.8	Kin
		密西西比 亚纪 C₁	谢尔普霍夫世	阿尔波特期	325.6	Alp
				乔基尔期	328.3	Cho
				阿恩斯贝格期	331.1	Arn
				彭德尔期	332.9	Pnd
			韦宪世	布里干特期	336.0	Bri
				阿斯布期	339.4	Asb
				霍克尔期	342.8	Hlr
				阿伦德期	345.0	Aru
				乍得期	349.5	Chd
			杜内世	伊沃尔期	353.8	Lvo
				哈斯塔尔期	362.5	Has
	泥 盆 纪 D		D₃	法门期	367.0	Fam
				费拉斯期	377.4	Frs
			D₂	吉维特期	380.8	Giv
				爱菲尔期	386.0	Eif
			D₁	爱姆斯期	390.4	Ems
				布拉格期	396.3	Pra
				洛霍考夫期	408.5	Loc
	志 留 纪 S	S₁	普里多利世		410.7	Prd
			罗德洛世	卢德福德期	415.1	Laf
		S₂		戈斯特期	424.0	Gor
		S₃	文罗克世	哥利顿期	425.4	Gle
				威特韦尔期	426.1	Whi
				舍因伍德期	430.4	She
		S₄	兰德维里世	特里奇期	432.6	Tel
				艾隆期	436.9	Aer
				鲁丹期	439.0	Rhu
	奥 陶 纪 O		阿什极尔世	赫南特期	439.5	Hir
				劳西期	440.1	Raw
				考特利期	440.6	Cau
				普斯吉尔期	443.1	Pus

代	亚代纪 亚纪	世	期	Ma	期名缩写
古生代 Pz	奥陶纪 O	卡拉道克世	昂尼期	444.0	Onn
			阿克通期	444.5	Act
			马施布鲁克期	447.1	Mrb
			朗格维尔期	449.7	Lon
			苏德利期	457.5	Son
			哈拿基期	462.3	Har
			科斯通期	463.9	Cos
		兰代洛世	晚期	465.4	Llo_3
			中期	467.0	Llo_2
			早期	468.6	Llo_1
		兰维恩世	晚期	472.7	Lln_2
			早期	476.1	Lln_1
		阿伦尼格世		493.0	Arg
		特马道克世		510.0	Tre
	寒武纪 Є	梅里内恩世	多尔格尔期	514.1	Dol
			梅特罗吉期	517.2	Mnt
		圣戴维兹世	梅内夫期	530.2	Men
			索尔瓦期	536.0	Sol
		卡尔菲世	勒拿期	554	Len
			阿特达班期	560	Atb
			托莫特期	570	Tom
震旦代 Z	文德纪 V	伊迪卡拉世	彭德期	580	Pou
			沃诺克期	590	Won
		瓦朗基尔世	莫腾斯尼斯期	600	Mor
			斯马费尔德期	610	Sma
	斯图特纪			800	Stu
	里菲代 R		卡拉陶纪	1050	Kar
			尤乌廷纪	1350	Yur
			布尔兹纪	1650	Buz
	安尼米克"代"			2200	Ani
	休伦"代"			2450	Hur
	兰德"代"			2800	Ran
	斯瓦齐"代"			3500	Swz
	伊苏瓦"代"			3800	Ise
	冥古代 Hde		早因布尔"纪"	3850	Imb
			奈克塔尔"纪"	3950	Nec
			盆地群1.9	4150	BG1.9
			隐秘"纪"	4560	Cry

附表14 中国地层时代表

代	纪	世		期	Ma
新生代(界)Kz	第四纪(系)Q	全新世(统)Q₄			
		更新世(统)	晚Q₃		
			中Q₂		
			早Q₁		2.48,1.64
	新近系N	上新世(统)N₂			
		中新世(统)N₁			
	古近系E	渐新世(统)E₃			23.3
		始新世(统)E₂			
		古新世(统)E₁			
显生宇(宇)Ph	中生代(界)Mz	白垩纪(系)K	晚白垩世(统)K₂	马斯特里赫特期(阶)	65.5
				坎潘期(阶)	
				三冬期(阶)	
				康尼亚克期(阶)	
				土仑期(阶)	
				赛诺曼期(阶)	
			早白垩世(统)K₁	阿尔布期(阶)	
				阿普特期(阶)	
				巴雷姆期(阶)	
				欧特里夫期(阶)	
				凡兰吟期(阶)	
				贝利阿斯期(阶)	135(140)
		侏罗纪(系)J	晚侏罗世(统)J₃	提塘期(阶)	
				基末利期(阶)	
				牛津期(阶)	
			中侏罗世(统)J₂	卡洛期(阶)	
				巴通期(阶)	
				巴柔期(阶)	
			早侏罗世(统)J₁	托尔期(阶)	
				普林斯巴期(阶)	
				辛涅缪尔期(阶)	
				赫塘期(阶)	208
		三叠纪(系)T	晚三叠世(统)T₃	瑞替期(阶)	
				诺利期(阶)	
				卡尼期(阶)	
			中三叠世(统)T₂	拉丁期(阶)	
				安尼期(阶)	

代	纪	世	期	Ma
中生代(界) Mz	三叠纪(系)T	早三叠世(统)T₁	斯帕斯期(阶)	
			那马尔期(阶)	
			哥里斯巴赫期(阶)	250
显 生 宙 (宇) Ph 古 生 代 (界) Pz	二叠纪(系)P	晚二叠世(统)P₂	长兴期(阶)	
			龙潭期(阶)	
		早二叠世(统)P₁	茅口期(阶)	
			栖霞期(阶)	
			未名	290
	石炭纪(系)C	壶天世(统)C₂	马平期(阶)	
			达拉期(阶)	
			滑石板期(阶)	
		丰宁世(统)C₁	德坞期(阶)	
			大塘期(阶)	
			岩关期(阶)	
			未名	362(355)
	泥盆纪(系)D	晚泥盆世(统)D₃	锡矿山期(阶)	
			余田桥期(阶)	
		中泥盆世(统)D₂	东岗岭期(阶)	
			应堂期(阶)	
		早泥盆世(统)D₁	四排期(阶)	
			郁江期(阶)	
			那高岭期(阶)	
			莲花山期(阶)	409
	志留纪(系)S	晚志留世(统)S₃	妙高期(阶)	
			关底期(阶)	
		中志留世(统)S₂	秀山期(阶)	
		早志留世(统)S₁	白沙期(阶)	
			石牛栏期(阶)	
			龙马溪期(阶)	439
	奥陶纪(系)O	钱塘江世(统)O₄	五峰期(阶)	
			临湘期(阶)	
		艾家山世(统)O₃	宝塔期(阶)	
			庙坡期(阶)	
		扬子世(统)O₂	牯牛潭期(阶)	
			大湾期(阶)	
		宜昌世(统)O₁	红花园期(阶)	
			两河口期(阶)	
				510

代	纪	世	期	Ma
显生宙(宇)Ph	古生代(界)Pz	寒武纪(系)∈	晚寒武世(统)∈₃	凤山期(阶)	
				长山期(阶)	
				崮山期(阶)	
			中寒武世(统)∈₂	张夏期(阶)	
				徐庄期(阶)	
				毛庄期(阶)	
			早寒武世(统)∈₁	龙王庙期(阶)	
				沧浪铺期(阶)	
				筇竹寺期(阶)	
				梅树村期(阶)	
元古宙(宇)Pt	新元古代(界)Pt₃	震旦纪(系)Z	晚震旦世(统)Z₂	灯影峡期(阶)	570
				陡山沱期(阶)	
			早震旦世(统)Z₁	南沱期(阶)	700
				莲沱期(阶)	
		青白口"纪"Qb			800
	中元古代(界)Pt₂	蓟县"纪"JX			1000
		长城"纪"Chc			1400
	古元古代(界)Pt₁	滹沱"纪"Ht			1800
		未名			
太古宙(宇)Ar	新太古代(界)Ar₂	五台"纪"Wt			2500
		阜平"纪"Fp			
	古太古代(界)Ar₁	迁西"纪"Qx			3100
冥古宙(宇)Hd					3850

十、矿石主要构造类型

附表 15　矿石主要构造类型、特点及可选性能

类型	主要特点及可选性能
块状构造	致密块状，成分单纯时易于分选；成分复杂时难以分选，只能得到混合精矿
浸染状构造	有用矿物与脉石互相嵌布，如果嵌布均匀，粒度粗，易于分选；如果细微嵌布，比较难分选
斑状构造	斑状浸染，从可选性看，可分为四种情况：(1)有用矿物粗而纯，不包裹其他矿物包体，脉石矿物也不包裹有用矿物；(2)有用矿物部分呈粒状，少部分呈细粒含于脉石中；(3)脉石矿物不包裹有用矿物，而粗粒有用矿物包裹其他有用矿物，这三种类型均需再磨再选，得出合格精矿，尚属易选类型；(4)粗粒有用矿物及脉石都有包裹体，这种类型是难选类型构造矿石
角砾状构造	(1)有用矿物为角砾碎屑状，为脉石矿物所胶结，可粗磨先选出废弃尾砂，将低品位精矿再磨再选；(2)脉石呈角砾碎屑状被有用矿物所胶结，应先得合格精矿，将富尾矿再磨再选
鲕状构造	有用矿物呈鲕状为脉石矿物所胶结，如果鲕状大部分由均匀的有用矿物组成的，为易选类型；如果鲕粒呈同心环带状，夹有其他矿为难选类型
胶状构造	胶结而成的复杂集合体，如果有用矿物为胶体沉积与其他脉石沉积时间不同，有可能分选；如果全部呈统一的胶状沉淀物，用机械选矿方法无法分选
结核状构造	有用矿物常呈结核体分散于疏松土状物中，可用洗矿、筛选等方法进行分选；如果结核体有连生体，可再磨再选。有时不能用机械选矿方法取得合格精矿
条带状构造	包括似层状、皱纹状、片状构造，其各种选矿情况与斑状构造相似

十一、气成—热液蚀变类型

附表 16　气成—热液蚀变类型一览表

蚀变类型	原岩性质或蚀变围岩性质	常见新生矿物组合	成矿关系
蛇纹石化	超基性岩及部分白云岩、基性岩	各种蛇纹石，其次滑石、碳酸盐矿物、水镁石、磁铁矿、斜绿泥石、阳起石等	石棉、滑石、镍矿(?)、菱镁矿
皂石化	超基性岩及含橄榄石的基性岩	包林皂石为主	没有明显的成矿关系
伊丁石化	含铁橄榄石的基性、中性喷出岩	伊丁石为主	同上
滑石碳酸盐化	超基性岩、蛇纹岩	滑石、菱镁矿、白云母、石英，其次铁菱镁矿、铬云母、黄铁矿、叶蜡石	滑石、菱镁矿、金、钴
滑石化（块滑石化）	同上	几乎全是滑石	滑石
次闪石化	中基性岩、部分超基性岩	纤闪石、透闪石、阳起石，其次钠长石、绿帘石类、方角石、绿泥石	磷灰石、磁铁矿
钠黝帘石化	中基性岩、部分中酸性岩	钠长石、绿帘石类，其次葡萄石、绢云母、次闪石、绿泥石、方解石	铜矿、铁矿

蚀变类型	原岩性质或蚀变围岩性质	常见新生矿物组合	成矿关系
绿帘石化 黝帘石化	基性、中性及弱酸性岩浆岩、片麻岩，其次酸性岩、泥质岩、矽卡岩、钙硅酸盐岩	绿帘石或黝帘石，其次碳酸盐矿物、绿泥石	铁矿、铜矿、铅锌矿、黄铁矿
葡萄石化	同上，还见于偏碱性的火山岩	葡萄石，其次方解石、沸石、绢云母	铜矿
方柱石化	中基性岩、石灰岩、钙硅酸盐岩	方柱石，其次是次闪石、磷灰石、磁铁矿、方解石、石英、硅灰石	磷灰石、铁矿、铜矿
青盘岩化 （变安山岩化）	中基性火山岩（有时可能是中酸性火山岩）	钠长石、冰长石、绿帘石、透闪石、阳起石、碳酸盐、绢云母、黄铁矿，其次葡萄石、沸石、绿泥石	金矿、铜矿、铜铁矿、锌矿、黄铁矿、金银矿
细碧岩化	基性喷出岩	钠长石，其次绿泥石、方解石、次闪石、绿帘石	黄铜矿、黄铁矿、铅锌
绿泥石化	中基性岩最为发育，酸性岩中少见。个别见超基性岩中	绿泥石、石英、绢云母，其次方解石、电气石、钠长石、阳起石，有时还含有黑云母	铅锌、锡、金、银、含铜黄铁矿、铜矿
黑云母化	各种基性、中性、弱酸性岩浆岩，相同化学性质的变质岩及含铁镁质较高的砂页岩	黑云母，其次绿帘石、黄铁矿、白云母、绢云母、碳酸盐、绿泥石、石英、黄玉、电气石、次闪石	钨、锡、钼、铜、含金石英脉
云英岩化	酸性成分的侵入岩、沉积岩、变质岩及部分喷出岩	石英、白云母，其次是绢云母、铁云母、黄玉、电气石、萤石、绿柱石	钨、锡、钼、铋、铍等
电气石化	中酸性岩，特别是伟晶岩、云英岩，相同化学性质的沉积岩、变质岩	电气石，其次黄玉、萤石、白云石、石英	钨、锡、钼、黄铁矿、钴、金
黄玉化	酸性侵入岩，特别是云英岩、伟晶岩、部分酸性火山岩，以及同化学性的沉积岩、变质岩中	黄玉，其次白云母、石英、电气石，有时与黑云母伴生	钨、锡、钼、砷
萤石化	酸性岩、碱性岩、火山岩、碳酸盐岩	萤石，其次是石英、白云母、黄玉、钾长石	钨、锡、钼、铋、砷、铁、稀土等（与气成高温萤石化有关）
钠长石化	酸性岩、碱性岩，特别是云英岩、伟晶岩	钠长石，其实是石英、绿柱石、细晶石、铌铁矿、褐钇铌矿、天河石、白云母、电气石、锂云母	铍、锂、铌、钽等稀有金属矿床及铁矿
绢云母化	酸性及中性岩浆岩、片麻岩、火山岩	绢云母、石英，其次绿泥石、硫化物、绿帘石	铜、钼、铅、锌、金、黄铁矿
黄铁绢英岩化	酸性、弱酸性浅成侵入岩	绢云母、石英、黄铁矿，其次是碳酸盐、金红石、绿泥石	铜、钼、金、硫化矿、多金属矿

蚀变类型		原岩性质或蚀变围岩性质	常见新生矿物组合	成矿关系
钾长石化	天河石化（含铷的微斜长石化）	花岗岩、伟晶岩	天河石、钠长石，其次黑鳞云母、铌铁矿、绿柱石	稀有元素矿床
	钾长石化	中酸性岩浆岩、片麻岩	钾长石（正长石），其次钠长石、萤石（高温）、绿帘石、阳起石（中—高温）、石英、绢云母、绿泥石、黑云母（中温）	高温：钨、锡、钼、铍 中温：铜、钼
	铁白云石正长石化	酸性、弱酸性浅成侵入岩	正长石、铁白云石，其次金云母、滑石	白钨矿
	冰长石化	中性、弱酸性火山岩，亦可在基性和酸性火山岩中发生	冰长石为主，其次为绢云母、石英	铅、锌、金、银、黄铁矿
次生石英岩化		中酸性火山岩及其侵入体中	石英为主，其次刚玉、红柱石、一水铝石、明矾石、高岭石、叶蜡石、绢云母	酸性岩：红柱石、刚玉、一水铝石。中性岩：铜、铅、锌、钼、金、银
硅化	石英岩化	中酸性岩浆岩、片麻岩以及各种碳酸盐岩、钙质页岩	石英，其次白云母、绢云母	铜、钼、铅、锌、金、锑、萤石、黄铁矿、重晶石、压电石英
	蛋白石化		蛋白石、石髓，其次黏土、明矾石	
矽卡岩化	钙质矽卡岩	中酸性侵入岩与灰岩、凝灰岩的接触带	石榴石、透辉石、符山石、硅灰石、绿帘石、阳起石、透闪石	铁、铜、铅、锌、钨、锡、钼
	镁质矽卡岩	中酸性侵入岩与白云岩接触带	镁橄榄石、透辉石、硅镁石、蛇纹石、金云母	铁、硼、铜
碱性硅酸盐化		石灰岩、角闪岩、辉长石、辉岩等基性组分较高的岩石	霓辉石、钠闪石、蓝闪石、霞石，以及萤石、碳酸盐矿物	磁铁矿、稀土、锆、铌、锂、铀等稀有元素矿床
钙霞石化		含霞石的碱性岩	钙霞石为主	
白霞石化			白霞石（云母集合体）为主	
方钠石化		同上	方钠石为主	
沸石化	泡沸石化	基性火山岩	纤维泡沸石、绿纤石、片沸石、葡萄石、硅硼钙石、方解石、石英及绿泥石、绿帘石	自然铜、银、砷、金、锑
	方沸石化	含霞石的碱性岩	方沸石为主	
	微晶钠沸石化	同上	钠沸石、云母	
碳酸盐化	方解石化	中基性岩	方解石，其次绿泥石、钠长石、绿帘石类	铜、铅、锌、铁
	白云石化	石灰岩和含少量泥质、砂质的灰岩	白云石，其次是铁白云石	铅、锌、铜、铁

蚀变类型	原岩性质或蚀变围岩性质	常见新生矿物组合	成矿关系
重晶石化	碳酸盐岩、铝硅酸盐岩	重晶石,其次萤石、方解石、石英、白云石、石膏、天青石	中温:多金属矿 低温:铅、锌、锑、汞
明矾石化	多孔的酸性、中酸性火山岩、粗面岩及其凝灰岩中	明矾石,其次石膏、硬石膏、萤石、一水铝石、石髓、蛋白石	明矾石、金、铜、黄铁矿、铅、锌

十二、主要金属矿床氧化带中常见的矿物及其特征

附表 17　主要金属矿床氧化带中常见的矿物及其特征表

金属	原生矿物	常见的氧化矿物	氧化带矿物的特征	其　他
铜	黄铜矿 斑铜矿 砷硫铜矿 黝铜矿 砷黝铜矿 铜蓝	自然铜 孔雀石(和部分石青) 硅孔雀石 赤铜矿 土黑铜矿 蓝铜矿	常呈分散在赤铜矿中的细粒,在褐铁空洞中亦常见到自然铜,绿色,常呈胶状体充填于空洞内,切开大的肾状体,则具同心层状构造(石青则呈蓝色)红色至铅灰色,呈胶体状矿物的混合物存在土状黑色,呈细鳞片状或土状集合体出现蓝色薄膜	常有次生富集带,其中的矿物有:辉铜矿、铜蓝(成盖皮)和自然铜
银		角银矿	在炎热干燥气候区矿床中产生,微带有浅蓝—浅绿或浅褐的色彩,呈细小集合体、皮壳、被膜、解理裂隙的充填物等。新鲜标本白色,露光久则呈紫灰至黑色	次生富集带中的矿物有自然银、浓红银矿、淡红银矿、斜方辉银矿、硫锑铜银矿、砷硫银矿
金	自然金 碲化金	自然金		次生富集带中的矿物:自然金
锌	闪锌矿	菱锌矿	菱锌矿分为两种:含铁的和不含铁的,前者新鲜的呈灰色或浅灰褐色,粒状结构,氧化后则为黄棕色,此时要注意其与菱铁矿和铁白云石的区别;不含铁的菱锌矿为浅色白色,浅蓝色、浅绿色,有时亦无色,胶状构造、细胞状构造和多孔状构造为其特征	次生富集带的矿物:闪锌矿
		异极矿	异极矿常呈各种集合体完整晶体存在,特别在氧化的菱锌矿石的空隙中,异极矿常呈黄褐色或无色,有时微带浅红或浅绿色(有 MnO 混入)	
		水锌矿		
铁	黄铁矿 白铁矿 磁黄铁矿 磁铁矿 赤铁矿 菱铁矿	褐铁矿 黄钾铁矾 硫酸铁类		次生富集带中的矿物有白铁矿

金属	原生矿物	常见的氧化矿物	氧化带矿物的特征	其 他
锰	菱锰矿 蔷薇辉石 水锰矿 硫锰矿	硬锰矿 软锰矿 褐锰矿		
镍	针镍矿 镍黄铁矿 红砷镍矿	镍华 硅酸镍华	苹果绿色	次生富集带中矿物有:粒状辉镍矿
砷	毒砂	臭葱石	常呈细粒的土状堆积体,通常为浅色(苹果绿色),葱绿色以至纯白色,在褐铁矿区变为褐色	雄黄和雌黄为十分次要的砷硫化物,是氧化带中较稳定的矿物,有时变成砷华
锑	辉锑矿	锑华 锑赭石 黄锑华		
钴	辉钴矿 砷钴矿 硫钴矿	钴华		
铋	辉铋矿 自然铋	自然铋 铋华 泡铋矿	铋华常呈其他内生铋矿物的假象、致密状和土状集合体出现	
铅	方铅矿	白铅矿	通常为白色、浅灰浅褐色,而在氧化带中常受铁的作用即为褐色,常与褐铁矿紧密混生在一起,因此,常被忽略	
		硫酸铅矿	纯者透明如水,一般在氧化带呈浅黄或褐色,少数呈白色及灰色,常为附在方铅矿上之晶亮细小的晶簇,致密柱状或土状	
		磷酸氯铅矿	呈深浅不一的绿色、黄色和褐色,少数含铬的变种为鲜红或橘黄色,常呈肾状或球状充填于空隙空洞壁上,有的呈小桶状或平行连生而存在的单个晶体	
		砷铅矿 菱铅矾		此两种矿物常与白铅矿和磷酸氯铅矿相似

十三、岩石花纹设计原则及组合方法

岩石花纹设计原则:

(1)岩石花纹由各类主要岩石基本花纹和根据岩石命名原则所规定的岩石特征矿物成分、结构、构造等附加花纹按一定规律组合而成。

(2)未成岩的松散堆积物花纹纵向表示;沉积岩的花纹横向系统的交错表示;变质岩花纹横向波状系统的交错表示(大理岩例外)。

(3)按松散堆积、沉积岩、岩浆岩、变质岩等基本岩石类型分别设计各类主要岩石基本花纹。置于各类岩石花纹之首。

（4）可由两个（或两个以上）基本花纹组成的岩石花纹，不设计专用花纹，按1∶1之规律组合。如砂砾岩、花岗闪长岩、安山玄武岩等。

（5）沉积岩分类中其他沉积岩类铝质岩、铁质岩、锰质岩、磷质岩、蒸发岩、铜质岩、沸石质岩、海绿石质岩等按沉积矿层的形式表示，未专门设计基本花纹。

（6）岩浆岩进一步细分时，以组成岩石的主要矿物符号为基础，有规律地组合，即组成其岩石花纹。如橄榄岩与纯橄榄岩、辉石岩与二辉岩等。

（7）变质岩按板理、片理、片麻理，混合岩根据混合岩化程度，规定不同类型的线条表示各类主要岩石基本花纹（动力变质岩、围岩蚀变例外），如板岩，千枚岩，片岩，片麻岩，混合岩，内、外矽卡岩等，置于各类岩石花纹之首。

（8）各花纹要素应平行于层理、片理、片麻理或区域构造走向；岩浆岩一般应平行于南北图边排列。

（9）岩石花纹——沉积岩以中层、中粒表示；岩浆岩以中粒表示。

（10）若按各岩类分别设色表示时，应在图例上说明这种表示方法。

（11）岩石花纹的组合方法：

以特征结构加命名的岩石按规定的不同粒级的花纹表示。

十四、地质图件上使用的图例及代号

（一）年代地层单位符号

字（Eonothem）

界的符号：

		系的符号	
		O	第四系
Kz	新生界	N	新近系
Mz	中生界	E	古近系
Pz	古生界	K	白垩系
Pt	元古界	J	侏罗系
AnЄ	前寒武	T	三叠系
AnZ	前震旦	P	二叠系
M	时代不明的变质岩	C	石炭系
亚界的符号：		D	泥盆系
Pz₂	上古生界	S	志留系
Pz₁	下古生界	O	奥陶系
Pt₃	上元古界	Є	寒武系
Pt₂	中元古界	Z	震旦系
Pt₁	下元古界	Qn	青白口系
Ar₂	上太古界	Jx	蓟县系
Ar₁	下太古界	Ch	长城系

统的符号：

Qh	全新统	
Qp	更新统	Qp_3 上更新统 Qp_2 中更新统 Qp_1 下更新统
N_2	上新统	新近系
N_1	中新统	
E_3	渐新统	
E_2	始新统	古近系
E_1	古新统	
K_2	上白垩统或白垩系上统	
K_1	下白垩统或白垩系下统	
J_3	上侏罗统或侏罗系上统	
J_2	中侏罗统或侏罗系中统	
J_1	下侏罗统或侏罗系下统	
T_3	上三叠统或三叠系上统	
T_2	中三叠统或三叠系中统	
T_1	下三叠统或三叠系下统	
P_2	上二叠统或二叠系上统	
P_1	下二叠统或二叠系下统	
C_3	上石炭统或石炭系上统	
C_2	中石炭统或石炭系中统	
C_1	下石炭统或石炭系下统	
D_3	上泥盆统或泥盆系上统	
D_2	中泥盆统或泥盆系中统	
D_1	下泥盆统或泥盆系下统	
S_3	上志留统或志留系上统	
S_2	中志留统或志留系中统	
S_1	下志留统或志留系下统	
O_3	上奥陶统或奥陶系上统	
O_2	中奥陶统或奥陶系中统	
O_1	下奥陶统或奥陶系下统	
ϵ_3	上寒武统或寒武系上统	
ϵ_2	中寒武统或寒武系中统	
ϵ_1	下寒武统或寒武系下统	
Z_2	上震旦统或震旦系上统	
Z_1	下震旦统或震旦系下统	
Qn_2	青白口系上统	

Qn_1	青白口系下统
Jx_2	蓟县系上统
Jx_1	蓟县系下统
Ch_2	长城系上统
Ch_1	长城系下统

阶的符号：

阶的符号是在统的符号后面加阶名汉语拼音头一个正体小写字母，如同一统内阶名第一个字母重复时，则年代较老的阶用一个字母，较新的阶在头一个字母后再加最近的一个正体小写声母。例如：

$\mathrm{\mathfrak{C}_3}f$ 凤山阶 ⎫
$\mathrm{\mathfrak{C}_3}c^{1)}$ 长山阶 ⎬ 上寒武统
$\mathrm{\mathfrak{C}_3}g$ 崮山阶 ⎭

$\mathrm{\mathfrak{C}_2}z$ 张夏阶 ⎫
$\mathrm{\mathfrak{C}_2}x$ 徐庄阶 ⎬ 中寒武统
$\mathrm{\mathfrak{C}_2}m$ 毛庄阶 ⎭

$\mathrm{\mathfrak{C}_1}l$ 龙王庙阶 ⎫
$\mathrm{\mathfrak{C}_1}c$ 沧浪铺阶 ⎬ 下寒武统
$\mathrm{\mathfrak{C}_1}q$ 筇竹寺阶 ⎪
$\mathrm{\mathfrak{C}_1}m$ 梅树村阶 ⎭

群的符号：

在相应的界或系或统的符号之后，加群名两个汉语拼音小写斜体字母。第一个为汉语拼音的头一个字母，第二个是拼音最接近的声母。例如：

Pt_1ht 滹沱群
$\mathrm{\mathfrak{C}_2}sh$ 永口群

亚群的符号考虑在群的符号之右上角注以小写正体之 a、b、c 表示。例如：

Pt_1ht^a 滹沱群下亚群

组的符号：

采用在系或统的符号后，加组名汉语拼音头一个小写斜体字母。同一统或系内组名第一个字母有重复时，则年代较新的组在头一个字母后再加上最近的一个小写斜体声母。例如：

$\mathrm{\mathfrak{C}_3}b$ 保山组
$\mathrm{\mathfrak{C}_2}d$ 当十组
$\mathrm{\mathfrak{C}_1}m$ 馒头组

亚组的符号考虑在组名的右下角注以阿拉伯数字 1、2、3 表示。例如：

$\mathrm{\mathfrak{C}_1}m^1$ 馒头组下亚组

段的符号：

在组再进一步细分为段时，可在组的符号右上角注以阿拉伯数目字。例如：

$\mathrm{\mathfrak{C}_1}m^1$ 馒头组第一段
$\mathrm{\mathfrak{C}_1}m^2$ 馒头组第二段
$\mathrm{\mathfrak{C}_1}m_1^1$ 馒头组下亚组第一段

$\epsilon_1 m_1^2$　　　　　　　馒头组下亚组第二段

跨统、并层及时代不肯定的年代地层单位的符号：

J_{2-3}　　　　　　　表示包括侏罗系中统和上统的邻接部分

P_{1+2}　　　　　　　表示二叠系上统和下统的总和

ϵ_3/O_1　　　　　　　表示上寒武统或下奥陶统

$\epsilon_2?$　　　　　　　表示有疑问的寒武系中统

$\epsilon-O$　　　　　　　表示包括寒武系和奥陶系的邻接部分

$\epsilon+O$　　　　　　　表示整个寒武系和奥陶系的总和

侵入岩年代单位符号（按构造旋回分期，以花岗岩为例）：

γ_6　　　　　　　喜马拉雅期花岗岩

γ_6^4　　　　　　　第四纪

γ_6^2　　　　　　　新近纪　　　　　　　　　　　晚期

γ_6^2 }　　　　　　古近纪 }　　喜马拉雅期　　　中期

γ_6^1 }　　　　　　　　　　　　　　　　　　　　早期

　　　　　　　　　　　　　　　　　　燕山期

γ_5　　　　　　　燕山期花岗岩

γ_5^3　　　　　　　白垩纪 }　　　　　　　　　　晚期

γ_5^2　　　　　　　侏罗纪 }　　　　　　　　　　早期

γ_5^1　　　　　　　三叠纪　　　　印支期

γ_4　　　　　　　华力西期花岗岩

γ_4^3　　　　　　　二叠纪 }　　　　　　　　　　晚期

γ_4^2　　　　　　　石炭纪 }　　华力西期　　　中期

γ_4^1　　　　　　　泥盆纪 }　　　　　　　　　　早期

γ_3　　　　　　　加里东期花岗岩

γ_3^3　　　　　　　志留纪 }　　　　　　　　　　晚期

γ_3^2　　　　　　　奥陶纪 }　　加里东期　　　中期

γ_3^1　　　　　　　寒武纪 }　　　　　　　　　　早期

γ_{1+2}　　　　　　前寒武纪花岗岩

γ_2　　　　　　　元古宙花岗岩

γ_2^3　　　　　　　晚元古代花岗岩

γ_2^2　　　　　　　中元古代花岗岩

γ_2^1　　　　　　　早元古代花岗岩

γ_1　　　　　　　太古宙花岗岩

γ_1^2　　　　　　　晚太古代花岗岩

γ_1^1　　　　　　　早太古代花岗岩

阶段、次的表示方法（以燕山早期为例）：

γ_5^{2-2b}　　　　　　第二阶段第二次

γ_5^{2-2a}　　　　　　第二阶段第一次

γ_5^{2-1b}　　　　　　　第一阶段第二次

γ_5^{2-1a}　　　　　　　第一阶段第一次

难以划分阶段、仅能分次的表示方法：

γ_5^{2b}　　　　　　　燕山早期第二次

γ_5^{2a}　　　　　　　燕山早期第一次

（二）地质体单位符号的结构

界的符号			Pt	
亚界的符号			Pt_2	
系的符号			K	
统的符号			S_1	
阶的符号			$\textrm{\euro}_2 z$	
群的符号			$\textrm{\euro}\, Pt_1\, ht$	
			$\textrm{\euro}_2 h$	
组的符号			$\textrm{\euro}_3 b$	
亚组的符号			$D_2 t_1$	
段的符号			$\textrm{\euro}_1 m^1$	
侵入岩符号			γ_1	
			γ_5^1	
			γ_4^{3b}	
			γ_5^{2-2b}	

十五、常用矿物名称符号（选自 **GB958—89**）

附表18　常用矿物名称及符号

序号	符号	名称	序号	符号	名称
1	Sh	白钨矿	9	Orp	雌黄
2	Bn	斑铜矿	10	Mp	单斜辉石
3	Fs	长石	11	Mu	白云母
4	Cpt	赤铜矿	12	Do	白云石
5	Ci	辰砂	13	Lc	白榴石
6	Hm	赤铁矿	14	Cve	碲金矿
7	Mt	磁铁矿	15	Hec	碲银矿
8	Pyr	磁黄铁矿	16	Tou	电气石

序号	符号	名称	序号	符号	名称
17	Ars	毒砂	53	Spo	锂辉石
18	Ze	沸石	54	Lpd	锂云母
19	Gn	方铅矿	55	Sd	菱铁矿
20	Cal	方解石	56	Mag	菱镁矿
21	An	钙长石	57	Bx	铝土矿
22	Anr	钙铁榴石	58	Ber	绿桂石
23	Ol	橄榄石	59	Ep	绿帘石
24	Kl	高岭石	60	Chl	绿泥石
25	Zi	锆石	61	Coa	煤
26	Chn	铬铁矿	62	Mat	芒硝
27	Ait	褐帘石	63	Ab	钠长石
28	Lm	褐铁矿	64	Bor	硼砂
29	Wl	硅灰石	65	Aup	普通辉石
30	Bit	黑云母	66	Ang	铅矾
31	Tl	滑石	67	Sph	闪锌矿
32	Cp	黄铜矿	68	Sep	蛇纹石
33	Py	黄铁矿	69	Qz	石英
34	Cc	辉铜矿	70	Gr	石榴石
35	Bg	辉铋矿	71	Asb	石棉
36	Mol	辉钼矿	72	Gph	石墨
37	Sti	辉锑矿	73	Gy	石膏
38	Prx	辉石	74	Rc	水晶
39	Kp	钾长石	75	Af	酸性斜长石
40	Sp	尖晶石	76	Ⅱ	钛铁矿
41	Hb	角闪石(普通角闪石)	77	Cls	天青石
42	Dm	金刚石	78	Pe	条纹长石
43	Rt	金红石	79	Cov	铜蓝
44	Ku	金银矿	80	Di	透辉石
45	Phl	金云母	81	Tl	透闪石
46	Lg	镜铁矿	82	Crl	纤蛇纹石
47	Ser	绢云母	83	Opx	斜方辉石
48	Mal	孔雀石	84	Cen	斜顽辉石
49	Ld	拉长石	85	Pl	斜长石
50	Ky	蓝晶石	86	Sph	榍石
51	Du	蓝线石	87	Rar	雄黄
52	Gl	蓝闪石	88	Acl	阳起石

序号	符号	名称	序号	符号	名称
89	FI	萤石	95	Or	正长石
90	Ps	硬锰矿	96	Ve	蛭石
91	Ah	硬石膏	97	Bar	电气石
92	Zn	黝帘石	98	Ng	自然金
93	Thr	黝铜矿	99	Nc	自然铜
94	Mc	云母	100	Ads	中长石

十六、岩浆岩名称符号及其他常用岩石名称符号（GB958—89）

（一）深成侵入岩

附表 19 深成侵入岩符号及其名称

序号	符号	名称	序号	符号	名称
1	Σ	未分的超基性岩	19	γ	花岗岩
2	ϕ	纯橄榄岩	20	$\eta\gamma$	二长花岗岩
3	σ	橄榄岩	21	$\eta\tau$	白岗岩
4	ψ	辉相岩（辉岩和角闪岩）	22	$\gamma\delta$	花岗闪长岩
5	$\psi\tau$	辉岩	23	$\gamma\beta$	黑云母花岗岩
6	ψo	角闪岩	24	$\xi\gamma$	钾长花岗岩
7	$\psi\omega$	蛇纹岩	25	η	二长岩
8	N	未分的基性岩	26	ηo	石英二长岩
9	ν	辉长岩	27	ro	斜长花岗岩类
10	$\sigma\nu$	橄榄辉长岩	28	γo	斜长花岗岩
11	νo	苏长岩	29	E	未分的碱性岩
12	$\nu\sigma$	斜长岩	30	χ	斑霞正长岩
13	δ	闪长岩	31	$\chi\xi$	碱性岩
14	δo	石英闪长岩	32	ε	霞石正长岩
15	$\delta\beta$	黑云母闪长岩	33	ξ	正长岩
16	$\zeta\delta$	正长闪长岩	34	$y\xi$	花岗正长岩
17	$\nu\delta$	辉长闪长岩	35	ξo	石英正长岩
18	Γ	未分的花岗岩			

（二）浅成侵入岩

附表 20　浅成侵入岩符号及其名称

序号	符号	名称	序号	符号	名称
36	ωμ	苦橄玢岩	47	ηγπ	二长花岗斑岩
37	νρ	辉长伟晶岩	48	ξπ	正长斑岩
38	νμ	辉长玢岩	49	ρ	伟晶质岩石
39	βμ	辉绿岩、辉绿玢岩	50	γρ	花岗伟晶岩
40	δμ	闪长玢岩	51	χ	煌斑岩
41	γπ	花岗斑岩	52	δχ	斜长煌斑岩
42	τ	细晶质岩石	53	ξχ	云煌岩
43	γτ	花岗细晶岩	54	εχ	霓霞岩
44	λπ	石英斑岩	55	χσ	金伯利岩
45	γδπ	花岗闪长斑岩	56	χC	碳酸岩
46	ηπ	二长斑岩			

（三）喷发岩

附表 21　喷发岩符号及其名称

序号	符号	名称	序号	符号	名称
57	Ω	未分的超基性喷发岩	75	λπ	流纹斑岩
58	ω	苦橄岩	76	λχτ	石英角斑岩
59	B	未分的基性喷发岩	77	υπ	霏细斑岩、霏细岩
60	μβ	细碧岩	78	υλ	浮石岩、黑曜岩、流纹熔岩、珍珠岩、松脂岩
61	β	玄武岩粗玄岩			
62	ωβ	苦橄玄武岩	79	λφ	石英钠长斑岩
63	υβ	玄武质玻璃岩	80	λρ	流岩
64	νM	基性熔岩的球颗玄武岩	81	υ	玻璃岩与隐晶岩
65	αβ	安山玄武岩	82	Φ	未分的钠长斑岩
66	A	未分的中性喷发岩	83	ξφ	变英安钠长斑岩
67	α	安山岩	84	αφ	变安山岩、钠长斑岩
68	αμ	安山玢岩	85	θ	未区分的碱性喷发岩
69	ξ	英安岩	86	υ	响岩等
70	ξπ	英安斑岩	87	τα	粗面安山岩
71	ξμ	英安玢岩	88	τ	粗面岩
72	χτ	角斑岩	89	ττ	粗面斑岩
73	A	未分的酸性喷发岩	90	χτ	碱性粗面岩
74	λ	流纹岩	91	χβ	碱性玄武岩

（四）其他岩石名称符号

附表 22　其他岩石及其名称

序号	符号	名称	序号	符号	名称
92	br	角砾岩	118	bb	沉火山角砾岩
93	cg	砾岩	119	bt	沉凝灰岩
94	ss	砂岩	120	hf	角页岩
95	ds	岩屑砂岩	121	sl	板岩
96	st	粉砂岩	122	ph	千枚岩
97	sh	页岩	123	sch	片岩
98	cr	黏土（泥）岩	124	gn	片麻岩
99	ms	泥岩	125	og	正片麻岩
100	ls	灰岩	126	pg	副片麻岩
101	ml	泥灰岩	127	gnt	变粒岩
102	dol	白云岩	128	gnl	麻粒岩
103	si	硅质岩	129	mi	混合岩
104	lv	熔岩	130	im	均质混合岩
105	a	集块岩	131	mss	变质砂岩
106	vb	火山角砾岩	132	mv	变质火山碎屑岩
107	tf	凝灰岩	133	mas	变安山岩
108	al	集块熔岩	134	hs	角岩
109	bl	角砾熔岩	135	mb	大理岩
110	tl	凝灰熔岩	136	gs	云英岩
111	la	熔集块岩	137	sk	矽卡岩
112	lb	熔角砾岩	138	br	混染岩
113	lt	熔凝灰岩	139	tr	碎裂岩
114	ia	熔结块集岩	140	sb	构造角砾岩
115	ib	溶结角砾岩	141	ml	糜棱岩
116	it	熔结凝灰岩	142	pm	千糜岩
117	ba	沉集块岩	143	gnd	铁帽

十七、地质学符号、水文符号、地形符号

（一）地质学符号

附表 23　地质学符号及名称和相应解释

符号	名称及解释	符号	名称及解释
∿∿∿	不整合接触	pl, prl	洪积
——	整合接触	al	冲积
− − −	假整合接触	del	地滑堆积
===	断层	slf	土溜堆积
el	残积	lgl	冰湖沉积
dl, d	坡积	col − s	风成砂
c, co	崩积	col − ls	风成黄土

符号	名称及解释	符号	名称及解释
cld	残积—坡积物	fgl	冰水堆积
dls	坡积土溜堆积物	a	人为(技术)堆积
l	湖泊堆积	pd	土壤
f	沼泽堆积	col,c	重力堆积
m	海成堆积	dpl	坡积—洪积物
e,eol	风成堆积	ald	坡积—冲积物
ch	化学堆积	alp	冲积—洪积物
o	生物堆积	lal	冲积—湖积物
gl	冰川堆积	pr	成因不明的堆积物

(二)水文符号[1)]

附表 24　水文符号及名称和相应解释

符号	名称及解释	符号	名称及解释
1. 整编符号		B	结冰
※	可疑	↓B	连续结冰
+	改正	◌̸	结冰跨月分裂
⊕	插补	4. 降水符号	
—	缺测	⚹	雪
↓	合并	▲	雹
φ	分裂	⌂	露
( )	不完全统计	≡	雾
▲	全年资料完整	●	雨
△	全年资料不完整	⊔	霜
2. 流向符号		•⚹	雨夹雪
∨	逆流	•⊔	雨夹霜
X	停滞	•▲	雨夹雹
N	顺逆不定	5. 其他符号	
3. 冰情符号		○	稀疏流水
∣	冰松或微冰	△	小雹水量
∥	岸冰	⊙	间歇泉
∥∣	封冰	[ ]	按雪深10:1折为雪水量
·	流冰	↑	冰滑动
*	流冰花	‖	冰上流水
▲	冰坝或冰塞	∥	岸边融冰或冰层浮起

注：1)此表仅供参考。由于使用的场合不同，表中符号会有不同的变更。

（三）地形符号

附表25　水文符号及名称和相应解释

符号	名称及解释	符号	名称及解释
	独立树		开采的矿井（斜井）
	独立树丛		开采的矿井（竖井）
	竹林		开采的矿井（平硐）
	独立竹林丛		碑，柱，墩，像
	菜地		彩门，牌坊，牌楼
	芦苇		亭
	水生作物		水塔
	旱地		革命烈士纪念碑，像
	水稻		灌木丛
	山洞，溶洞		独立藻木丛
	窑		庙宇
	独立坟		宝塔
	经济作物		烟囱
	水磨房，水车		独立石
	水轮泵，抽水机站		天然井
	土堆		喀斯特泉
	地下河		漏斗
	断层		冰层
	背斜		火山
	向斜		沙丘
	峡谷		

十八、部分常见相似金属矿物肉眼鉴定表

附表26　部分常见相似金属矿物肉眼鉴定表

矿物颜色	矿物名称	鉴定特征与步骤
黄色	黄铜矿 黄铁矿 磁黄铁矿 镍黄铁矿 斑铜矿	首先根据颜色深浅，可将黄色矿物再分为二组：（1）浅黄铜色：黄铜矿、黄铁矿；（2）暗铜黄（红）色：磁黄铁矿、镍黄铁矿、斑铜矿。黄铜矿与黄铁矿的主要区别是：黄铜矿可被小刀刻动；而黄铁矿不能被小刀刻动；斑铜矿、磁黄铁矿、镍黄铁矿的区别是：磁黄铁矿有较强的磁性；斑铜矿表面的锖色，且具有铜的焰色反应；而镍黄铁矿既无磁性，又无铜的焰色反应，但有较强的导电性

矿物颜色	矿物名称	鉴定特征与步骤
铅灰色	方铅矿 辉锑矿 辉铋矿 辉钼矿 镜铁矿	首先根据矿物的晶形，可将铅灰色矿物分为三组：(1)立方体：方铅矿；(2)柱状：辉锑矿、辉铋矿；(3)片状：辉钼矿、镜铁矿。辉锑矿与辉铋矿的区别是：辉锑矿的解理面上有横纹，其矿物粉末加上 KOH 后，先生成黄色，再变为褐色；而辉铋矿无此二特点。辉钼矿与镜铁矿的区别是：辉钼矿的条痕是灰色；而镜铁矿的条痕为樱红色(石墨的条痕为黑色)
棕褐色	闪锌矿 锡石 褐铁矿	根据矿物的光泽，可将棕褐色矿物再分为两组：(1)油脂或金刚光泽：闪锌矿、锡石。(2)半金属或土状光泽：褐铁矿闪锌矿与锡石的区别是：闪锌矿可被小刀刻动；而锡石不能被小刀刻动
黑色	磁铁矿 铬铁矿 钛铁矿 黑钨矿 铌钽铁矿 硬锰矿 软锰矿 辉铜矿	首先根据矿物的形态，可将黑色矿物分为三组：(1)粒状：磁铁矿、铬铁矿；(2)板状：钛铁矿、黑钨矿、铌钽铁矿；(3)土状或钟乳状：硬锰矿、软锰矿、辉铜矿。磁铁矿和铬铁矿的区别是：磁铁矿具有强磁性，且矿物粉末溶于浓盐酸，生成 $FeCl$ 溶液呈草黄色；而铬铁矿仅具弱磁性，且不溶于浓盐酸。钛铁矿、黑钨矿、铌钽铁矿的区别是：钛铁矿不具解理，且粉末溶于磷酸中，冷却稀释后加入 Na_2O，可使溶液呈黄褐色；黑钨矿和铌钽铁矿都具有一组完全的解理，但黑钨矿可被小刀刻动，而铌钽铁矿则不能被小刀刻动。硬锰矿、软锰矿、辉铜矿的区别是：有铜的焰色反应者为辉铜矿；加 HCl 起泡，硬度大于指甲者为硬锰矿；而软锰矿虽加 HCl 也起泡。但多数情况下，其硬度小于指甲，且易污手 说明：所谓强磁性矿物，即磁铁能直接吸引起矿物小块；而弱磁性矿物，磁铁只能吸引起矿物粉末

十九、样品缩分系数参考值及筛网规格

附表 27　样品缩分系数参考值

矿石种类	缩分系数(K)
铁(接触交代、沉积、变质型)	0.1～0.2
铁(风化壳、地面风化型)	0.2
锰	0.1～0.2
铜	0.1～0.5
铬	不大于 0.25～0.3
镍(硫化物)	0.2～0.5
镍(硅酸盐)	0.1～0.3
铅、锌	0.2
铝土矿	0.1～0.3
钼	0.1～0.5
锑、汞	不小于 0.1～0.2
锡	0.2
钨	0.2
脉金(颗粒基本上小于 0.1 mm)	0.2
脉金(颗粒基本上小于 0.6 mm)	0.4
脉金(颗粒基本上小于 0.4 mm)	0.8～1

附表 28　筛网规格(《野外地质工作参考资料》编写组：1978)

筛网名称/mm	筛网名称/目	每一筛孔的长度		单位长度筛孔数	
		mm	in	cm	in
22.6	1	22.6	0.891		
4.00	5	4.00	0.157	2	5.10
2.00	10	2.00	0.079	3.9	9.9
0.85	20	0.85	0.0335	8.0	20.3
0.36	40	0.36	0.0142	16.0	40.6
0.25	60	0.25	0.0098	23.0	58.1
0.17	80	0.17	0.0067	31.0	78.7
0.14	100	0.14	0.0055	29.0	99.1
	120				
	140				
0.105	150	0.105	0.0041	59.0	149.9
	180				
0.074	200	0.074	0.0029	79.0	200.7
	250				

二十、罗马数字的用法

古代罗马人记数用的符号，共七个，为：Ⅰ(1)，Ⅴ(5)，Ⅹ(10)，Ｌ(50)，Ｃ(100)，Ｄ(500)，Ｍ(1000)。记数的方法：相同的数字并列，表示相加，如ⅩⅩ是20；不同的数并列，右边的小于左边的，表示相加，如Ⅷ是8；左边的小于右边的，表示右边的减去左边的，如Ⅸ是9；数字上是一横线，等于原数字的1000倍，如$\overline{\text{Ⅹ}}$是10000。这几个方法合起来，可以表示所有的自然数。如ⅩⅩⅣ是10＋10＋(5－1)＝24。

二十一、地质填图的路线、观测点控制数

附表 29　地质填图比例尺及相应的路线间距和观测点数

比例尺	路线间距/m	每平方公里观测点数/个
1:200000	2000	1
1:100000	1000	2
1:50000	500	5
1:25000	250	12
1:10000	100	20～50
1:5000	50	60～150
1:2000	20	200～500
1:1000	10	1000

二十二、金属量测量的测网密度

附表 30　金属量测量的比例尺及相应的测网密度

比例尺	线距/m	点距/m
1:200000	2000	100
1:100000	1000	100~50
1:50000	500	50
1:25000	250~200	40~20
1:10000	100	20~10
1:5000	50	20~10
1:2000	20~50	10~5
1:1000	10	5

图书在版编目(CIP)数据

野外地质工作实用手册／周瑞华,刘传正编著.—长沙:
中南大学出版社, 2013.5(2021.1 重印)

ISBN 978-7-5487-0878-0

Ⅰ.野…　Ⅱ.①周…②刘…　Ⅲ.地质调查—野外作业—手册
Ⅳ.P622-62

中国版本图书馆 CIP 数据核字(2013)第 101278 号

野外地质工作实用手册

中国地质调查局　组编

周瑞华　刘传正　编著

□责任编辑	刘石年
□策划编辑	陈海波
□责任印制	易红卫
□出版发行	中南大学出版社
	社址:长沙市麓山南路　　邮编:410083
	发行科电话:0731-88876770　　传真:0731-88710482
□印　　装	长沙德三印刷有限公司

□开　　本	787 mm×1092 mm 1/16	□印张 14.5	□字数 366 千字
□版　　次	2013 年 6 月第 1 版	□2021 年 1 月第 3 次印刷
□书　　号	ISBN 978-7-5487-0878-0
□定　　价	45.00 元

图书出现印装问题,请与经销商调换